国防科技工业民用专项科研技术研究资助项目

PAM-CRASH 应用基础

刘　军　李玉龙　编著

刘元镛　审校

西北工業大学出版社

【内容简介】 本书主要讲述 PAM-CRASH 软件的基础知识、应用方法和要点，并结合实例介绍 PAM-CRASH 的一些典型应用，内容兼顾理论与应用实例，具有很强的可读性和实用性。

本书适合理工科院校本科高年级学生和研究生作为专业学习的辅导教材，也可以作为相关行业科研人员和工程技术人员的工程设计参考书。

图书在版编目(CIP)数据

PAM-CRASH 应用基础/刘军，李玉龙编著. —西安：西北工业大学出版社，2008.12
ISBN 978-7-5612-2483-0

Ⅰ.P… Ⅱ.①刘…②李… Ⅲ.计算机仿真—应用软件，PAM-CRASH—教材
Ⅳ.TP391.9

中国版本图书馆 CIP 数据核字(2008)第 169861 号

出版发行：西北工业大学出版社
通信地址：西安市友谊西路 127 号 **邮编**：710072
电　　话：(029)88493844 88491757
网　　址：www.nwpup.com
印 刷 者：陕西向阳印务有限公司
开　　本：787 mm×1 092 mm 1/16
印　　张：15.625
字　　数：378 千字
版　　次：2008 年 12 月第 1 版 2008 年 12 月第 1 次印刷
定　　价：28.00 元

前　言

随着计算力学、计算数学、计算机技术特别是信息技术的迅猛发展，数值模拟技术日趋成熟。目前，该项技术已广泛应用于航空、航天、核工业、汽车工业、土木、机械等诸多领域，并对这些领域产生了深远的影响。

PAM-CRASH 是基于显式有限元算法的计算机三维碰撞冲击仿真模拟系统，能够对大位移、大旋转、大应变、接触碰撞等问题进行十分精确的模拟，是一个应用于汽车、航空、电子和材料生产等专业领域，用于解决有关冲击、碰撞和安全性虚拟测试等问题的实用工具。PAM-CRASH 以其强大的功能、精确的模拟计算结果，被广大的世界知名用户选用，在其产品的设计开发过程中创造了巨大的价值，发挥了无可替代的作用，受到一致好评。

目前，我国越来越多的用户应用 PAM-CRASH 进行各种问题的分析与计算，但兼顾理论和应用实例的 PAM-CRASH 相关学习和研究资料还相对缺乏，因此，我们编著了本书以满足读者的需求。

全书主要分为两大部分：第一部分介绍了 PAM-CRASH 软件涉及的基础知识、应用方法和要点，主要包括 PAM-CRASH 概述、单元类型、材料模型、求解控制、关键字文件分析、Visual-Environment 3.0 建模、网格生成、前处理、后处理等；第二部分结合实例介绍了 PAM-CRASH 的一些典型应用，主要包括弹性杆撞击分析、子弹侵彻靶板分析、鸟撞飞机风挡分析，并在其中穿插讲述了一些新的建模求解方法。

理论与实践的结合统一是本书的最大特点之一，因此本书具有很强的可读性和实用性。本书还配有一张多媒体教学光盘，光盘包含本书的数据文件及实例的 AVI 动画文件，这对读者使用 PAM-CRASH 将有很大的帮助。

全书共分 9 章。其中，第 1～6 章由刘军编写，第 7～9 章由李玉龙编写。西北工业大学博士生导师刘元镛教授审定了全书并提出许多宝贵的修改意见，在此表示诚挚的谢意。

ESI China 公司 PAM-CRASH 产品经理任磊工程师在本书编写过程中提供了一定的技术支持，在此一并表示感谢。

由于我们水平有限，书中纰漏在所难免，热忱恳请广大师生、读者给予批评指正。

编著者
2008 年 11 月

目　录

第 1 章 PAM-CRASH 概述

1.1 ESI 集团简介

1.1.1 ESI 集团概况

作为虚拟测试方案的先锋,ESI 集团是全球首屈一指的材料物理学数值模拟原型和制造流程的供应商。ESI 集团开发出一整套连贯的、工业导向的应用工具,可以真实地模拟产品在测试中的表现,通过预测产品性能的整合效果而微调生产流程,并评估环境对产品使用的影响。ESI 集团的产品组合已经业界验证,并在多行业的价值链中结合使用,演绎成为一种具有独特协同效应的虚拟工程解决方案——Virtual Try-Out Space[虚拟试验空间(VTOS)],以不断地对虚拟原型进行改善。VTOS 解决方案可以大大降低成本和缩短开发周期,极大地提高产品的竞争优势,并逐步减少对实际原型的需求。ESI 集团 2005 财政年度的营业额为 6 200 多万欧元,在全球拥有 500 多名高层次专家。公司及其全球代理网络为 30 多个国家的客户提供销售和技术支援。

1.1.2 ESI 集团的历史

ESI 集团自 1973 年成立以来,发展十分迅速。

1973 年,ESI 在法国创办,最初作为一家顾问公司从事欧洲国防、航空和核工业的数值工程模拟服务工作。

1979 年,ESI 在德国设立全球第一个分支机构。

1985 年,ESI 公司成功实现全球第一台汽车的虚拟碰撞模拟——大众 Polo。

1986 年,世界上第一个商业版本的碰撞模拟软件 PAM - CRASH 正式面世。

1991 年,ESI 集团在美国和日本设立分支机构。ESI 集团宣布发布 PAM-SYSTEM 软件家族,包括用于被动安全性分析的 PAM-SAFE 和用于跌落试验分析的 PAM-SHOCK。

1994 年,ESI 在荷兰设立分支机构。

1995 年,PAM-CRASH 成为世界最知名的碰撞模拟系统,其用户包括奥迪、宝马、大宇、通用、本田、现代、大众和丰田等。ESI 集团在韩国设立韩国 ESI 公司。

1996 年,通用汽车模具制造部成为 PAM-STAMP 全球最大的客户。

1997 年,ESI 集团宣布推出铸造模拟软件 PAM-CAST / SIMULOR。ESI 宣布收购 Framasoft,包括其核心产品 SYSWELD, SYSTUS, SYSPLY。

1999 年,ESI 集团增加其注册资本至 520 万欧元。

2000 年,ESI 集团在巴黎成功上市。ESI 集团在中国广州设立 ESI 博骞仿真工程科技有限公司(ESTI)。ESI 正式推出用于塑料和复合材料模压成形和温间成形的模拟软件 PAM-

FORM 2000，以及电磁兼容模拟软件 PAM-CEM 2000。ESI 集团收购 Dynamic Software，包括其核心产品 OPTRIS。

2001 年，ESI 集团与 MTS 系统公司签署协议，联合开发噪声与振动模拟市场。MTS 继续在全球范围内代理 ESI Rayon 产品。ESI 集团收购法国公司 Starco，Starco 为专门从事噪声与振动模拟的公司，主要产品有 Rayon。ESI 集团收购加拿大公司 L3P，包括其用于树脂转移成形模拟的产品 LCMFLOT。ESI 集团收购用于快速冲压模具设计的产品 VIKING。捷克公司 MECAS 加入 ESI，负责 ESI 产品在东欧的市场开发和技术支持。ESI 在西班牙也设立了分公司。

2002 年，Calcom S. A. 加入 ESI 集团。ESI 集团收购 Pro-CAST 铸造模拟软件。ESI 集团通过股权控制成为 VASCI (Vibro- Acoustic Sciences) 的绝对大股东并控制 VASCI 产品的全球授权和发展方向。ESI 集团与雷诺集团签署全面合作协议。ESI 推出第二代模拟仿真系统，包括 PAM-CRASH，PAM-STAMP 2G。

1.1.3 ESI 集团的产品

ESI 集团的主要产品有虚拟原型、优化工具、振动噪声、虚拟制造、虚拟环境、生物力学。

1. 虚拟原型(Virtual Prototyping)

PAM-CRASH：新一代的计算机三维碰撞模拟系统，是世界上使用最广泛的碰撞模拟软件。

PAM-SAFE 2G：基于有限元算法的汽车被动安全性模拟分析系统，包括约束系统（安全气囊、安全带）和假人模型，并整合了多刚体算法。

PAM-SHOCK HVI：适合高速冲击/碰撞的模拟分析系统。

PAM-MEDYSA 2G：复杂机械系统的设计优化及性能验证。

SYSPLY：功能强大的复合材料结构设计与分析系统，特别适合于多层材料。

SYSTUS：通用的有限元分析软件，可用于机械分析、电磁分析和热传导分析。

EASi-CRASH DYNA：为 LS-DYNATM 多体及有限元乘员安全性模拟而设的完整且高效的 CAE 环境。

EASi-CRASH RAD：为 RADIOSSTM 多体及有限元乘员安全性模拟而设的完整且高效的 CAE 环境。

EASi-CRASH MAD：为 MADYMOTM 多体及有限元乘员安全性模拟而设的完整且高效的 CAE 环境。

EASi-FOLDER：首个不依赖于求解器的气囊折叠软件，用以完成安全性模拟中复杂的气囊折叠模型。

EASi-SEAL：交互式、综合性的设计验证环境，可以快速地评价多重密封系统及闭合设计。

EASi-PROCESS：一项建立汽车及航天工程 CAE 进程并使之自动化、标准化的先进技术。

EASi-BASIC NASTRAN：十分完整的 NASTRAN 模拟环境，是一项对大型系统模型进行管理及装配的企业性技术。

2. 振动噪声(Vibro-Acoustics)

RAYON:低频噪声预测、分析及设计。

AutoSEA2:宽带噪声和振动实时预测、分析及设计。

AutoSEA2 LT:快速而简便的评估宽带噪声及振动。

FOAM-X:泡沫和纤维材料声学特性分析。

NOVA:多层材料的声学特性模拟及其设计。

PAM-VA One:全频谱噪声分析的集成模拟环境。

3. 优化工具(Optimizing the Virtual World)

PAM-OPT:优化软件包,取代昂贵而耗时的传统的反复试验逼近方法。

GEOMESH:几何分析、修补、重建,以及自动划分表面网格和体网格的工具软件。

CFD-VisCART:笛卡儿自适应网格生成系统,应用于CFD-ACE+和CFD-FASTRAN的流体求解器,非常适合极度复杂的几何形状,比如汽车的引擎罩下和飞行器的整体结构。

Visual Environment:开放性的协同工程应用环境,为碰撞模拟用户提供高效的工作界面。

4. 虚拟制造(Virtual Manufacturing)

PAM-STAMP 2G:迄今为止,世界上唯一整合了所有钣金成形过程的有限元冲压模拟求解方案。从模具设计的可行性、快速模面生成与修改,到冲压过程的模拟与优化设计,都整合到了新一代的PAM-STMP 2G当中。

PAM-TUBE 2G:冲压模拟解决方案产品链中的新产品,为弯管和液压成形过程模拟分析而精心设计。

PAM-FORM:塑料、非金属与复合材料热成形模拟系统。

PAM-RTM:树脂转移成形模拟分析系统。

PROCAST:铸造模拟软件,采用基于有限元(FEM)的数值计算和综合求解的方法,对铸件充型、凝固和冷却过程中的流场、温度场、应力场、电磁场进行模拟分析。

PAM-QUIKCAST:快速铸造模拟软件,采用基于有限差分法(FDM)的数值计算方法,操作简单、方便,可应用于砂模铸造、金属模铸造、高/低压铸造等多种铸造过程。

CALCOSOFT:快速有效的连续铸造过程模拟分析系统。

SYSWELD:世界上最著名的热处理、焊接模拟和焊接装配软件,能对三维热、机械、金相组织等进行准确模拟,包括热处理向导、焊接模拟向导和装配模拟向导。

PAM-ASSEMBLY:完整集成的焊接装配模拟解决方案。

PAM-TFA:作为达索系统CAA V5的金牌合作伙伴,ESI集团集成到CATIA V5环境下的第一个应用程序。

5. 虚拟环境(Virtual Environment)

PAM-FLOW:新一代精确的空气动力分析软件,适用范围从涡轮机到汽车阻力系数。

PAM-CEM:先进的三维电磁干扰模拟软件。

CRIPTE:电磁线缆干涉模拟的唯一工具,由NOERA的工程师开发,现在由ESI集团负责销售，目前已经广泛应用在汽车、飞机和地铁等领域。

SYSMAGNA：低频领域的电磁模拟软件。

CFD-ACE＋：非常先进的CFD和多物理场模拟软件，能够耦合模拟流体、热、化学、生物、电、机械等现象。目前CFD-ACE＋已经被全世界的400多家客户用来实现各种不同的用途，它们几乎涵盖了所有的工业领域。

CFD-CADalyzer：允许快速连续或并行的CFD模拟，从而评估多个设计变量和设计方案的潜在性能，向设计者提供高精度支持。CFD-CADalyzer可以直接在CAD模型上运行，避免了因不同几何文件格式之间的转换所带来的各种缺陷。

CFD-FASTRAN：是空气动力学和气体热力学领域处于领先地位的商业化CFD软件包，针对航空航天工业开发，采用最新的多重移动体技术来模拟航空航天问题，包括导弹的发射、操纵和级分离，飞行器的飞行动力学和存储舱分离。

CFD-TOPO：预测显微镜级别下半导体材料的传输、化学、蚀刻和沉积，能够预测电子设备的多种材料在热或等离子增强处理过程中的三维拓扑演变。

6. 生物力学(Virtual Human)

BIOMECHANICS适合不同领域的人体数字模型，可用于人体运动分析和舒适性分析，也可用于医学研究。

1.2 PAM-CRASH概述

1.2.1 概述

PAM-CRASH是基于显式有限元算法的计算机三维碰撞冲击仿真模拟系统，是一个应用于汽车、航空、电子和材料生产等专业领域有关冲击、碰撞和安全性虚拟测试等问题解决的实用工具，能够对大位移、大旋转、大应变、接触碰撞等问题进行十分精确的模拟，能够简便地处理异常复杂的边界约束。PAM-CRASH主要有以下显著特点：

支持多CPU并行计算(DMP和SMP)，运算效率高；

三维图形显示属性灵活控制，色彩多样逼真；

灵活控制计算的时间步长；

动态分配内存，无须用户设置；

自动消除初始穿透；

灵活搜寻接触区间；

针对大变形材料可采用特有的Adaptive Mesh, Frozen Matric, Non-linear Contact Stiffness等措施来保证求解的稳定性和精确性；

可设定材料的断裂失效条件；

简便地定义焊点、铆钉等约束及其断裂条件；

可设置阻尼以加快求解弹性接触时的收敛；

针对汽车碰撞而特设指标整形、输出、比较模块。

1.2.2　应用领域

PAM-CRASH以其强大的功能、精确的模拟计算结果，被广大的世界知名用户所选用，在其产品的设计开发过程中创造了巨大的价值，发挥了无可取代的作用，受到一致好评。图1.1～图1.10显示了PAM-CRASH在部分行业的应用情况，所有图形均为真实的有限元模型。

(1)汽车行业，如图1.1～图1.4所示。

图1.1　汽车有限元模型

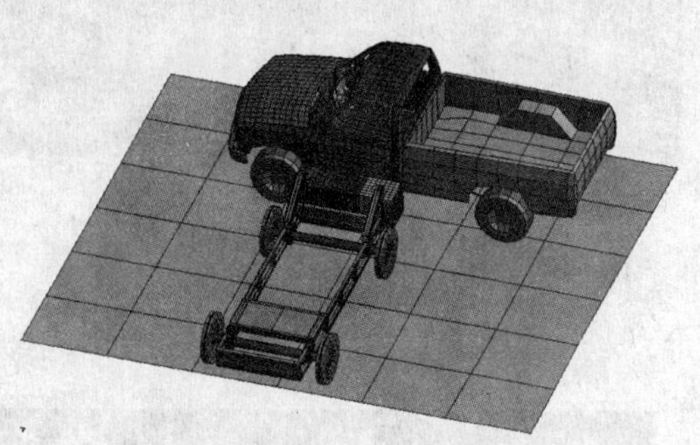

图1.2　汽车斜撞击模拟

图1.3　交通事故模拟

图1.4　卡车碰撞模拟

(2)铁路机车行业，如图1.5所示。

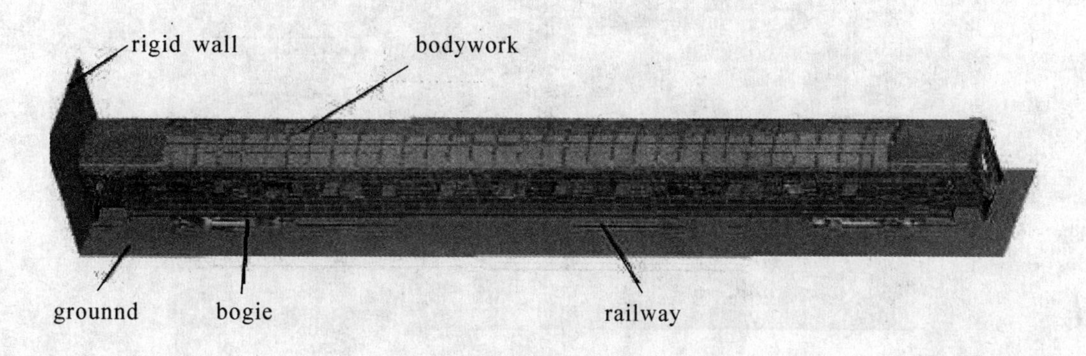

图1.5　铁路机车与刚性墙碰撞模拟

(3)船舶行业，如图 1.6、图 1.7 所示。

图 1.6　船舶水中航行模拟　　　　图 1.7　潜艇碰撞模拟

(4)航空航天，如图 1.8～图 1.10 所示。

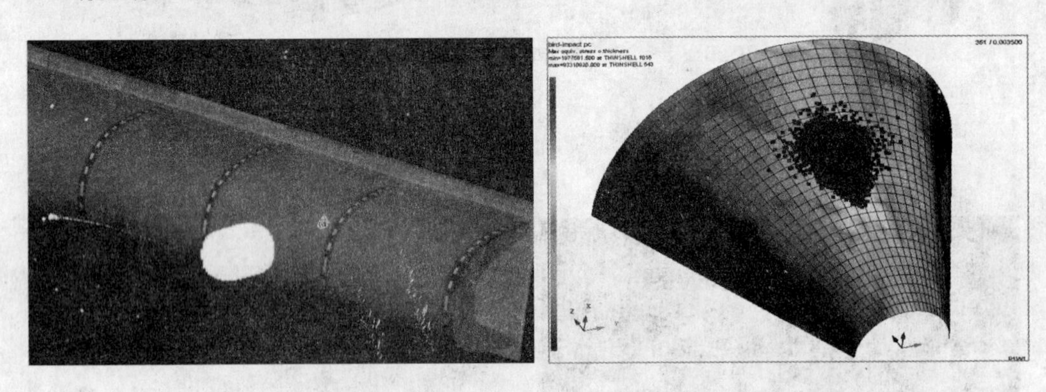

图 1.8　鸟撞机翼及风挡模拟

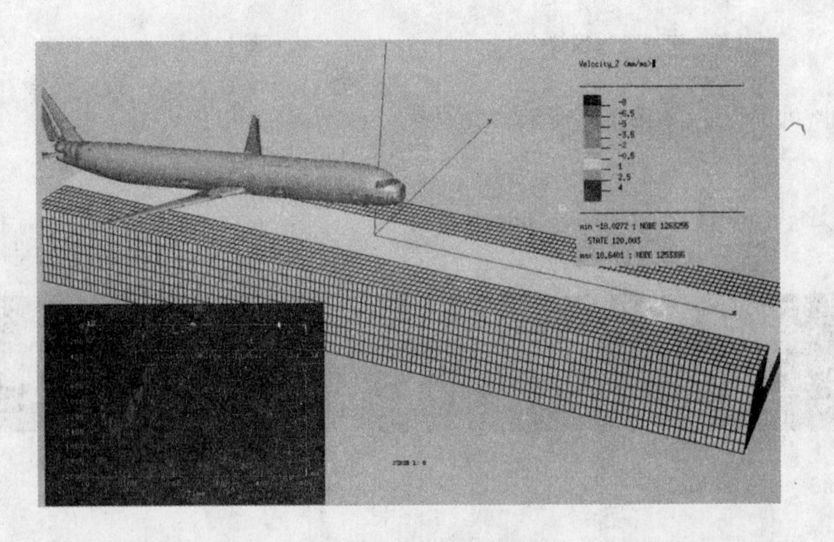

图 1.9　飞机迫降模拟

图 1.10　超高速空间撞击模拟

1.2.3　用户界面

PAM-CRASH 本身由前处理模块、求解器、后处理模块组成。按钮方便快捷，菜单分类明晰，使人机交互式的操作简便易行，并且支持命令行操作、自定义宏操作，使高级用户能够发挥自如，实现操作的自动化，图 1.11 显示了在 Visual-Mesh 中进行汽车碰撞模拟的前处理操作界面。

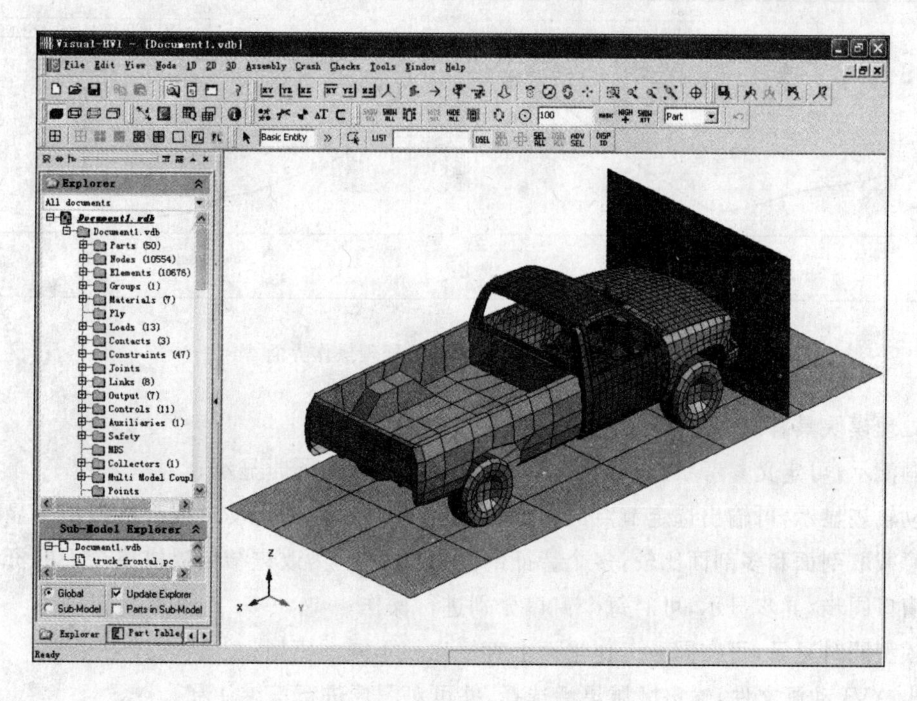

图 1.11　Visual-HVI 前处理操作界面

通过鼠标与功能键的结合使用可轻易完成选取以及平移、平面旋转、三维旋转、动态缩放、窗口缩放、局部隐藏、更改旋转中心等图形操作。

PAM-CRASH 随时可以监控求解进度，了解当前计算状态下的时间步长、剩余时间、接触系统的能量状态等关键参数，避免因设置失误造成漫长却又无效的求解过程。另外，求解过程中会实时输出事件描述文件，公布错误信息和可能的原因，并提供可行的处理建议。

在求解进行的同时，就可以利用后处理模块观察分析刚刚计算的部分结果，无须待整个求解过程完毕之后才进行，这样将使用户能够及时、直观地判断前处理质量，并尽早作出相应的决定。

后处理模块是可视化仿真的一个重要组成部分，用以查看计算结果，对参数曲线、图形等进行操作，如图 1.12 所示。

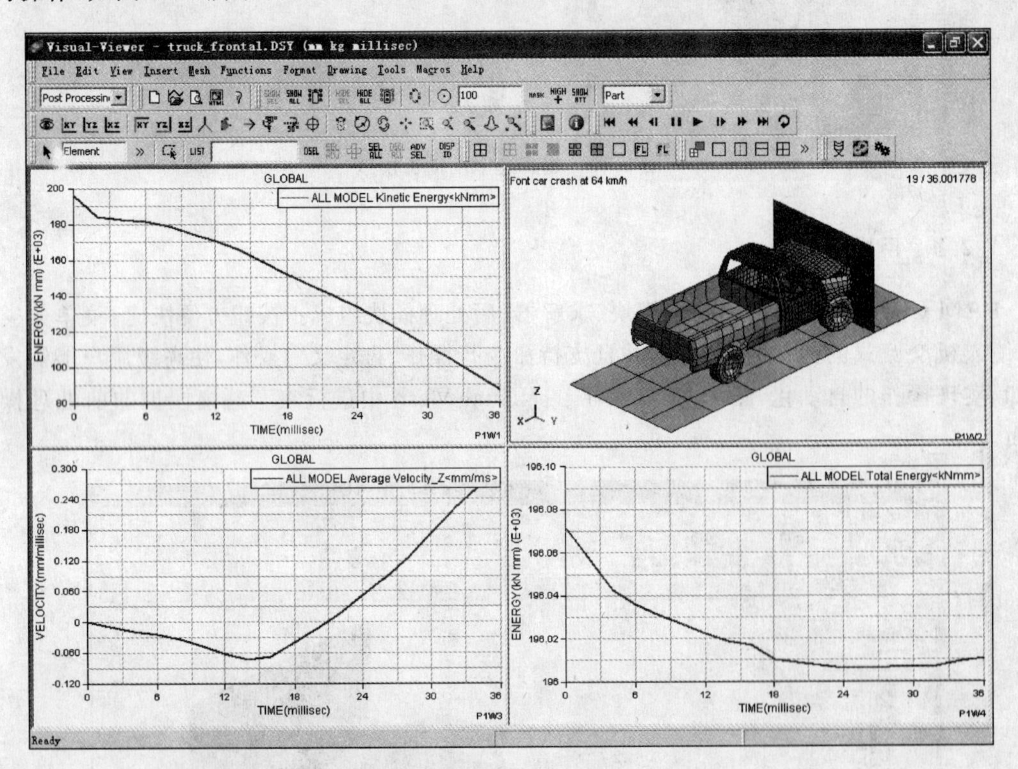

图 1.12　Visual-Viewer 后处理操作界面

后处理模块具有以下主要特点：

动画演示，可定义参考状态，任意选择播放区间，多状态同时显示；

运动轨迹显示，可输出选定节点的轨迹，使得任何观察点的运动过程都能够清晰显现；

任意截取剖面和多剖面比较，多个特征剖面状态显示，为改进结构提供更全面的资料；

多窗口同步/异步显示，可对每个窗口分别进行操作；

多模型同时显示，可在同一工作平面上直接比较不同的模型；

输出 AVI 动画文件，输出区域灵活选择，并可对图形进行三维注释；

可打开 AVI 等格式的试验录像文件，并使之与模拟结果进行同步显示比较。

PAM-CRASH 与其他常用的 CAD/CAE 软件有着非常良好的接口,可以直接读取来自以下软件的模型文件:Ideas/Caeds, Patran, Nastran, Mef/Mosaic, Styler(Strim), Ansys, Dyna, ELFINI。

此外,HyperMESH,FEMAP 等软件也为 PAM-CRASH 设计了专门的输出接口,这样能够避免企业的重复投资,并且使设计人员能够得心应手地使用 PAM 系列软件开展新的工作。

CAE 软件的使用是个系统工程,好的工具应该能够轻易地嵌入到已有的和将来构造的设计流程之中。ESI 集团还有三维网格划分软件 GeoMESH/DeltaMESH,SYSMESH,三维冲压模拟分析软件 PAM-Stamp/ OPTRIS,三维模具自动分析设计软件 PAM-DieMaker,三维铸造模拟分析软件 PAM-Cast,三维金属焊接及热传导模拟分析软件 SYSWELD,高速冲击模拟分析软件 PAM-Shock,结构分析软件 SYSTUS……上述模块有着良好的兼容性,从几何实体的网格划分到最后的整车碰撞模拟实验,每个模块既能独立工作,又可将生成的数据完整地向下一模块传递,使现代化设计生产企业有能力构筑一条虚拟制造的流程,从而大大缩短新产品的开发周期,改善设计精度,提高设计成功率,节约大量的人力、物力、财力开销,如图 1.13 所示。

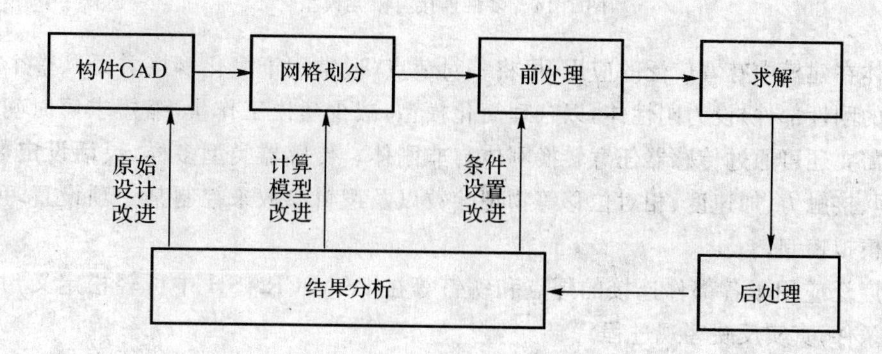

图 1.13　构件设计流程

使用 CAD 软件绘制立体图形,然后利用网格生成器或网格划分软件把实体图形离散化,但由于 CAD 图形的复杂性,离散化后所获得的有限元网格模型难免有些缺陷,这样会影响到模拟计算,而且有些缺陷可能是致命的。因此,PAM-CRASH 可对导入的模型进行以下元素几何质量的检查:无体积或负体积,长宽比,角度,翘曲,法向,初始渗透……对于有问题的元素可以将其删掉或者进行一些修改,例如修改、合并节点,重建元素等。在 PAM-CRASH 中可以建立的元素类型有壳(shell)、膜(membrane)、弹簧(spring)、铰链(joint)、杆(bar)、梁(beam)、体(solid)。

时间步长的检查也是建模阶段很重要的一项工作,使用户对计算的时间进程有一个初步概念,便于采取一些时间步长的控制措施。时间步长检查结果以云图的形式显示,用户可根据时间步长的分布情况决定是否采取措施或采取哪种措施,从而提高计算时间的可行性。

为满足碰撞研究中障碍体形式多样的要求,PAM-CRASH 中有多种刚性墙体类型供选择:平面、立方体、球面、圆柱、自定义型面。刚性墙体的质量、大小、运动速度及其方向、接触摩擦因数等性质可任意设定,用户可以灵活运用这些刚性墙体进行各种形式的碰撞模拟。

接触形式多样，除了常规的面/面接触、点/面接触、边/边接触，还有焊接/铆接（Tied Interface）和智能自接触，如图 1.14 所示。焊接/铆接的定义独立于网格节点之外，轻松实现零件之间的约束设置，与零件网格的修改互不干涉。而智能自接触则可实现接触搜索处理的自动化，无须用户进行烦琐的判断设置，简化了建模。

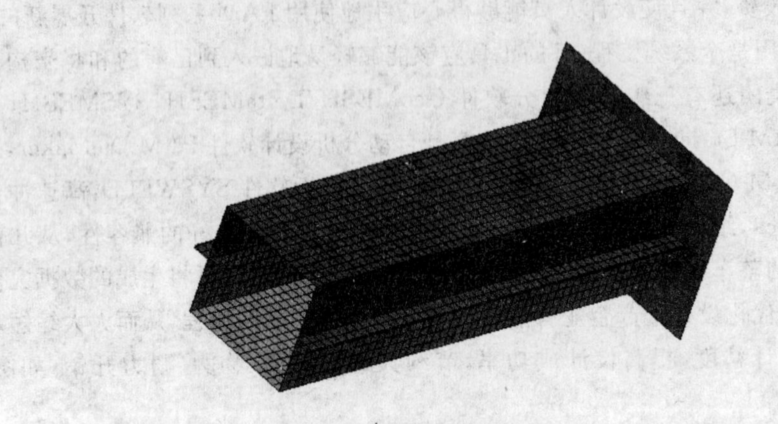

图 1.14　多种连接有限元模型

刚性体在建模中有着广泛的应用，可将一对节点（通常用于简化铆接关系）、整个实体（替代变形小的刚性部件）设为刚性体，以合理简化模型，减少建模工作量，缩短求解时间。同时，根据实际需要还可通过传感器任意转换刚体与非刚体。传感器类型多样，灵活设定数字传感器，用时间、接触力、加速度、相对位移等物理参数以及逻辑参数来控制某一项设置，可实现动态复杂的模拟控制。

关于广泛应用于各部件连接的焊点和铆钉等在 PAM-CRASH 中可轻松定义，并且能设定其断裂条件，真实反映客观进程。

参数的输出灵活多样，输出对象可以是节点、元素以及整个模拟对象，输出参数有位移、旋转角度、速度、角速度、加速度、角加速度、接触力、应力、应变、材料厚度、温度、能量密度等，默认输出状态下它们都是时间的函数，用户也可以根据需要自定义函数关系输出。

对于输出的曲线可以同步显示多条曲线，即在一个曲线框中显示，这些曲线可以是由同一个模型或不同模型输出的，大大方便了各曲线的相互比较及其操作（移位、改变比例、镜像等），曲线的颜色、宽度、线性注释等属性可以任意修改。软件中配备有多种整形滤波器（SAE，FIR100，…），可以选择合适的型号进行滤波处理，滤掉碰撞中混入的各种噪声，使输出的曲线更加直观有效，另外，用户也可根据需要自定义滤波器属性。

除此之外，多参数控制云图显示清晰直观，速度、位移、厚度、应力、应变等各种指标通过渐变色彩清晰地表现在三维图形上，可设定所观察量的阈值，过滤掉不关心的数值范围，各部位的数值、各数值范围所在部位一目了然。

1.2.4　材料模型

材料模型的准确与否，是仿真模拟的关键要素之一，PAM-CRASH 提供了金属、塑料、复合材料等众多常用的材料模型，如表 1-1 所示。

表 1-1　PAM-CRASH 材料模型

材料模型	应用范围
一维材料及铰链模型	杆,梁,弹簧,减震器,承扭铰链,万向节……
二维材料模型	弹塑性模型 带破坏校验的弹塑性模型 多层纤维/复合材料 各向异性材料 ……
三维材料模型	弹塑性模型 可碎泡沫 非线性高分子泡沫 黏弹性模型 复合材料 正交各向异性弹塑性材料 超弹性材料 ……

实际应用的材料特性因供应商不同而各不相同,需要根据实际材料试验的测试结果,同时经过合理的简化假设,由用户进行输入,必要时应选择具有失效校验的材料模型。这些材料模型结合了全面的非线性应变、硬化性质理论,让用户能够构造更接近实际性质的材料库。此外,独立的材料数据库使用户能够更方便地管理材料数据。

为迎合汽车碰撞试验的需求,系统配有符合欧洲和美国被动安全法规的障碍体(泡沫、蜂窝),如图 1.15 所示,用户可以很方便地建立碰撞模拟模型,进行符合国际标准的多项研究。

图 1.15　泡沫材料模型

1.2.5　求解器的稳定性

模拟计算最重要的是要保证求解的稳定性、精确性,针对这一目的,PAM-CRASH 特有 Adaptive Meshing,Frozen Metric,Nonlinear Contact Stiffness 等功能。

模拟计算中大变形材料(例如泡沫)在受到强烈冲击时可能变成零体积甚至负体积,这样会造成计算中断或者结果失真, 这时可以采用 Frozen Metric 功能,通过将材料的线性应变属性修正为质量-弹簧系统而控制其形变，有效遏止这种情况的发生。

Adaptive Meshing 是一种通过修改变形较大部位的网格划分密度，从而提高计算精度的方法，如图 1.16 所示。在计算过程中，程序会按照用户设定的优化准则（如长宽比过大、内角过大或过小）自动将大网格均匀细分，同时自动调节小单元的质量密度，以避免计算失稳。

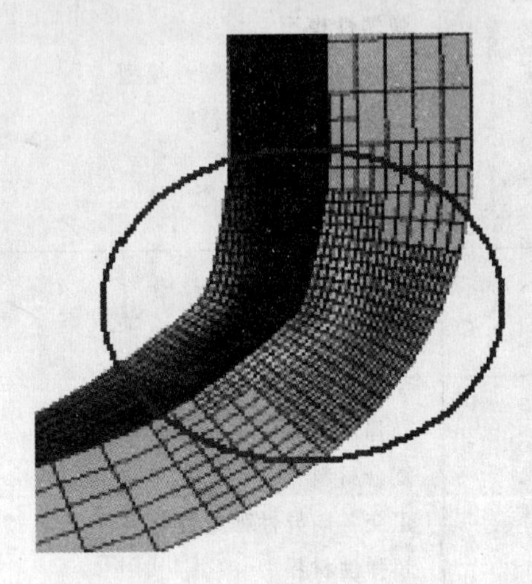

图 1.16　网格局部加密

Nonlinear Contact Stiffness 功能可以在模拟剧烈碰撞、局部重载荷时，通过动态提高材料的硬度来解决模拟中碰撞穿透的问题。

以上措施同时还可有效控制时间步长的大幅下跌，保证合理的计算时间。另外，还可设置阻尼以加速求解弹性接触过程的收敛。

对模拟计算来说，时间步长关系到计算精度、计算时间。为同时保证精度与时间的要求，有时需要用户人为控制时间步长，设定时间步长的数值，然后由程序自动做相应处理。PAM-CRASH 提供以下三种时间步长控制措施：

(1)初始时间步长放大。通过修改材料的密度来提高初始时间步长的值，而材料的硬度不变（为避免对材料修改过大，应在计算后检查质量增加的情况）。

(2)最小时间步长设定。通过修改材料的弹性模量，来限制计算步长随网格变形不断下降，同时，系统的能量吸收不会受到影响。

(3)节点质量动态放大。根据计算步长的下降程度，动态增大节点质量，从而保证计算稳定进行（为避免对材料修改过大，应在计算后检查质量增加的情况）。

1.2.6　高级功能

汽车工业中大量采用冲压件，材料冲压后因厚度、残余应力等的影响，其性质会有所变化，采用由标准材料试验所得出的材料数据客观上就已经使模拟情形与实际情形有了一定差距，这样加大了模拟计算的失真程度。因此，PAM-CRASH 增加了与冲压软件 PAM-STAMP 2G 的耦合功能，可将冲压计算中得到的厚度、应力、应变等数据导入碰撞模拟中，以提高模拟计算的精度。

针对碰撞中可能会产生液体物质飞溅的情况，为更加真实反映实际情况，PAM-CRASH采用SPH(Smooth Particle Hydrodynamics)来模拟液体，能较真实地表现液体物质的特性，如图1.17所示。图1.18显示了SPH高速弹丸侵彻平板的数值模拟。

图1.17 SPH模拟水

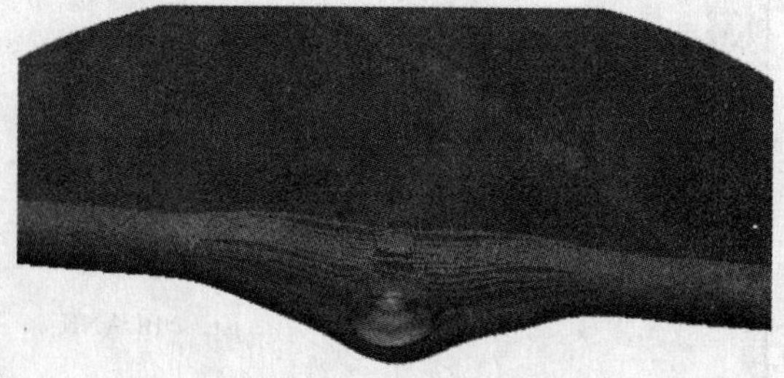

图1.18 SPH模拟高速弹丸

1.3 PAM-CRASH的基本概念

下面介绍PAM-CRASH软件中的一些基本概念。

1.3.1 标识(编号)

在PAM-CRASH的计算输入文件中，诸如单元、节点等内容均拥有唯一的编号，各个组分的联系也是通过编号来实现的。拥有编号的如下：

(1) 节点。节点是一个拥有x,y,z坐标的点，每一个节点均有唯一的ID编号。如图1.19所示的NODEID即为节点的编号。

$#	NODEID	XCOORD	YCOORD	ZCOORD
NODE /	1	0.	−0.0525	−0.18825
NODE /	2	0.	−0.04375	−0.18825
NODE /	3	0.	−0.035	−0.18825

图1.19 节点编号图

(2) 单元。单元有体单元、壳单元、厚壳单元、梁单元、连接单元、SPH单元等，每一种单元都有不同的算法可供选择，这样可以适应非常多的计算条件。例如，体单元就有单点积分算法和缩减积分算法等，每一个单元均有唯一的M编号。如图1.20所示的M即为单元的编号。

$#	M	IPART	N1	N2	N3	N4	NINT	h
SHELL /	1	2	22686	22688	22878	22877	1	0.
SHELL /	2	2	22688	22689	22925	22878	1	0.
SHELL /	3	2	22689	22690	22972	22925	1	0.

图1.20 单元编号图

(3)材料模型。为区别不同的材料模型及其参数，每一种材料模型都有不同的ID编号，如图1.21所示的IDMAT即为材料模型编号。如果模型中存在两种相同的材料模型，但是材料参数不同，则必须定义两个材料IDMAT，以保证每一种材料的IDMAT都是唯一的。

```
$#            IDMAT     MATYP       RHO      NINT      ISHG    ISTRAT       IFROZ
MATER /           1        16      900.         1         0         0           0
$# BLANK   AUXVAR1   AUXVAR2                                      QVM     THERMAL
                 0         0                                       1.           0
$#                                                                            TITLE
NAME birdmat
$#        G   SIGMA_Y          Et     BLANK     BLANK     BLANK    STRAT1    STRAT2
 3.84E+009    1e+006    5000000.                                       0.        0.
$#        K
8.33E+009
```

图1.21　材料模型编号图

(4)部件(PART)。一个PART包含单元类型、材料模型等信息，而每一个PART都有一个唯一的IDPART编号。如图1.22所示的IDPART即为部件编号。

```
$#          IDPART    ATYPE         IMAT
PART /           1    SOLID            1
$#
NAME bird
$#

$#        TCONT      EPSINI
```

图1.22　部件编号图

(5)曲线。定义应力应变关系加载曲线时必须定义不同的曲线，不同的曲线用不同的编号来区别，如图1.23所示的曲线编号是IFUN。

```
$#           IFUN      NPTS     SCLAX     SCALY    SHIFTX    SHIFTY
FUNCT /         1         3        1.        1.        0.        0.
$#
NAME NewCurve_1
$#                                  X                   Y
                              -1E-006             -10000.
                                   0.                  0.
                               1E-006              10000.
```

图1.23　曲线编号及图形

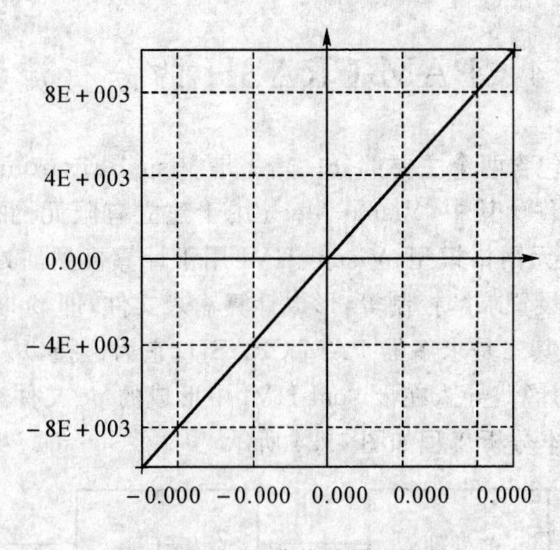

图 1.23(续)　曲线编号及图形

1.3.2　单位制

在使用 PAM-CRASH 软件进行计算时，要求不同物理量的单位之间必须协调或者说单位制要统一，其含义是指基本物理量的单位和由其导出的其他物理量的单位必须统一。结构分析的基本物理量只有三个：长度、质量和时间；对于热问题，还应该加上温度。PAM-CRASH 在计算过程中并不限定必须使用哪一种单位制，只要单位之间是协调的，计算结果的单位就是协调的，例如，在结构分析中使用 m，kg，s，那么计算得出的应力的单位就一定是 Pa。表 1-2 列出了常用的单位制。

表 1-2　常用单位制

基本物理量			导出物理量			
长度	质量	时间	密度	重力加速度	应力	力
m	kg	s	kg/m^3	$9.81m/s^2$	Pa	N
mm	t	s	t/mm^3	$9810mm/s^2$	MPa	N
mm	kg	s	kg/mm^3	$9810mm/s^2$	kPa	mN
mm	kg	ms	kg/mm^3	$0.00981mm/ms^2$	GPa	kN
mm	ton	ms	t/mm^3	$0.00981mm/ms^2$	106MPa	MN
mm	106kg	s	$106kg/mm^3$	$9810mm/s^2$	GPa	kN
mm	g	ms	g/mm^3	$0.00981mm/ms^2$	MPa	N

1.3.3　力与压力

在软件的帮助文档与界面中，所使用的术语全部为英文。需要说明的是，在接触力的计算显示中，Pressure 指的是压强（单位 Pa），Force 指的是力（单位 N）。

1.4 PAM-CRASH 的分析流程

PAM-CRASH 软件包含两个主要部分。其一是 Visual Environment 软件包，这是一套高效的 CAE 进程自动化软件。其中，Visual-Mesh 用于建立有限元网格模型，用户也可以在其他 CAE 软件中建立有限元网格模型；Visual-HVI 用于计算模型前处理，包括定义材料模型，定义约束、载荷和接触及设置求解控制等，形成计算输入文件，即 pc 文件；Visual-Viewer 用于后处理，查看求解结果。其二是求解器 PAM-CRASH，它为碰撞以及其他撞击问题提供最高级的、基于物理学的模型计算，导入在 Visual-HVI 中形成的 pc 文件进行计算。

PAM-CRASH 的基本分析流程如图 1.24 所示。

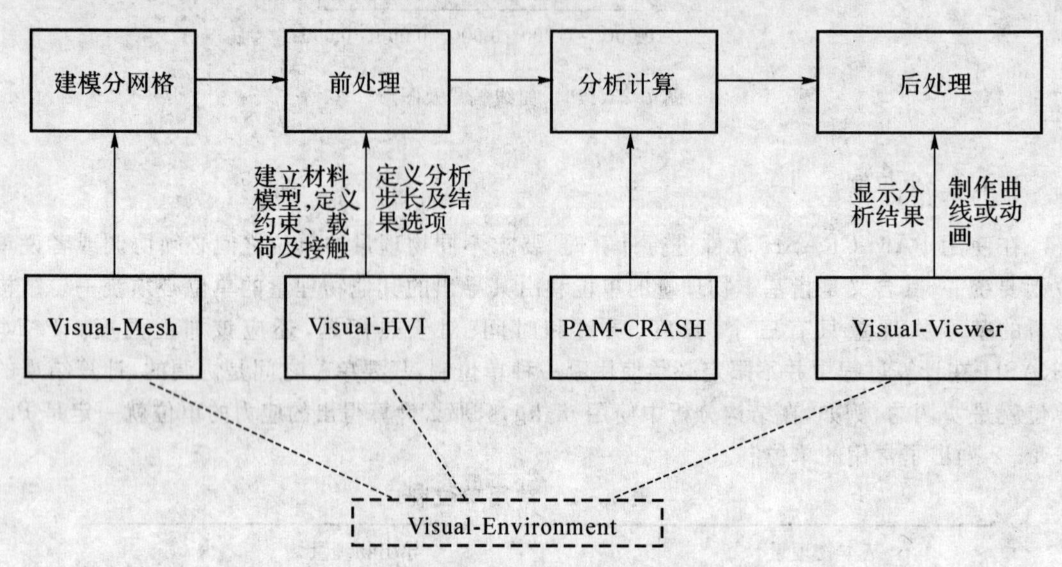

图 1.24　PAM-CRASH 的基本分析流程图

第2章　单元类型

2.1　概　　述

PAM-CRASH 提供了大量针对不同应用场合的单元类型，PAM-CRASH 单元库包括体单元、壳单元（三维壳、薄壳、厚壳）、膜单元、梁单元、杆单元、六自由度弹簧阻尼单元、连接单元、动态连接单元、光滑粒子单元等类型，这些单元类型具有不同的拓扑结构和属性，构成了 PAM-CRASH 强大分析功能的重要基石。

Solid Elements：三维实体单元，可退化为具有重节点的锥形单元和四面体单元。

Brick Shell Elements：三维壳单元，具有 8 个不同节点的六面体形状，模拟厚壳行为。

Thick Elements：厚壳单元，离散由薄的或厚的板和壳组成的结构。

Thin Elements：薄壳单元，划分由板和壳组成的结构。

Membrane Elements：膜单元，划分薄而弯曲的膜材料组成的构件。

Beam Elements：梁单元，划分传递轴力、剪力、弯矩和转矩的梁和框架结构。

Bar Elements：杆单元，划分不能传递弯曲和转矩的钢索或桁架结构。

6-DOF Spring Dashpot Elements：六自由度弹簧阻尼单元，模拟力传感器等结构。

Joint Elements：连接单元。

Kinematic Joint Elements：动态连接单元。

Surface Link：表面连接单元。

Edge Link：边连接单元。

Smooth Particle Hydrodynamics Element：SPH 粒子。

2.2　体　单　元

体单元可以用来划分实体材料，在计算输入文件中，节点 N1～N8 的相互关系及其编号为：

N1：节点 1 编号　　　N2：节点 2 编号

N3：节点 3 编号　　　N4：节点 4 编号

N5：节点 5 编号　　　N6：节点 6 编号

N7：节点 7 编号　　　N8：节点 8 编号

8 节点实体单元由 N1～N8 这 8 个节点定义，少于 8 个节点的实体单元可以通过一个或多个节点的重合得到。8 节点实体单元、4 节点实体单元和 6 节点实体单元如图 2.1 所示。*ORST* 为右手局部坐标系。

4 节点实体单元、5 节点实体单元和 6 节点实体单元在单元卡片中定义时，其输入采用如下的形式：

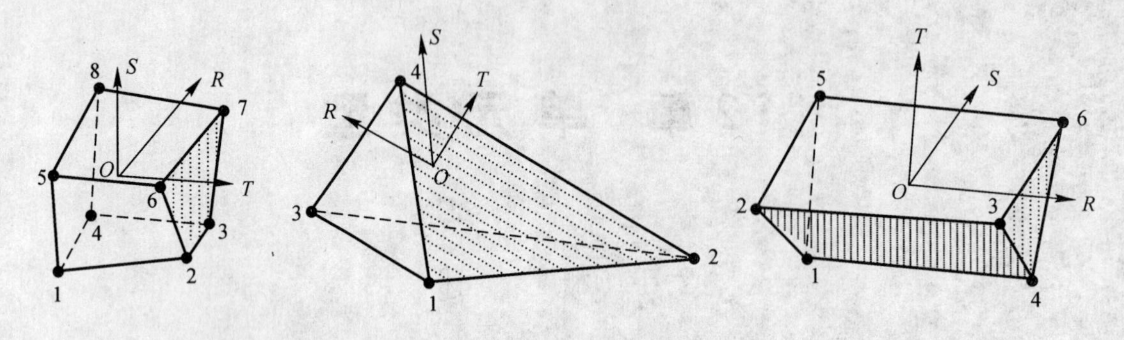

图 2.1　局部坐标系下的实体单元

4 节点实体单元:N1 N2 N3 N4 N4 N4 N4 N4;

5 节点实体单元:N1 N2 N3 N4 N5 N5 N5 N5;

6 节点实体单元:N1 N2 N3 N4 N5 N6 N6 N6。

对于 8 节点实体单元,采用右手规则,其第一个面的法向必须指向单元内部,第二个面的法向必须指向单元外部。对于 4 节点实体单元和 6 节点实体单元,第一个定义的面的法向必须指向单元内部。

体单元的定义卡片如图 2.2 所示,其中 M 表示单元编号,IPART 表示单元所属的部件编号,N1～N8 表示单元 8 个节点的编号。

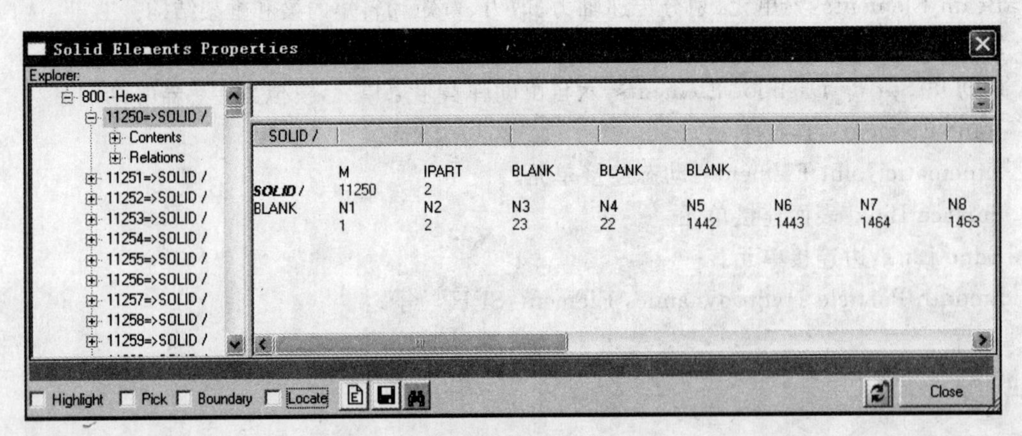

图 2.2　体单元定义卡片

2.3　三维壳单元

在体网格离散的基础上,三维壳单元可以模拟厚壳的行为,三维壳单元具有 8 节点六面体的几何形状。

目前,有两种材料模型可以用于三维壳单元,61 号弹性材料模型和 62 号弹塑性材料模型。

在计算输入文件中,三维壳单元的节点 N1～N8 的相互关系及其编号为:

N1:节点 1 编号　　N2:节点 2 编号

N3:节点 3 编号　　N4:节点 4 编号

N5:节点 5 编号　　N6:节点 6 编号

N7:节点 7 编号　　N8:节点 8 编号

节点 N1～N8 定义了三维壳单元的 8 个顶点,而且三维壳单元必须有 8 个不同的节点,这一点和三维实体单元不同,三维实体单元的 8 个节点可以有重合的节点。因为三维壳单元模拟的是壳的行为,所以用户必须根据下面的规定严格标明三维壳单元的上面和下面及其他面。

从节点 1 到节点 4 的第一个面: 壳的下表面;

从节点 5 到节点 8 的第二个面: 壳的上表面。

对于 8 节点三维壳单元,采用右手规则,其上表面的法向必须指向单元内部,下表面的法向必须指向单元外部,如图 2.3 所示。

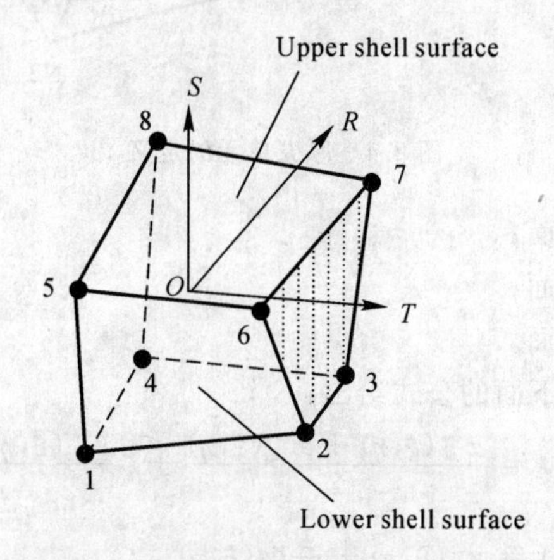

图 2.3　局部坐标系下的三维壳单元

注意:三维壳单元不必定义材料卡片中的积分法则 ISINT 和沙漏控制 ISHG,以及单元卡片中的 IPROJ。

2.4　厚 壳 单 元

厚壳单元可以离散由薄的或厚的板和壳组成的结构,厚壳单元以厚度 t 离散壳面,厚壳可以计及横向正变形对应变能的影响,但是薄壳仅考虑具有横向剪切变形的薄膜弯曲的影响。

实际应用时有两种材料适用于厚壳单元,161 号弹性材料和 162 号弹塑性材料。对于 161 号弹性材料,沿厚度方向弯曲计算用 2 个积分点,而横向剪切用 1 个积分点,积分点个数不可以修改,即厚壳单元不能退化为薄膜单元;对于 162 号弹塑性材料的弯曲和横向剪切,可以指定沿厚度方向的 1～7 个积分点个数,其中 1 个积分点必须在零厚度处。

单元采用全积分:平面内有 4 个积分点,在每个积分点定义一个局部坐标系,在局部坐标系里可以计算出 Kirchhoff 应力,第二 Piola-Kirchhoff 应力同样可以在参考局部坐标系下计算。

在计算输入文件中,厚壳单元的节点 N1～N4 的相互关系及其编号为:

N1:节点 1 编号　　N2:节点 2 编号

N3:节点 3 编号　　N4:节点 4 编号

厚壳单元必须有 4 个不同的节点(见图 2.4),支持退化的四边形单元和三角形单元。

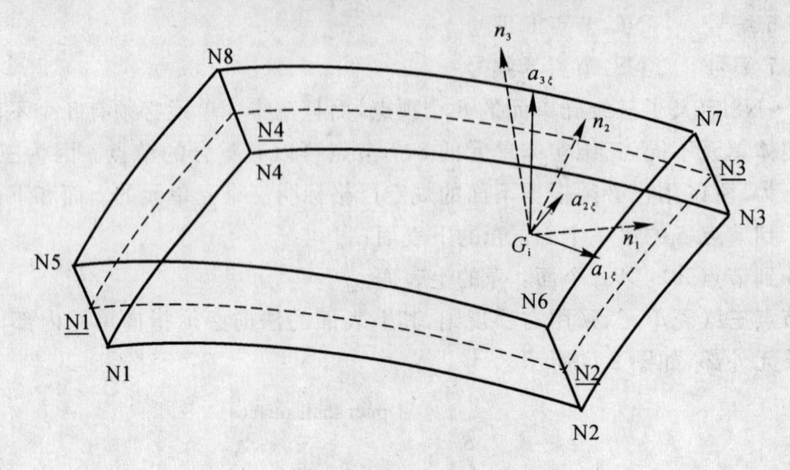

图 2.4　厚壳单元的定义

(N1,N2,N3,N4):壳下面;

(N5,N6,N7,N8):壳上面;

(N1,N2,N3,N4):壳中面。

壳内任一点的位置通过下面的公式给出:

$$x_Q(\xi,\eta,\zeta)=\frac{x^+(\xi,\eta)+x^-(\xi,\eta)}{2}+\zeta\frac{x^+(\xi,\eta)-x^-(\xi,\eta)}{2}$$

$$x_Q(\xi,\eta,\zeta)=x_P(\xi,\eta)+\frac{1}{2}\zeta v(\xi,\eta)$$

$$v(\xi,\eta)=hn(\xi,\eta)$$

式中,x_P 为壳中面内一点,h 为壳在点(ξ,η) 处的厚度,$n(\xi,\eta)$ 为壳中面的法向。

用下式定义一个随机坐标系$(a_{1\xi},a_{2\xi},a_{3\xi})$:

$$a_{1\xi}=x_{P,\xi}+\frac{1}{2}\zeta_{v,\xi}$$

$$a_{2\xi}=x_{P,\xi}+\frac{1}{2}\zeta_{v,\eta}$$

$$a_{3\xi}=\frac{1}{2}v$$

坐标系$(a_{1\xi},a_{2\xi},a_{3\xi})$ 不是一个正交坐标系,通过正交坐标系(i,j,k) 绕轴 $k\times n_3$ 做刚性旋转,可以定义一个正交曲线坐标系(n_1,n_2,n_3)。当 k 与 n_3 重合时,可以用下式定义面单位法向量:

$$n_3=\frac{a_{1\xi}\times a_{2\xi}}{\|a_{1\xi}\times a_{2\xi}\|}$$

厚壳单元的定义卡片如图 2.5 所示,其中 M 表示单元编号,IPART 表示单元所属的部件编号,N1～N4 表示单元 4 个节点的编号,NINT 表示沿单元厚度方向积分点的个数,h 表示单元的厚度。

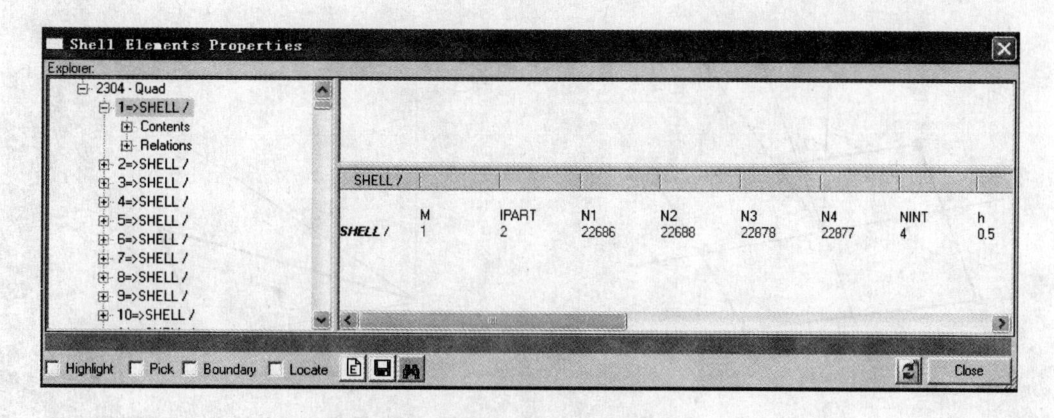

图 2.5 厚壳单元的定义卡片

2.5 薄壳单元

薄壳单元可以划分为由板和壳组成的结构，以厚度为 t 的 3 节点壳单元或 4 节点壳单元划分壳表面，由于塑性和多层壳使厚度方向应力分布呈现非线性特征，这需要沿厚度方向的数值积分。

除 130 号材料模型外，通过指定积分点个数 NINT=1 可使所有壳单元退化成薄膜单元，但是，必须要注意的是，用于弹性单元的 101 号材料模型的积分点个数是没有意义的。为了获得壳的行为(弯曲和横向剪切)，必须明确指出积分点的个数 NINT>1 或者设置 NINT=0(此时程序默认沿厚度方向的积分点个数为 3)。

对于多层复合壳(采用 130 号材料模型)，程序会自动为每一层设置一个积分点，并且把层的厚度相加可以得到壳的厚度。

若同时包含弯曲和膜的影响，在大多数情况下 3 个积分点就足够了，采用 4 个和 5 个积分点可以增加计算的精确度，但同时要花费更多的计算时间。

在计算输入文件中，薄壳单元的节点 N1～N4 的相互关系及其编号为：

N1：节点 1 编号　　N2：节点 2 编号

N3：节点 3 编号　　N4：节点 4 编号

薄壳单元的定义如图 2.6 所示。图中

$$A = \mathrm{mid}(1,4), B = \mathrm{mid}(1,2)$$

$$C = \mathrm{mid}(2,3), D = \mathrm{mid}(3,4)$$

$$n = \frac{AC \times BD}{\| AC \times BD \|}$$

$$x = \frac{AC}{\| AC \|}$$

$$y = n \times x$$

通过设置 N3=N4，4 节点薄壳单元可以退化成 3 节点薄壳单元，如图 2.7 所示。正因为 3 节点薄壳单元是退化得到的单元，在某些情况下会显示出缺陷，因此，不推荐使用这样的 3 节点薄壳单元。

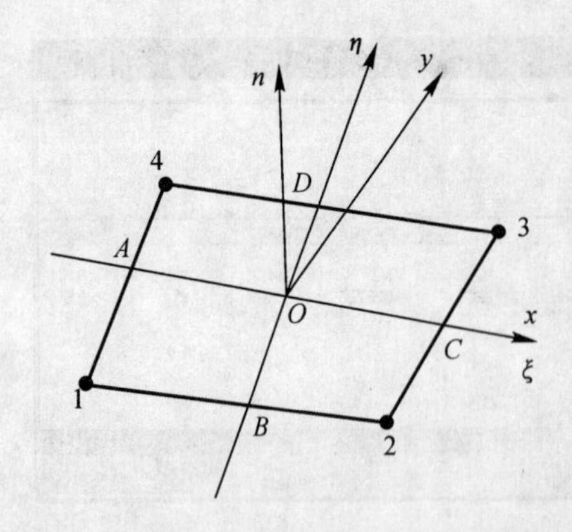

图 2.6　局部坐标系下 4 节点薄壳单元的定义

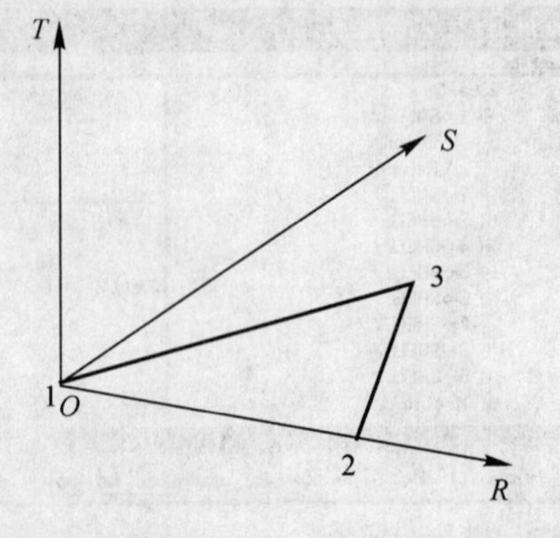

图 2.7　局部坐标系下 3 节点薄壳单元

图中
$$T = \frac{12 \times 13}{\| 12 \times 13 \|}$$
$$R = \frac{12}{\| 12 \|}$$
$$S = T \times R$$

薄壳单元的定义卡片如图 2.8 所示，其中 M 表示单元编号，IPART 表示单元所属的部件编号，N1～N4 表示单元 4 个节点的编号，NINT 表示沿单元厚度方向积分点的个数，h 表示单元的厚度。

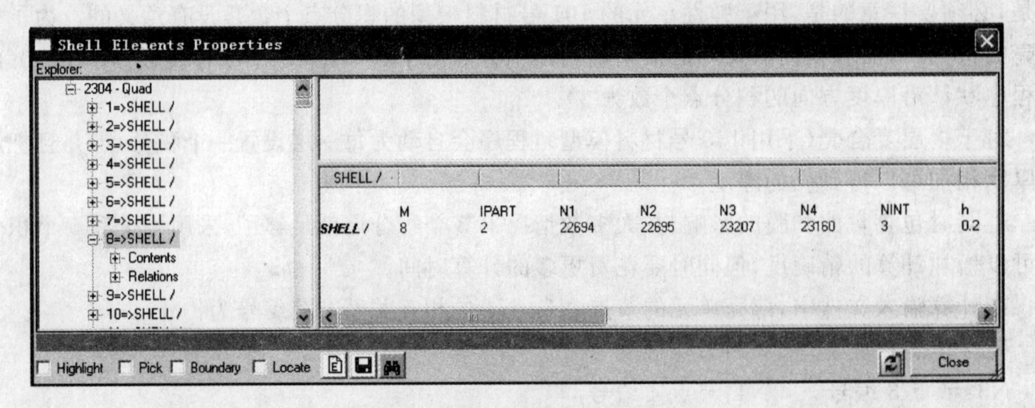

图 2.8　薄壳单元的定义卡片

2.6　膜　单　元

膜单元可以用来划分薄而弯曲的膜材料组成的构件，例如纤维。膜具有零弯曲刚度和沿厚度方向的均匀应力分布，并且厚度方向不需要数值积分。

膜单元如图 2.9 所示。

在计算输入文件中，膜单元的节点 N1～N4 的相互关系及其编号为：

N1：节点 1 编号　　N2：节点 2 编号

N3：节点 3 编号　　N4：节点 4 编号

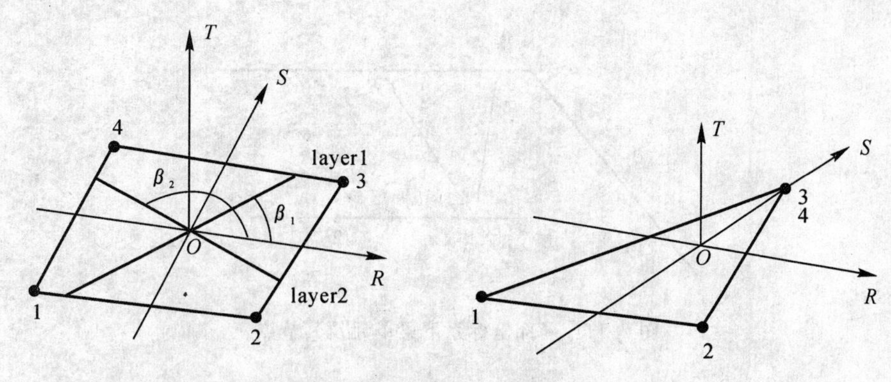

图 2.9　局部坐标系下膜单元及其节点

将节点 N3 和 N4 重合，可以得到膜三角形单元，如图 2.9 所示。

膜材料通常是由各向同性的“渡层”和 1 到 2 层的纤维组成的。纤维角及纤维和坐标轴的夹角可以在单元局部坐标系 *ORST* 中定义。

膜单元的定义卡片如图 2.10 所示，其中 M 表示单元编号，IPART 表示单元所属的部件编号，N1～N4 表示单元 4 个节点的编号，β_1 表示层 1 纤维角，β_2 表示层 2 纤维角。

Columns	Item	Format	Name	version/option
1－8	Keyword MEMBR_ _	A8		
9－16	Element number	I8	M	
17－24	Part number	I8	IPART	
25－32	Nodal point number of membrane node 1	I8	N1	
33－40	Nodal point number of membrane node 2	I8	N2	
41－48	Nodal point number of membrane node 3	I8	N3	
49－56	Nodal point number of membrane node 4 (＝N3 for triangles)	I8	N4	
57－64	Blank	8X		
65－72	Fiber angle of layer 1 (in degrees)	E8.0	β_1	
73－80	Fiber angle of layer 2 (in degrees)	E8.0	β_2	

图 2.10　膜单元定义卡片

2.7　梁　单　元

梁单元可以用来划分传递轴力、剪力、弯矩和转矩的梁和框架结构，依赖算法的复杂性，总应力结果或截面积分点可以用来计算梁和框架的响应。

梁单元如图 2.11 所示。

在计算输入文件中，梁单元的节点 N1～N3 的相互关系及其编号为：

N1：节点 1 编号　　N2：节点 2 编号　　N3：节点 3 编号

线(1,2)构成局部坐标系的 *R* 轴，局部坐标系的 *S* 轴在面(1,2,3)内垂直于 *R* 轴并且指向节点 3，局部坐标系的 *T* 轴由右手规则确定。如果梁截面是对称结构，此时坐标轴 *S*,*T* 可以用梁截面内任意一对正交矢量代替，所以第 3 个节点 N3 可以任意选取。

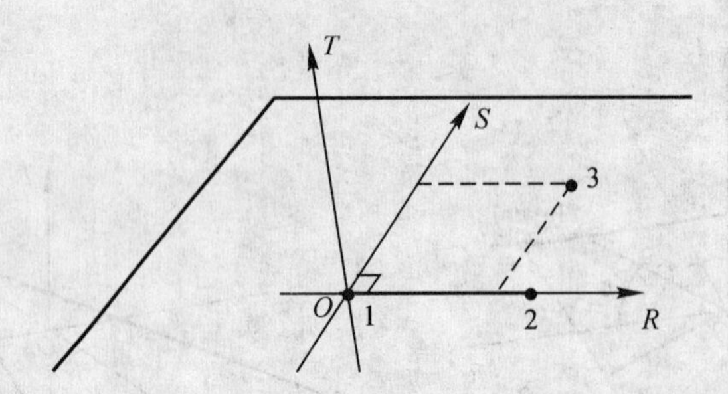

图 2.11　局部坐标系下梁单元及其节点

在 PAM-CRASH 中梁单元的定义卡片如图 2.12 所示，其中 M 表示梁单元的编号，IPART 表示单元所属的部件编号，N1，N2，N3 即为图 2.11 中的 1，2，3 点，RT1 和 RR1 为节点 I (1)的轴力约束和轴矩约束设定，用 *ijklmn* 六组二进制数字表示，RT2 和 RR2 为节点 J (2)的轴力约束和轴矩约束设定，用 *ijklmn* 六组二进制数字表示，0 表示固定约束，1 表示自由，如图 2.13 所示。

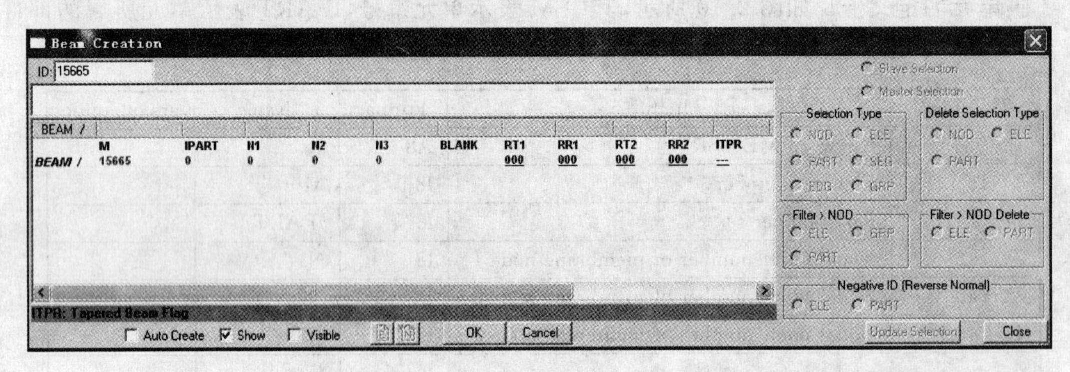

图 2.12　梁单元的定义卡片

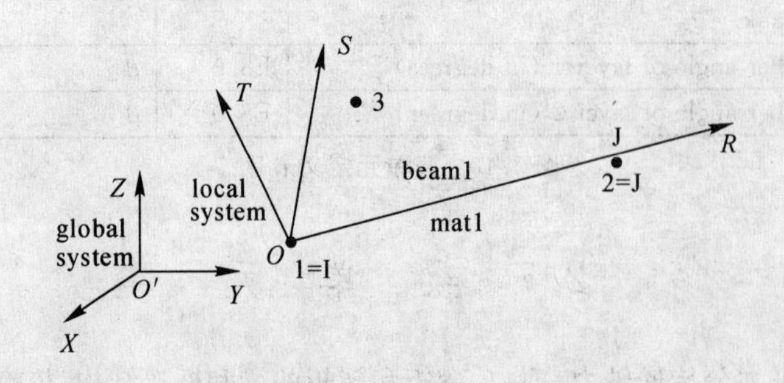

图 2.13　节点约束

i —I 节点轴力	*i'* —J 节点轴力
j —I 节点 *S* 向剪力	*j'* —J 节点 *S* 向剪力
k —I 节点 *T* 向剪力	*k'* —J 节点 *T* 向剪力
l —I 节点转矩	*l'* —J 节点转矩
m—I 节点 *S* 向力矩	*m'*—J 节点 *S* 向力矩
n—I 节点 *T* 向力矩	*n'*—J 节点 *T* 向力矩

单击 RT1 和 RR1 的 000 可以弹出如图 2.14 所示节点 I 的约束选取窗口，可以通过此下拉列表选择相应的约束。单击 RT2 和 RR2 的 000 可以对节点 J 进行约束处理。

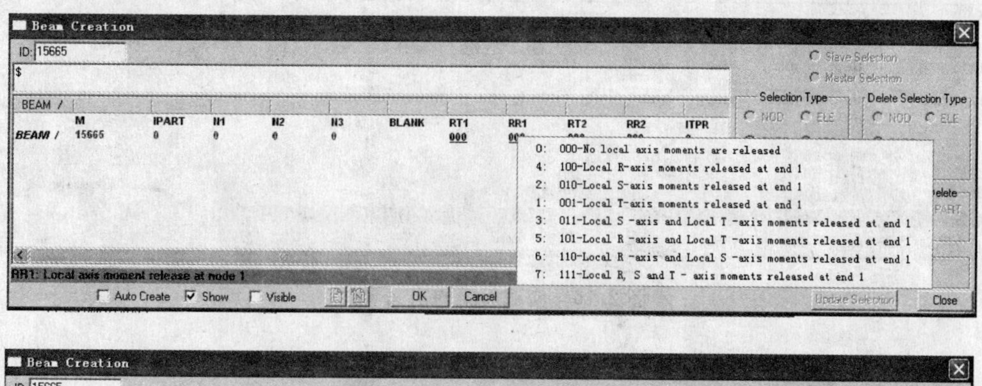

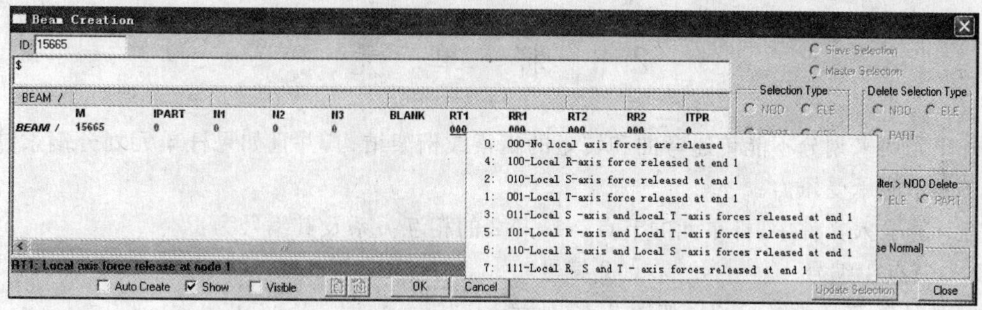

图 2.14　梁单元节点约束的定义卡片

梁单元分为截面为恒定形状的常截面梁和变截面梁，通过 ITPR 来选择。选择 ITPR 为 0，所定义的梁单元为常截面梁，如图 2.15 所示。

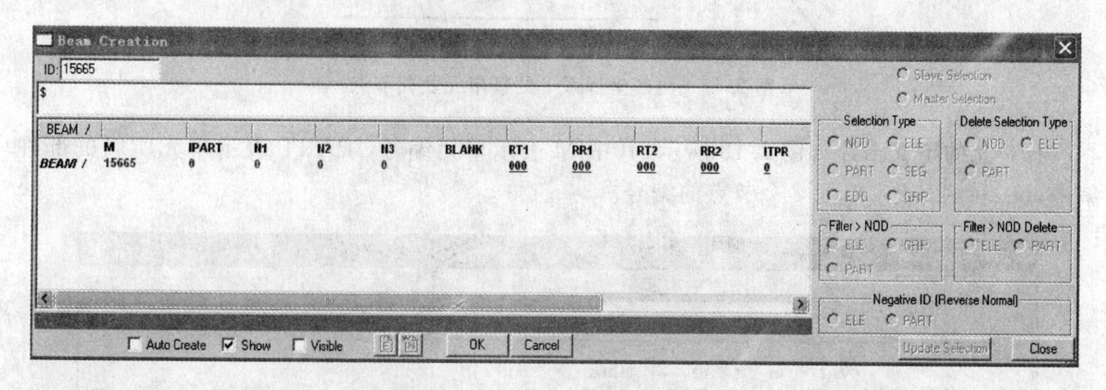

图 2.15　常截面梁的定义卡片

选择 ITPR 为 1，所定义的梁单元为变截面梁，如图 2.16 所示。其中 alfa 为截面第一维乘子，beta 为截面第二维乘子，gama 为截面第三维乘子。zeta 为局部 S 向偏心乘子，neta 为局部 T 向偏心乘子。

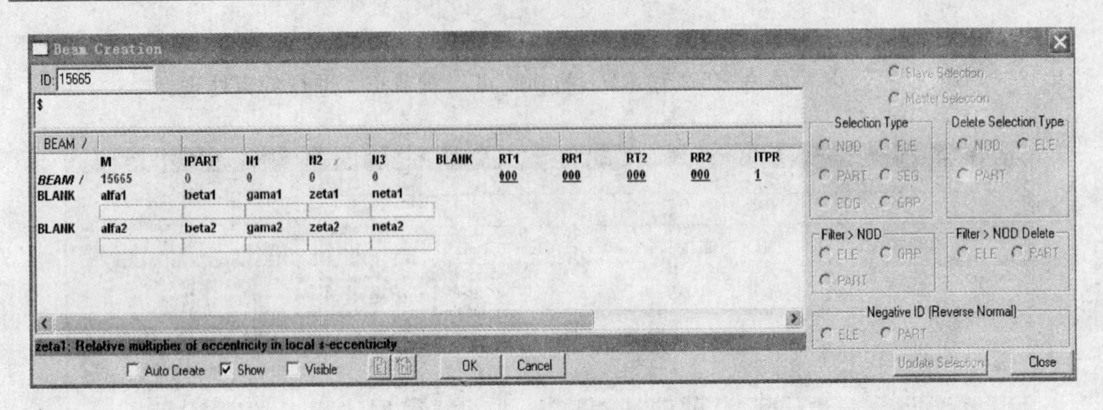

图 2.16　变截面梁的定义卡片

2.8　杆　单　元

杆单元用来划分不能传递弯曲和转矩的钢索或桁架结构，并且如果杆单元划分钢索结构，则杆单元不能承受压力。

在计算输入文件中，杆单元的节点 N1～N2 的相互关系及其编号为：

N1：节点 1 编号　　　N2：节点 2 编号

局部 R 轴定义为线(1,2)，如图 2.17 所示。

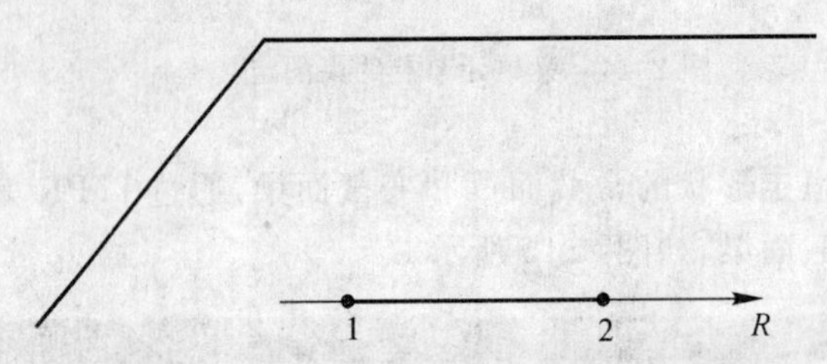

图 2.17　局部坐标系下的杆单元及其节点

杆单元的定义卡片如图 2.18 所示，其中 M 表示单元编号，IPART 表示单元所属的部件编号，N1 和 N2 表示单元 2 个节点的编号。

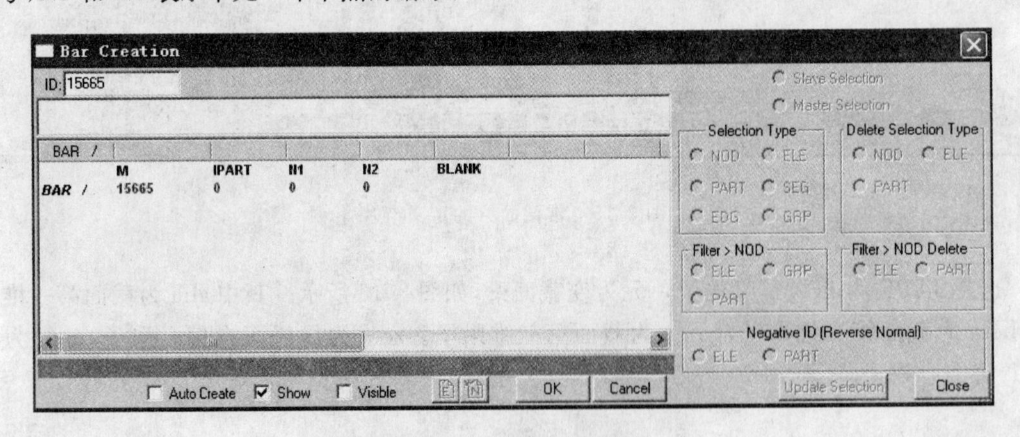

图 2.18　杆单元的定义卡片

2.9　六自由度弹簧阻尼单元

六自由度弹簧阻尼单元、梁单元、杆单元和连接单元必须具有不同的单元编号。

在计算输入文件中，六自由度弹簧阻尼单元的节点 N1，N2，M1 和 M2 或者 N1，N2 和 IFRA 的相互关系及其编号为：

N1：弹簧单元的节点 1。

N2：弹簧单元的节点 2。

M1：弹簧单元的节点 3 或者局部坐标系的编号 IFRA。

M2：弹簧单元的节点 4 或者当 M1＝IFRA 时为 0。如果 M2 不为 0，则局部坐标系的 R 轴由线(N1，M1)定义，局部坐标系的 S 轴在面(N1，M1，M2)内垂直于 R 轴并指向节点 M2，局部坐标系的 T 轴由右手规则组成坐标系 $ORST$，如图 2.19 所示。

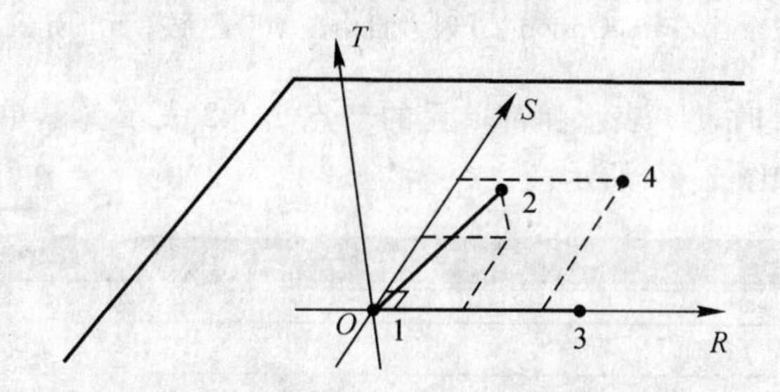

图 2.19　局部坐标系下六自由度弹簧阻尼单元及其节点

节点 N2 在位置上必须和节点 N1 一致。

如果节点 N2 和节点 N1 的位置不同，则节点 N2 必须当做附加节点 M3 或者节点 M4 用。

如果 M2 为 0，则六自由度弹簧阻尼单元的局部坐标系 $ORST$ 必须由局部坐标系编号 IFRA 指定，六自由度弹簧阻尼单元的局部坐标系和 IFRA 代表的坐标系指向一致。

六自由度弹簧阻尼单元的定义卡片如图 2.20 所示，其中 M 表示单元编号，IPART 表示单元所属的部件编号，N1 和 N2 及 M1 和 M2 的意义由 FrameOption 选项确定。

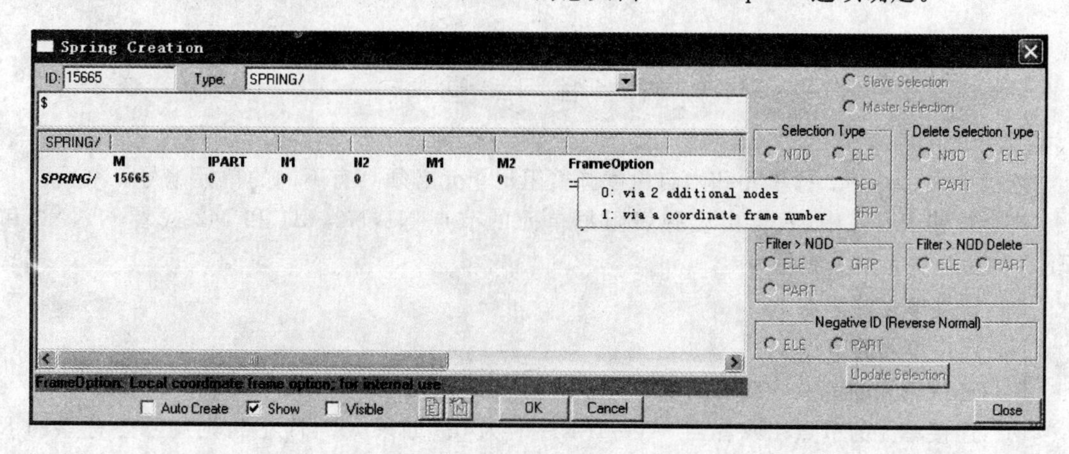

图 2.20　六自由度弹簧阻尼单元的定义卡片

当 FrameOption＝0 时，N1 表示弹簧单元的节点 1，N2 表示弹簧单元的节点 2，M1 表示弹簧单元的节点 3，M2 表示弹簧单元的节点 4，如图 2.21 所示。

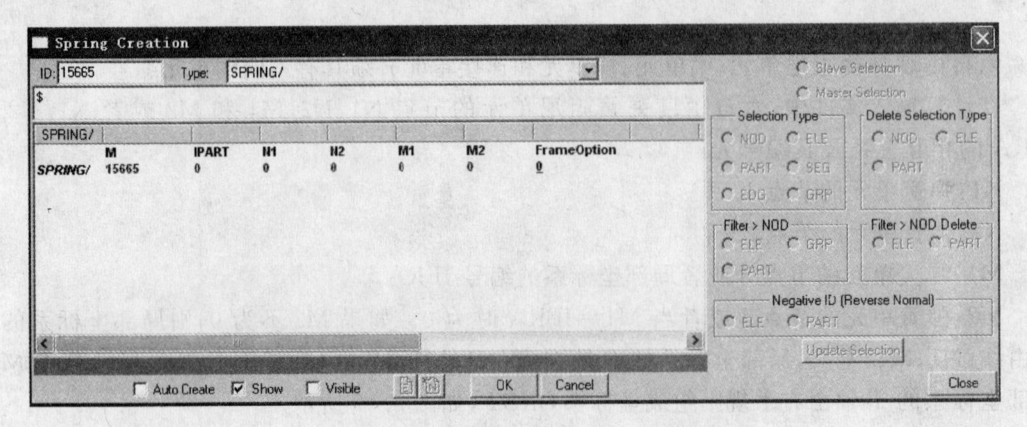

图 2.21　当 FrameOption＝0 时六自由度弹簧阻尼单元的定义卡片

当 FrameOption＝1 时，N1 表示弹簧单元的节点 1，N2 表示弹簧单元的节点 2，IFRA 表示局部坐标系的编号，如图 2.22 所示。

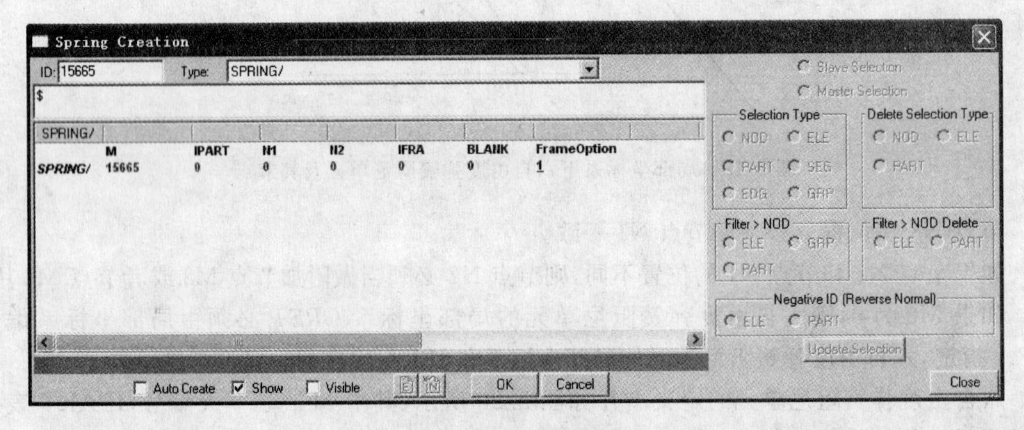

图 2.22　当 FrameOption＝1 时六自由度弹簧阻尼单元的定义卡片

2.10　连 接 单 元

连接单元、梁单元、杆单元和六自由度弹簧阻尼单元必须具有不同的单元编号。

在计算输入文件中，六自由度弹簧阻尼单元的节点 N1，N2，M1 和 M2 或者 N1，N2 和 IFRA 的相互关系及其编号为：

N1：连接单元的节点 1。

N2：连接单元的节点 2。

M1：连接单元的节点 3 或者局部坐标系的编号 IFRA。

M2：连接单元的节点 4 或者当 M1＝IFRA 时为 0。如果 M2 不为 0，则局部坐标系的 R 轴由线(N1，M1)定义，局部坐标系的 S 轴在面(N1，M1，M2)内垂直于 R 轴并指向节点 M2，局部坐标系的 T 轴由右手规则组成坐标系 $ORST$，如图 2.23 所示。

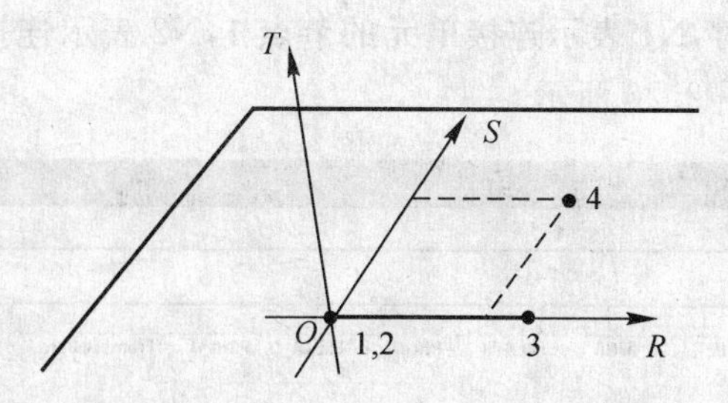

图2.23 局部坐标系下连接单元及其节点

如果M2为0,则连接单元的局部坐标系 $ORST$ 和整体坐标系一致。

对于连接单元(材料模型221和材料模型222),定义连接单元的节点N1和N2必须有相同的坐标。

连接单元和六自由度弹簧阻尼单元一样,采用两个附加节点M1和M2定义局部坐标系 $ORST$,球连接(材料模型221)和扭连接(材料模型222)单元的初始位置由局部坐标系 $ORST$ 旋转一个初始角而得到,材料模型221定义角度(ϕ_0,θ_0,ψ_0),材料模型222定义角度(α_0,γ_0,β_0)。连接单元的定义卡片如图2.24所示,其中M表示单元编号,IPART表示单元所属的部件编号,N1和N2及M1和M2的意义由FrameOption选项确定。

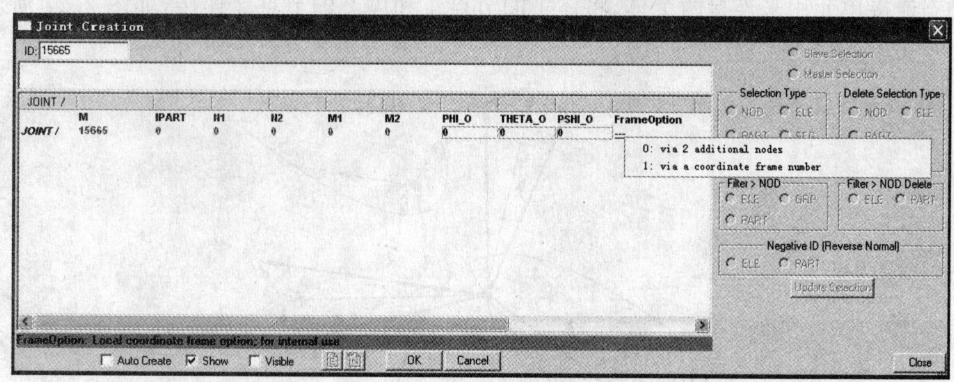

图2.24 连接单元的定义卡片

当FrameOption=0时,N1表示连接单元的节点1,N2表示连接单元的节点2,M1表示连接单元的节点3,M2表示连接单元的节点4,如图2.25所示。

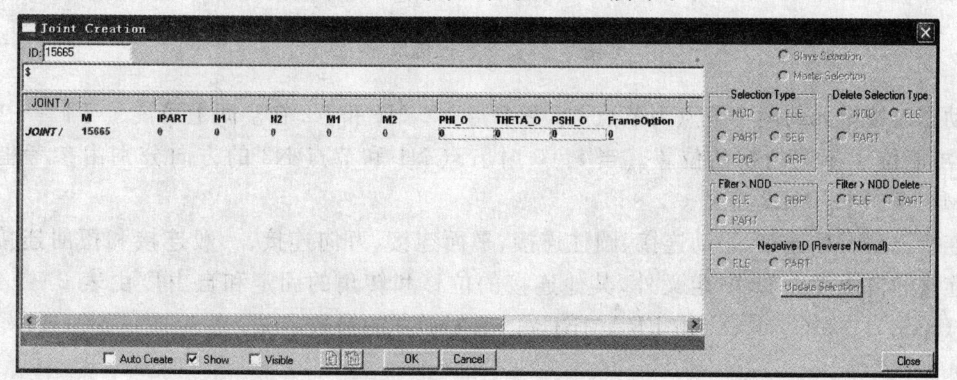

图2.25 当FrameOption=0时连接单元的定义卡片

当 FrameOption=1 时,N1 表示连接单元的节点 1,N2 表示连接单元的节点 2,IFRA 表示局部坐标系的编号,如图 2.26 所示。

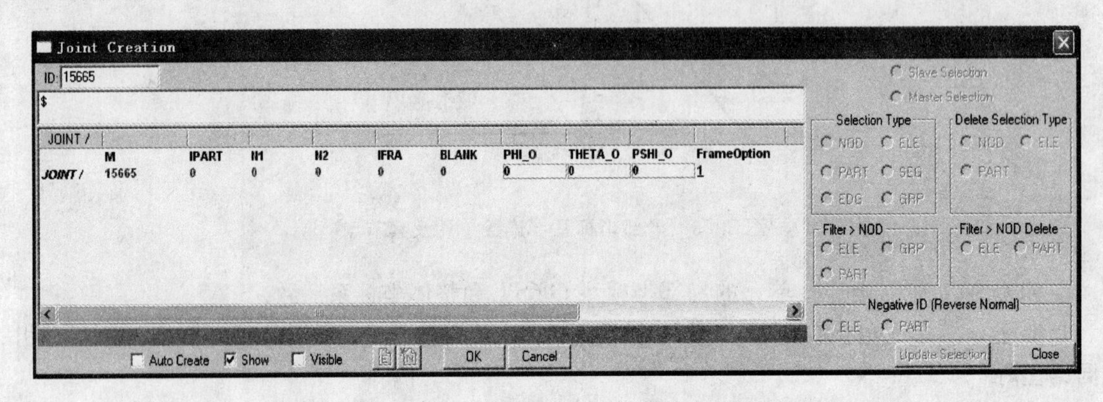

图 2.26　当 FrameOption=1 时连接单元的定义卡片

2.11　动态连接单元

动态连接单元用来连接两个体,将体 1 的节点 1 和体 2 的节点 2 连接,如图 2.27 所示。

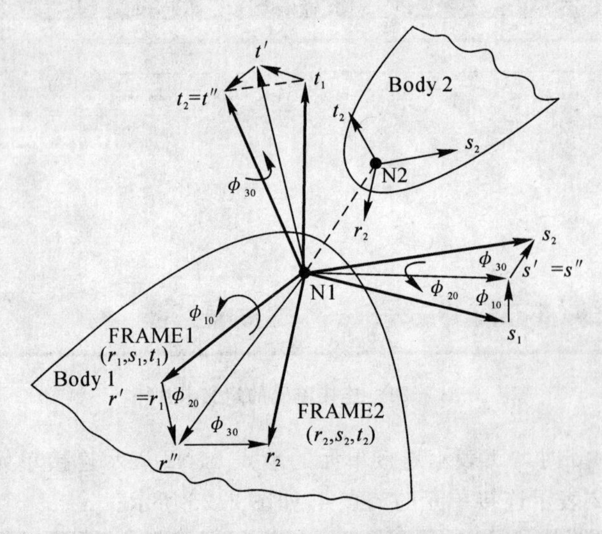

图 2.27　动态连接单元

动态连接单元的两个节点为节点 N1 和节点 N2,N1 和 N2 在空间上可能位于同一初始位置,也可能位于不同的初始位置。当 $t=0$ 时节点 N1 和节点 N2 的方向分别由参考坐标系 FRAME1 和 FRAME2 定义。

连接类型有球连接、平动连接、圆柱连接、平面连接、万向连接、一般连接和扭曲连接。除一般连接的自由度由 DOF 定义外,其他连接的位移和转角的固定和自由度由表 2-1 定义。注意,(r_1,s_1,t_1)和(r_2,s_2,t_2)由 FRAME1 和 FRAME2 的参数定义。

表 2-1 动态连接自由度

Type of joint	Translation			Rotation		
	r_1	s_1	t_1	ϕ_{10} (about r_1)	ϕ_{20} (about s')	ϕ_{30} (about t_2)
Spherical	1*	1	1	0	0	0
Translational	0*	1	1	1	1	1
Revolute	1	1	1	0	1	1
Cylindrical	0	1	1	0	1	1
Planar	1	0	0	0	1	1
Universal	1	1	1	0	1	0
Flexion-Torsion	1	1	1	0	0	0

动态连接单元的定义卡片如图 2.28 所示。其中 M 表示单元编号；IPART 表示单元所属的部件编号；NTYP 表示连接类型，由 TYPE 的下拉列表选择；N1 和 N2 表示动态连接单元的两个节点；FRAME1 和 FRAME2 表示节点 N1 和节点 N2 的参考坐标系（r_1, s_1, t_1）和（r_2, s_2, t_2），如果不定义 FRAME2，则表示 FRAME1 和 FRAME2 一致；RELPEN 表示相对罚因子，是一个加强连接的乘子，默认值为 1.0。

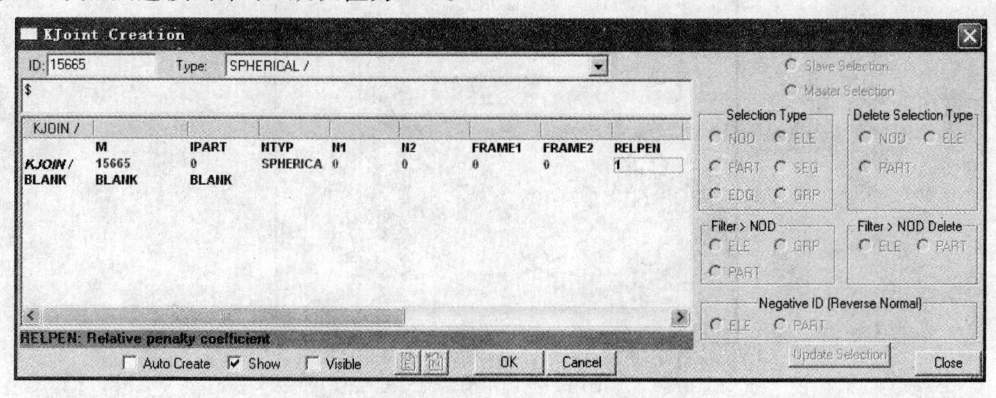

图 2.28 动态连接单元的定义卡片

2.12 SPH 单元

近几十年来，有限元技术已成为计算力学解决工程问题的主要数值方法。但是在求解特大变形问题时，如冲压成形、高速碰撞、裂纹扩展、流固耦合等问题时，有限元网格可能会出现严重的扭曲。对于高速问题，网格扭曲可能会引起显式时间积分步长过短，大幅度增加计算工作量；对于流固耦合问题，如果考虑固体的弹塑性性能，需要不断重构有限元网格；对于裂纹扩展问题，由于裂纹扩展方向不能事先确定，也需要不断重构有限元网格。

采用传统有限元技术解决这类问题，要不断重构网格（对于普通碰撞问题采用自适应网格技术 Adaptive Meshing，对于流固耦合采用 ALE 技术），这不但有可能大幅度增加计算时间，也有可能会影响精度。

无网格方法采用基于点的近似，可以彻底或部分消除网格，能有效克服有限元技术用于特大变形的缺陷。

近年来国际上越来越多的计算力学学者对无网格技术进行了大量的研究，1977 年 Lucyt 和 Gingold 等人同时提出光滑粒子流体动力学方法，并成功应用于天体物理领域。1992 年 Nayroles 等人将移动最小二乘近似引入 Galerkin 法中，形成漫射元法(DEM)。Onate 等人利用移动最小二乘法来构造近似函数，并采用配点格式进行离散，提出有限点集法(FPM)。无网格法近似函数没有网格依赖性，减少了因网格畸变而引起的困难，适用于处理高速碰撞、动态断裂、塑性流动、流固耦合等涉及特大变形的应用问题。另外，无网格的基函数可以包含能够反映待求问题特性的函数序列，适用于分析各类具有高梯度、奇异性等特殊应用问题。

光滑粒子和 3 自由度的实体单元的定义相似，由质量、体积、部件编号、影响域定义，在模拟沙子、液体、气体等物体时优点尤为突出，比经典的实体有限单元要有效得多。光滑粒子有自己的形函数，并且其动态连接可以重构，位置和信息通过光滑长度从一个粒子向另外一个粒子传递。

SPH 方法的核心是一种插值技术。每一个粒子"I"与其相距一设定距离范围内的所有其他粒子"J"发生相互作用。它们间的相互作用是由未知函数来衡量的，h 为光滑长度，如图 2.29 所示。

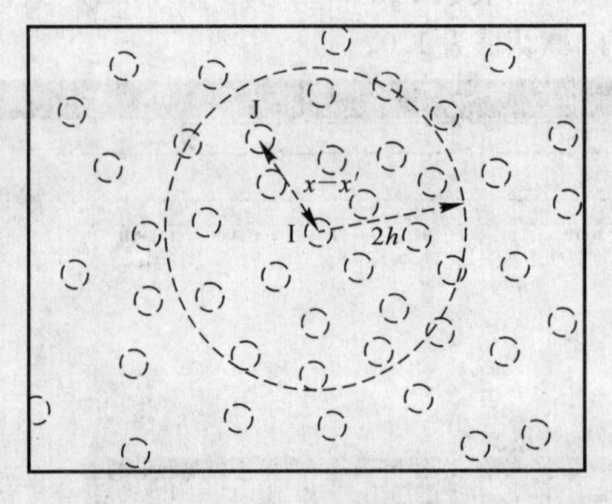

图 2.29　光滑粒子

SPH 单元的定义卡片如图 2.30 所示，其中 NELE 表示单元编号，NPART 表示单元所属的部件编号，NODE 表示单元粒子，VOL 表示单元的体积。

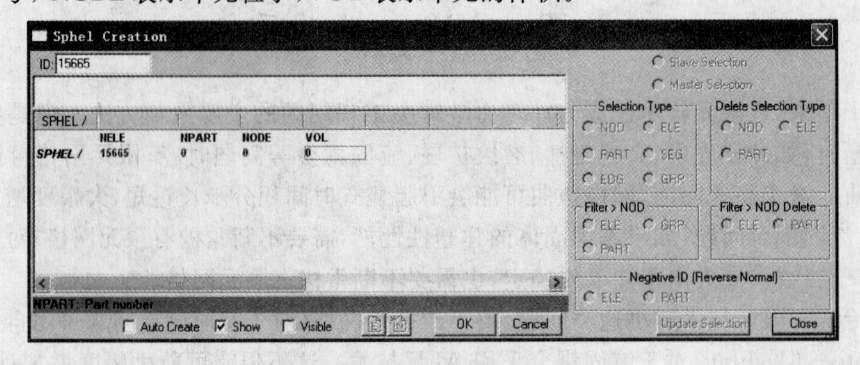

图 2.30　SPH 单元的定义卡片

第3章 材料模型

3.1 概　　述

采用合理的材料模型是数值模拟能够取得成功的必要条件。PAM-CRASH 程序提供了多种金属和非金属材料模型，可用来模拟各类实际材料，如各类弹性材料、弹塑性材料、超弹性材料、泡沫材料、地质材料、玻璃、土壤、混凝土、流体、复合材料、刚体等，相关的材料模型在分析中可计及材料的失效、损伤、黏性、蠕变、温度相关、应变率相关等各种性质。在 PAM-CRASH 的理论手册中，有各种材料的具体特性介绍，此外，程序还支持用户自定义材料的功能。

本章主要介绍 PAM-CRASH 中定义材料模型及参数的方法，以及需要注意的问题。在前处理软件 Visual-HVI 中定义材料模型及参数，其实质是向计算输入文件中写入包含与材料信息有关的字段。定义材料模型及参数可通过右键单击 Visual-HVI 中树结构菜单的 Material，在弹出的下拉菜单中单击 Material Editor，则打开 Material Editor 窗口，如图 3.1 所示。通过此窗口定义材料模型及参数。其中 ID 表示材料模型编号，Element Type 表示要定义的材料模型对应的单元，不同类型的单元具有不同的材料模型，Type 的下拉列表中有 PAM-CRASH 的所有材料模型，可以从这里选择需要的材料模型。

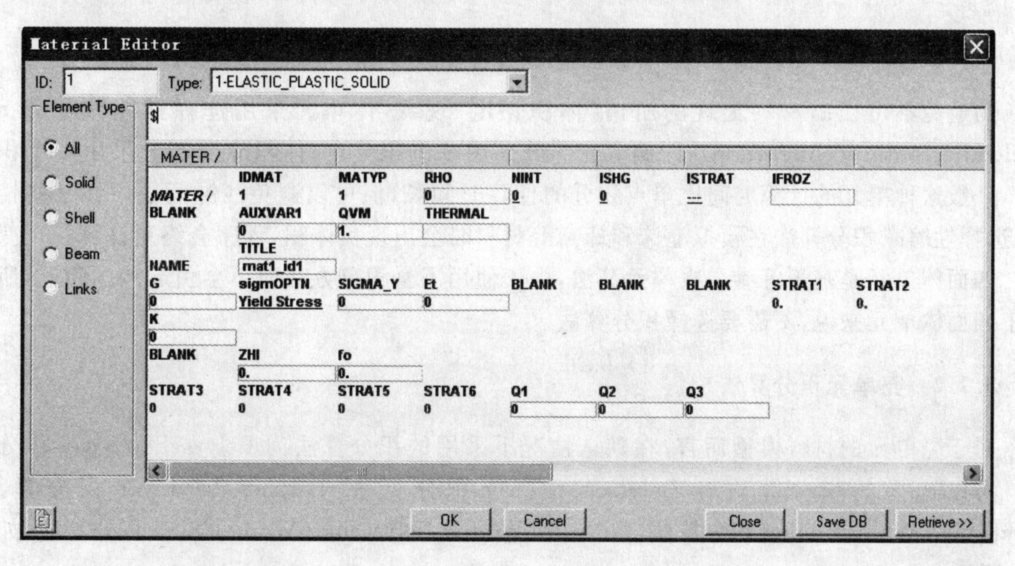

图 3.1　材料模型及参数定义窗口

NAME 表示要定义的材料模型的名称，直接输入即可。NAME 以上的参数是所有材料模型都需要定义的，如材料模型编号、材料号、密度、应变率模型等。NAME 以下不同的材料模型需要定义不同的参数。

3.2 积分算法

定义体单元划分的材料和壳单元划分的材料时需要选择单元的积分算法，即需要定义图 3.2 和图 3.3 中的 NINT。

3.2.1 体单元积分算法

对于体单元的材料模型而言，在默认情况下采用单点积分算法。可以选择的积分算法有单点积分算法和选择性缩减积分算法，如图 3.2 所示。

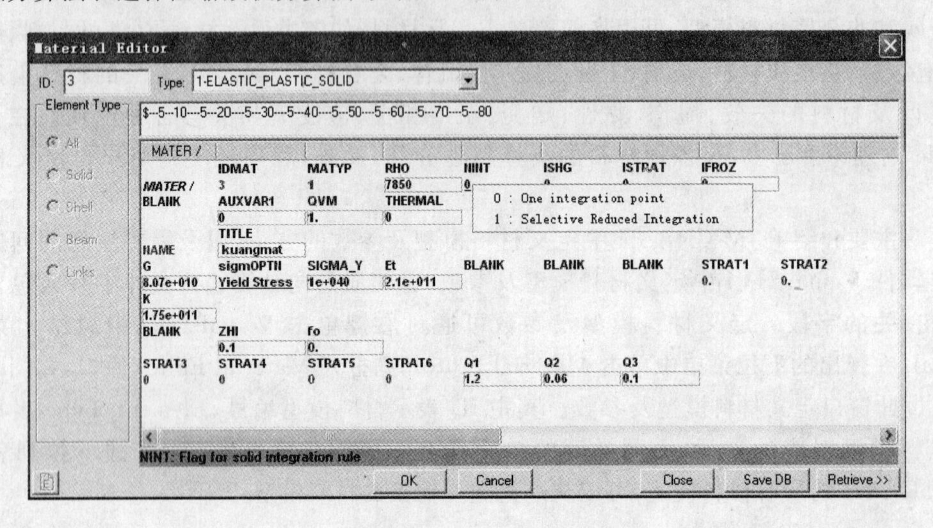

图 3.2 体单元材料模型及积分算法定义窗口

为避免不可压缩材料出现的所谓“体积锁定”现象，体单元采用选择性缩减积分 SRI (Selective Reduced Interation)，即偏应变部分采用 8 个积分点，体积应变部分采用 1 个积分点。一般这种单元的计算时间比单点积分的计算时间长，但可以避免沙漏问题。在某些情况下，选择性缩减积分算法在模拟泡沫和蜂窝等材料时会出现负体积，程序会终止计算。

四面体单元是基于等参二次单元算法，由于使用了全积分方法而不会引起沙漏问题，所以对于四面体单元来说，不需要选择积分算法。

3.2.2 壳单元积分算法

对于壳单元的材料模型而言，在默认情况下采用的积分算法为 Belytschko-Tsay 积分算法。可以选择的积分算法有 Belytschko-Tsay 积分算法、Hughes-Tezduyar 积分算法、Belytschko-Wong-Chiang 积分算法、Fully Integrated Belytschko-Wong-Chian 积分算法，如图 3.3 所示。

Hughes-Tezduyar 壳单元采用面内 4 个积分点，其算法不会引起沙漏变形模式，但这种单元算法的计算时间是 Belytschko-Tsay 单元算法时间的 2.5 倍，大大提高了计算成本。

Belytschko-Wong-Chiang 壳单元在算法上增加了一个刚度项，对动态响应的敏感度相对于 Belytschko-Tsay 积分算法有很大程度的提高。

Fully Integrated Belytschko-Wong-Chiang 积分算法基于所有 Belytschko 积分算法，为了获得更精确的内力值，Fully Integrated Belytschko-Wong-Chiang 积分算法采用面内 4 个高斯积分点代替面内 1 个积分点，这样会导致全秩单元的出现，即单元不存在零能模式（沙漏模式），这样就消除了经典的 Belytschko-Tsay 单元算法和 Belytschko-Wong-Chiang 单元算法进行沙漏控制的需要，但同时计算时间会成倍增加。

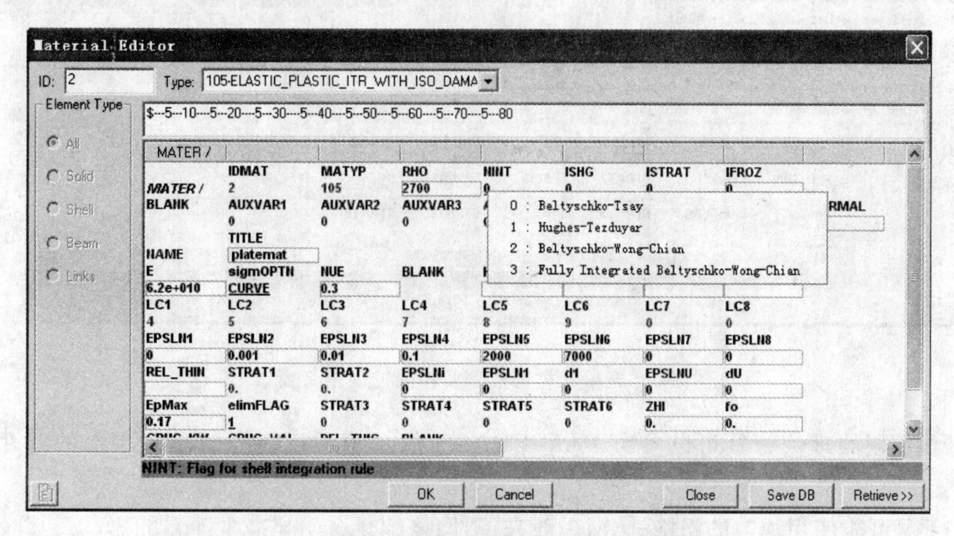

图 3.3　壳单元材料模型及积分算法定义窗口

3.3　沙 漏 控 制

单点积分的实体单元和壳单元容易形成零能模式，主要表现为产生一种自然振荡并且比所有结构响应的周期要短得多，网格变形呈现锯齿状的外形，被称为沙漏变形。定义体单元划分的材料和壳单元划分的材料时需要选择单元的沙漏控制方法 ISHG，如图 3.4 和图 3.5 所示。

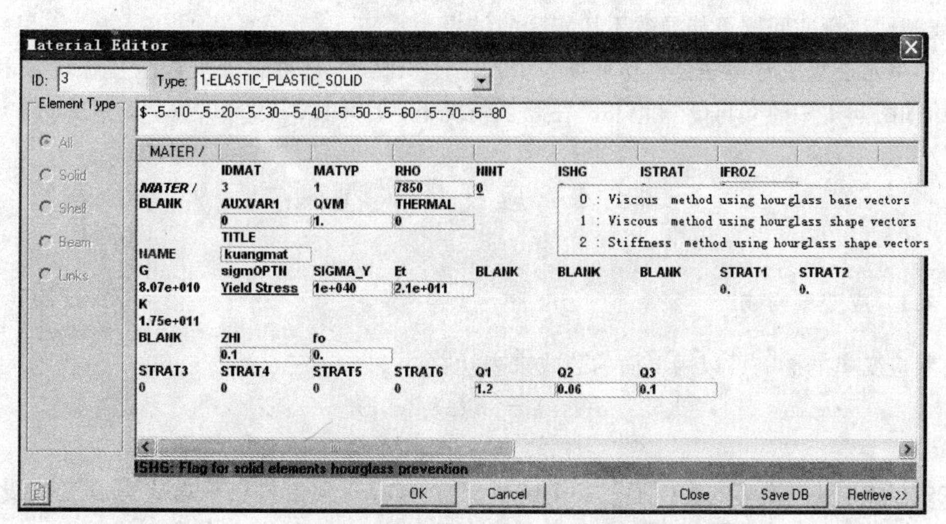

图 3.4　体单元材料模型及沙漏控制定义窗口

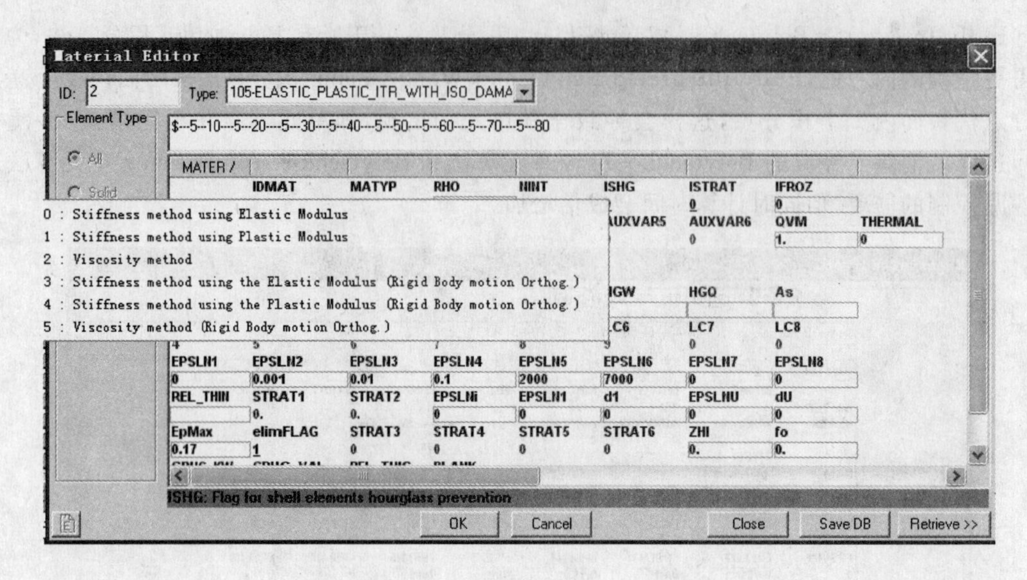

图 3.5　壳单元材料模型及沙漏控制定义窗口

沙漏控制的理论背景可以参考 PAM-CRASH 的理论手册。控制沙漏变形的常用方法如下：

(1) 尽可能使用均匀的网格划分，一般来说，网格细化会明显减少沙漏的影响。

(2) 避免在单点上集中加载，由于激起沙漏的单元会把沙漏模式传递给相邻的单元，所以集中载荷应分散到相邻的节点上。

(3) 调整模型的人工体积黏性，程序自动计算结构的体积黏性，可以抑制沙漏变形。

(4) 增加模型的弹性刚度。

(5) 局部增加模型刚度也可以作为一种沙漏控制的方法，使用该方法时，沙漏控制只施加于给定的材料而并非整个模型。

(6) 有一种控制沙漏变形的方法是使用实体单元和壳单元的全积分算法，采用此方法不会有沙漏模式，但是会比其他单元算法花费更多的计算时间，并且对于处理一些不可压缩行为、金属塑性和弯曲问题可能导致不切实际的结果。

实体单元在承压时程序会自动计算一个人工体积黏性，这种黏性可以阻止振动波和阻尼的形成，如图 3.4 中的 Q1，Q2 和 Q3。在默认情况下，Q1＝1.2，Q2＝0.06，Q3＝0.1。

3.4　应变率模型

3.4.1　应变率影响

材料应变率的影响可以用下面的公式来表达：

$$\sigma(\varepsilon,\dot{\varepsilon}) = \sigma_0(\varepsilon) f(\varepsilon,\dot{\varepsilon}) \tag{3.1}$$

或者

$$\sigma(\varepsilon,\dot{\varepsilon}) = \sigma(p(\varepsilon,\dot{\varepsilon})) \tag{3.2}$$

在式(3.1)里应变率的影响通过一个解析函数 $f(\varepsilon,\dot{\varepsilon})$ 乘上材料静态应力应变曲线 $\sigma_0(\varepsilon)$ 来表达，在式(3.2)里应变率的影响通过引入参数 p 来表达，p 依赖材料基本应力应变曲线

$\sigma(p(\varepsilon))$ 和应变率 $\dot{\varepsilon}$。应变率模型的定义 ISTRAT 如图 3.6 所示。

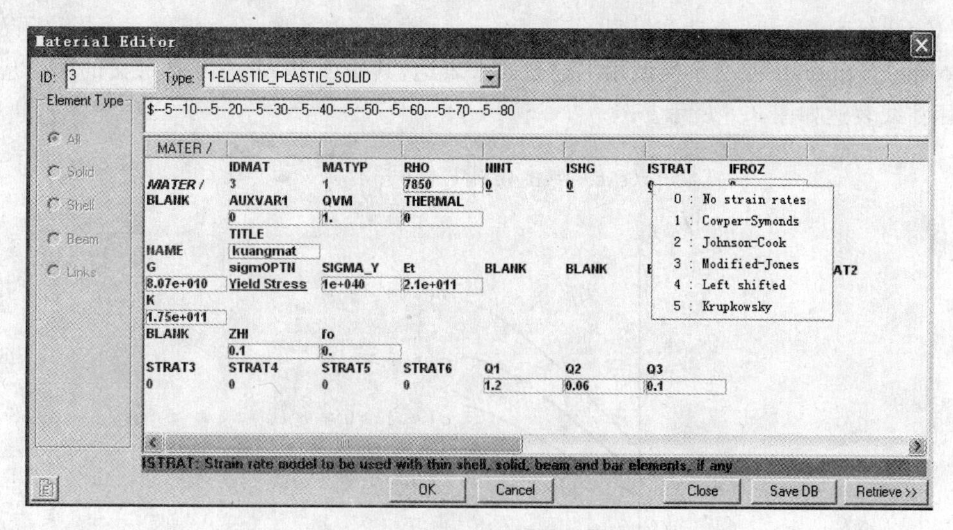

图 3.6 材料应变率模型定义窗口

若材料无应变率影响，可通过设置材料模型定义卡片中的 STRAT1＝0 和 STRAT2＝0 定义，此时在 ISTRAT 选项中选择 0，如图 3.7 所示。

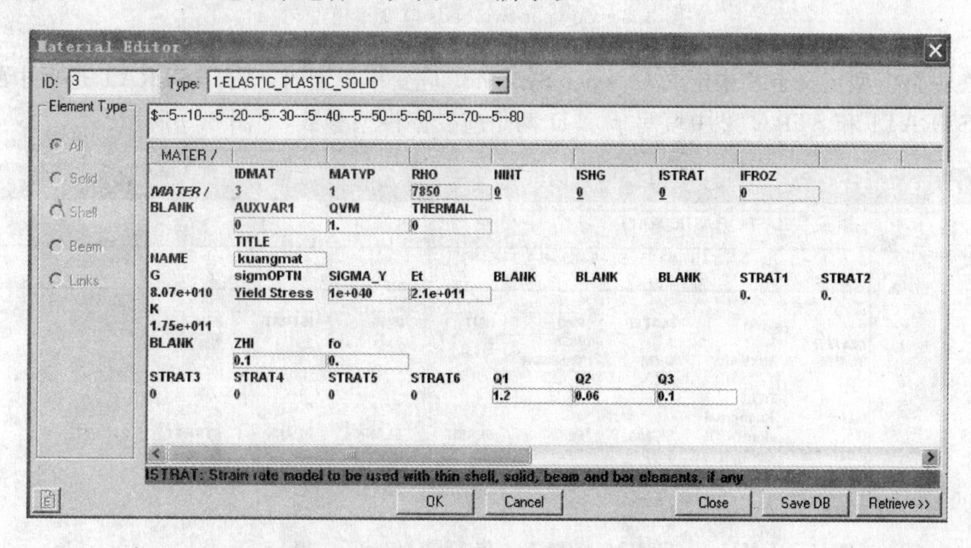

图 3.7 无应变率影响材料模型定义窗口

若材料存在应变率的影响，则应变率的影响可通过两种方式定义。第一种是选择适合材料的由 PAM-CRASH 提供的应变率模型，PAM-CRASH 提供的应变率模型有 5 种，即图 3.6 中 ISTRAT 选项的 1 到 5，即公式定义应变率。当材料的应变率模型与 PAM-CRASH 提供的应变率模型均不一致时，可采用应变率模型的第二种定义方法，即自定义不同应变率下材料的应力应变曲线的方法，即曲线定义应变率。

3.4.2 公式定义应变率

PAM-CRASH 提供 5 个公式来描述应变率对材料动态性能的影响，通过公式定义应变率模型时，需要在材料定义卡片中指出公式中的参数。

1. Cowper-Symonds 应变率模型

Cowper-Symonds 应变率模型用下述公式来表达，其中 p 和 D 是需要定义的两个应变率参数，用曲线表达如图 3.8 所示。

$$\sigma(\varepsilon,\dot{\varepsilon}) = \sigma_0(\varepsilon)\left[1+\left(\frac{\dot{\varepsilon}}{D}\right)^{\frac{1}{p}}\right]$$

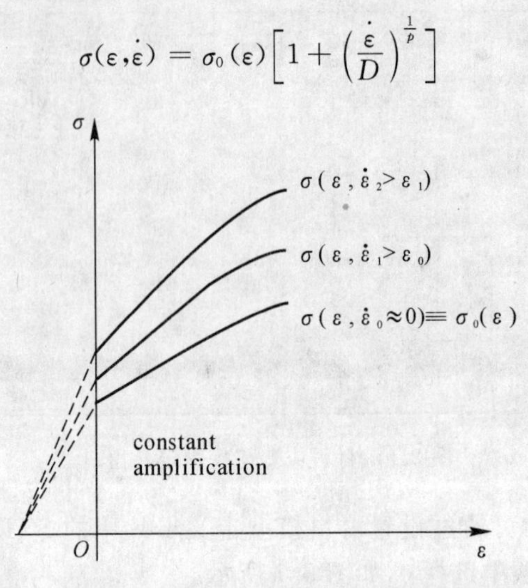

图 3.8　Cowper-Symonds 应变率模型

在材料模型定义卡片中定义 Cowper-Symonds 应变率模型时，选择 ISTRAT 选项中的 1，并在 STRAT1 和 STRAT2 中填写 p 和 D 两个应变率模型参数，如图 3.9 所示。

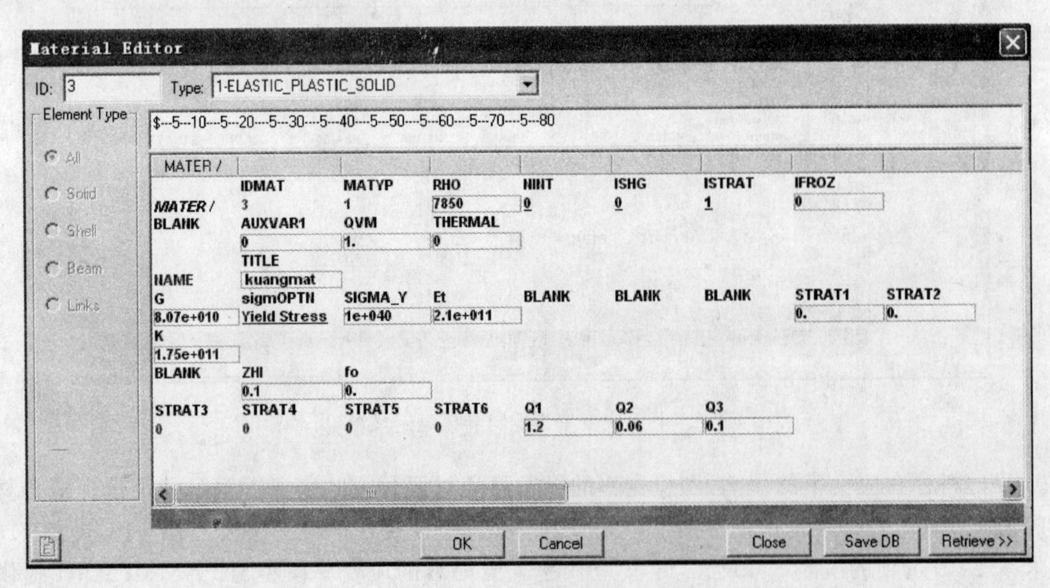

图 3.9　Cowper-Symonds 应变率模型定义

2. Johnson-Cook 应变率模型

Johnson-Cook 应变率模型用下述公式来表达，其中 p 和 D 是需要定义的两个应变率参数，用曲线表达如图 3.10 所示。

$$\sigma(\varepsilon,\dot{\varepsilon}) = \sigma_0(\varepsilon)\left[1+\frac{1}{p}\ln\left(\max(\frac{\dot{\varepsilon}}{D},1)\right)\right]$$

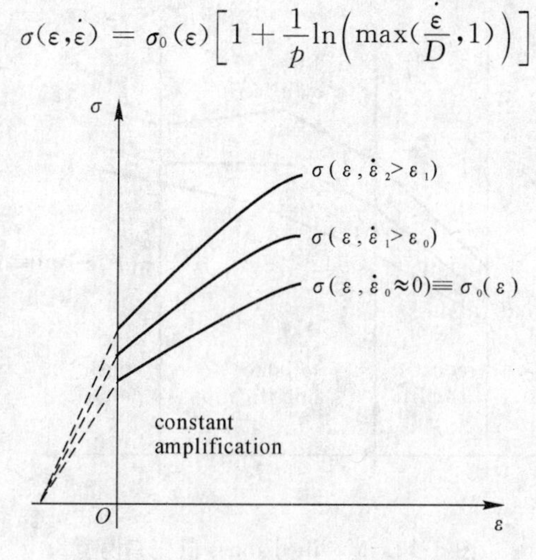

图 3.10　Johnson-Cook 应变率模型

在材料模型定义卡片中定义 Johnson-Cook 应变率模型时，选择 ISTRAT 选项中的 2，并在 STRAT1 和 STRAT2 中填写 p 和 D 两个应变率模型参数，如图 3.11 所示。

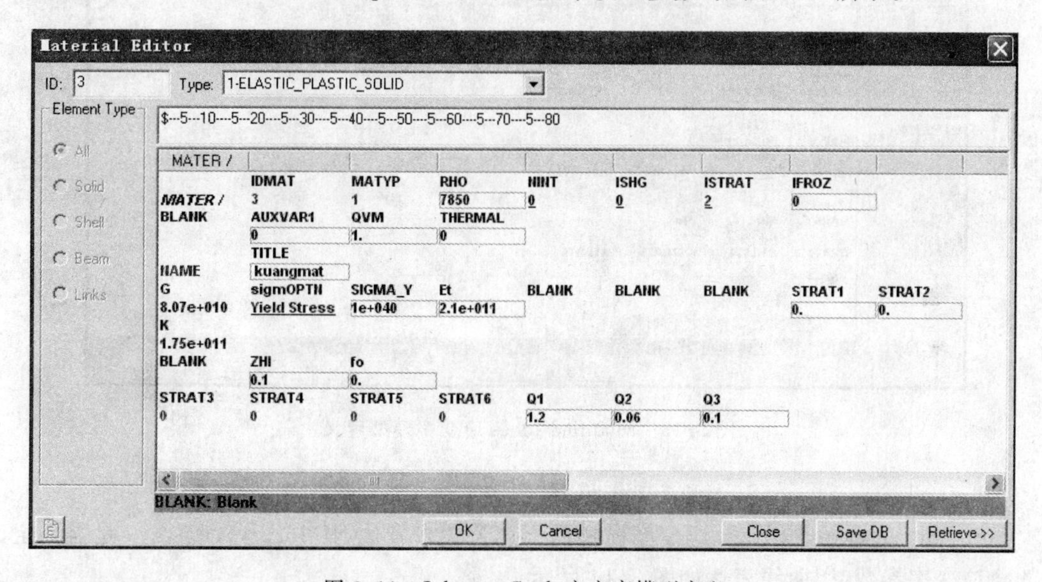

图 3.11　Johnson-Cook 应变率模型定义

3. Modified Jones 应变率模型

Modified Jones 应变率模型用下述公式来表达，其中 D_y，B，D_u，A，ε_u，ε_y 是需要定义的 6 个应变率参数，用曲线表达如图 3.12 所示。

$$\sigma(\varepsilon,\dot{\varepsilon}) = \sigma_0(\varepsilon)\left[1+\left[\frac{(\varepsilon_u-\varepsilon_y)\dot{\varepsilon}}{D_u(\varepsilon-\varepsilon_y)+D_y(\varepsilon_u-\varepsilon)}\right]^{\frac{1}{(A\varepsilon+B)}}\right]$$

在材料模型定义卡片中定义 Modified Jones 应变率模型时，选择 ISTRAT 选项中的 3，并在 STRAT1 到 STRAT6 中填写 D_y，B，D_u，A，ε_u，ε_y 6 个应变率模型参数，如图 3.13 所示。

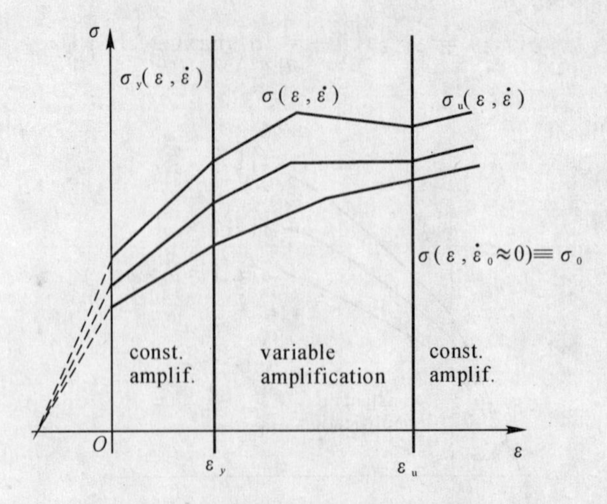

图 3.12　Modified Jones 应变率模型

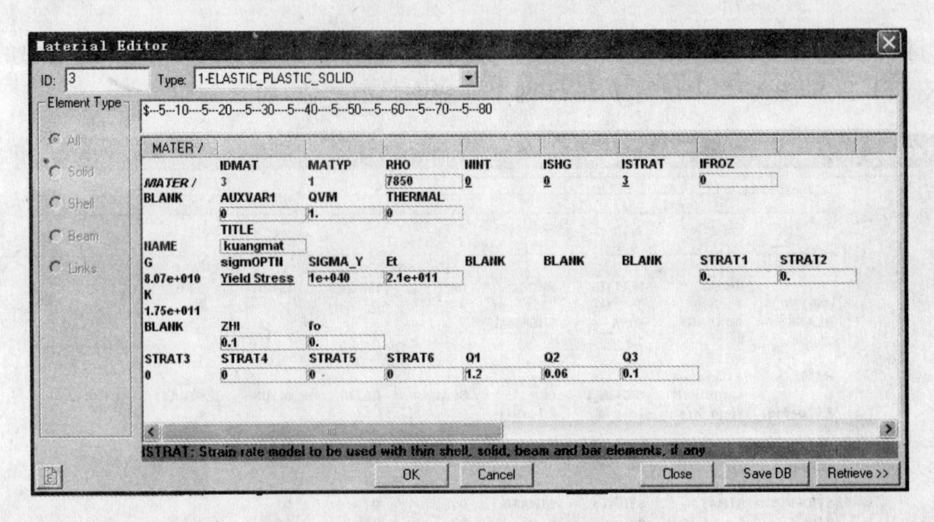

图 3.13　Modified Jones 应变率模型定义

4. Left Shifted Stress-Strain 应变率模型

Left Shifted Stress-Strain 应变率模型用下述公式来表达，其中 $\dot{\varepsilon}_{ref}$，b，n_{ref}，ε_{oref} 是需要定义的 4 个应变率参数，用曲线表达如图 3.14 所示。

$$\sigma(\varepsilon,\dot{\varepsilon}) = \sigma(\varepsilon,\dot{\varepsilon}_{ref})\left[\frac{\varepsilon + \varepsilon_{oref}\left(\frac{\dot{\varepsilon}}{\dot{\varepsilon}_{ref}}\right)^{b}}{\varepsilon + \varepsilon_{oref}}\right]^{n_{ref}}$$

在材料模型定义卡片中定义 Left Shifted Stress-Strain 应变率模型时，选择 ISTRAT 选项中的 4，并在 STRAT1 到 STRAT4 中填写 $\dot{\varepsilon}_{ref}$，b，n_{ref}，ε_{oref} 4 个应变率模型参数，如图 3.15 所示。

5. Modified Krupkowsky 应变率模型

Modified Krupkowsky 应变率模型用下述公式来表达，其中 k_{ref}，b，n_{ref}，ε_{oref}，a，c 是需要定义的 6 个应变率参数。

$$\sigma(\varepsilon,\dot{\varepsilon}) = k_{ref}\dot{\alpha}^{a}\left[\varepsilon + \varepsilon_{oref}\dot{\alpha}^{b}\right]^{n_{ref}\dot{\alpha}^{c}}$$

其中

$$\dot{\alpha} = \frac{\dot{\varepsilon}}{\varepsilon_{ref}}$$

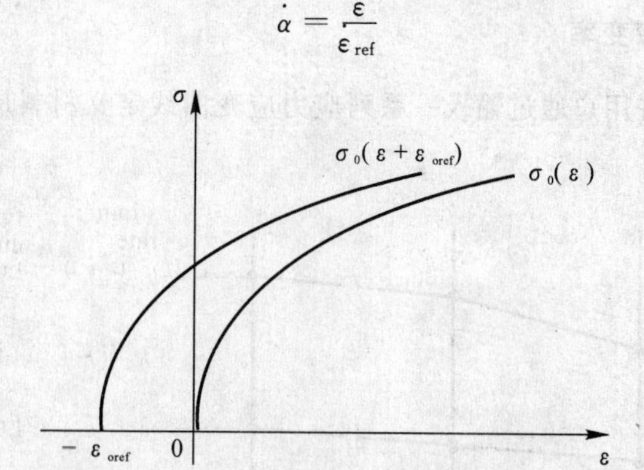

图 3.14　Left Shifted Stress-Strain 应变率模型

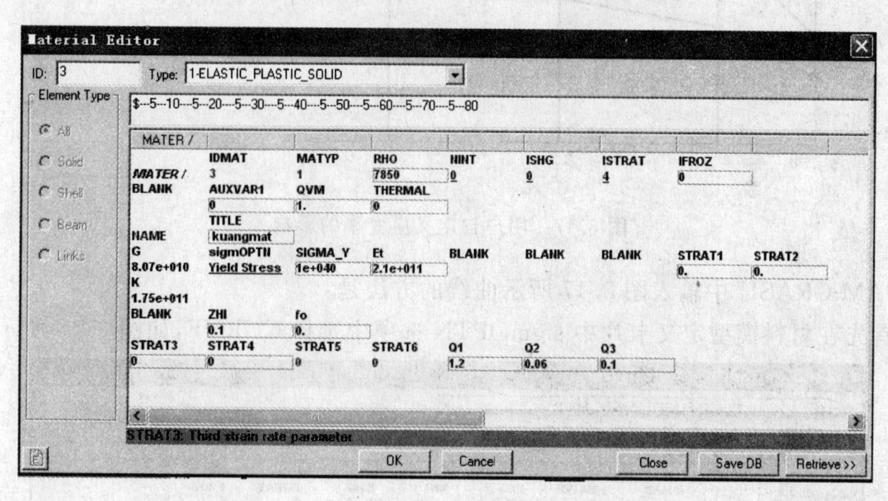

图 3.15　Left Shifted Stress-Strain 应变率模型定义

在材料模型定义卡片中定义 Modified Krupkowsky 应变率模型时，选择 ISTRAT 选项中的 5，并在 STRAT1 到 STRAT6 中填写 $\dot{\varepsilon}_{ref}$，b，n_{ref}，ε_{oref}，a，c 6 个应变率模型参数，如图 3.16 所示。

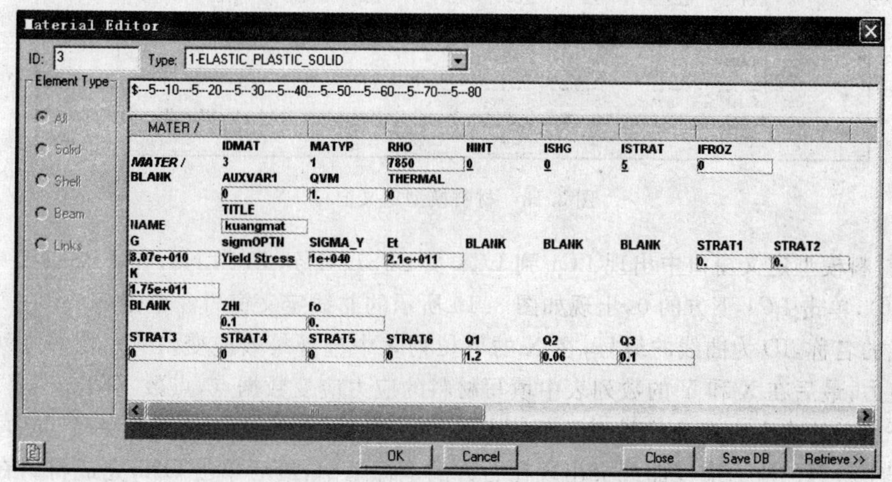

图 3.16　Modified Krupkowsky 应变率模型定义

3.4.3 曲线定义应变率

PAM-CRASH 允许用户通过输入一系列应力应变曲线定义材料应变率对动态性能的影响，如图 3.17 所示。

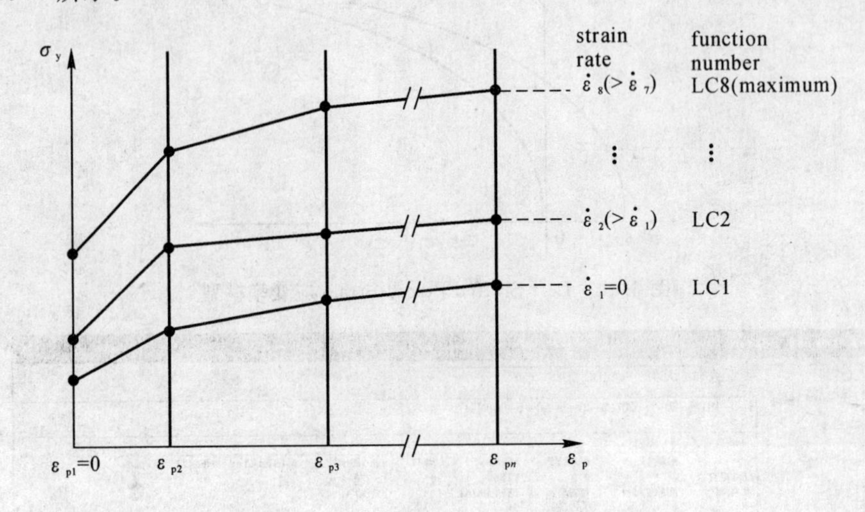

图 3.17 用户自定义应变率的影响

在 PAM-CRASH 中输入图 3.17 所示曲线的方法是：

(1)首先在材料模型定义卡片中 sigmOPTN 选项中选择 CURVE，如图 3.18 所示。

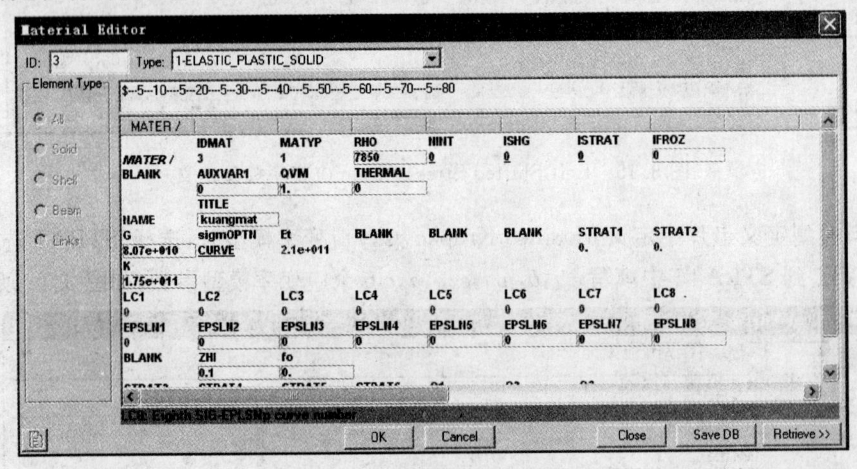

图 3.18 材料模型定义窗口

(2)材料模型定义窗口中出现 LC1 到 LC8 及 EPSLN1 到 EPSLN8，在 EPSLN1 中输入 0（必须是 0），单击 LC1 下方的 0，出现如图 3.19 所示的曲线定义窗口。单击 New，在 Name 中输入曲线的名称，ID 为曲线的编号，在 X 的下拉列表中选择等效应变，在 Y 的下拉列表中选择等效应力，最后在 X 和 Y 的数列表中填写材料的应力应变数据点，点数不限。但是，材料在最后一个点后的应力应变曲线被默认为平行于应变轴的直线，大小为最后一个点的应力值。填写过程中材料的应力应变曲线会出现在右方的坐标系中，最后单击 OK，完成材料在某个应变率下的应力应变曲线的定义。

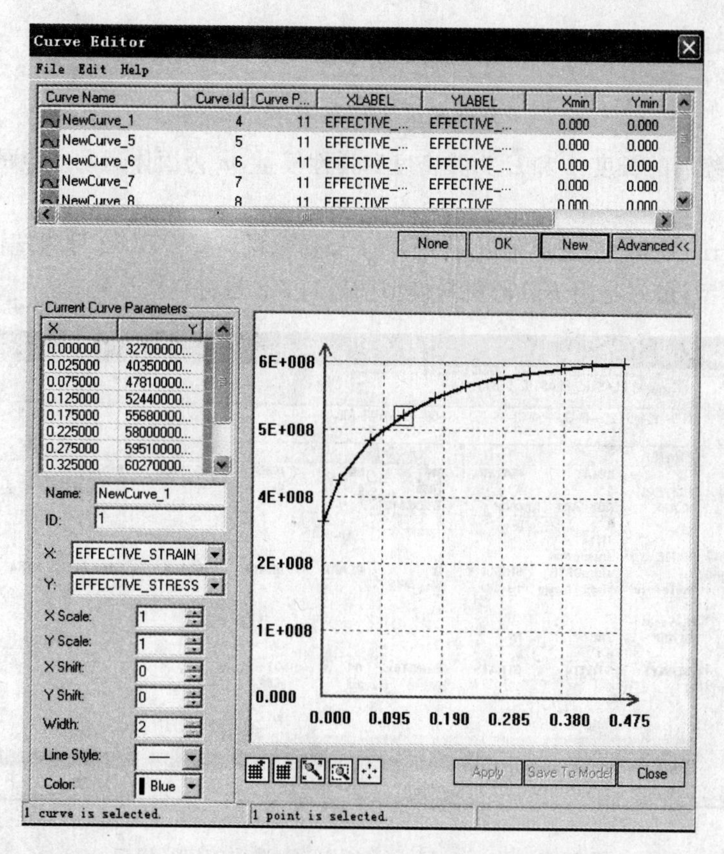

图 3.19 曲线定义窗口

(3)在 EPSLN2 中输入第 2 个应变率的大小,注意第 2 个应变率必须大于第 1 个应变率,然后按照(2)的方法输入材料在第 2 个应变率下的应力应变曲线。注意不同应变率下的应力应变曲线必须有相同的数据点,并且这些数据点必须有相同的应变坐标点。

(4) 输入下一个应变率下的应力应变曲线,最多可以输入 8 个应变率下的应力应变曲线,可根据具体问题的不同选择应变率的个数。

3.5 防止负体积

Frozen Metric(IFROZ) 是一种单元算法,这一算法用来避免固体有限元模型经历大变形时引起的数值问题,例如高速运动的汽车撞击泡沫材料。引起的数值问题有:使计算时间步长严重变小和出现负体积,从而终止计算。定义单元的材料模型时可以激活这一选项,如图 3.20 所示。

设计 IFROZ 选项的目的是处理实体单元经历单方向大位移压缩问题,初始压缩可以是零,如图 3.21 所示。

如果固体材料是线性的,那么激活 IFROZ 选项后,固体单元可以用一个线性压缩弹簧来代替,固体单元的力-位移响应也是线性的。固体单元时间步长可以近似为

$$\Delta t_{\text{solid}} = l\sqrt{\frac{\rho}{E}}$$

当 l 趋近于 0 时，时间步长近似为 0。弹簧的时间步长可近似为

$$\Delta t_{\text{spring}} = \sqrt{\frac{2m}{k}} = 常数$$

这里 l 为固体压缩后的长度，ρ 和 E 为其密度和弹性模量，m 为固体运动质点的质量，k 为压缩刚度。

Frozen Metric(IFROZ)选项可以用于除 61 号弹性材料模型和 62 号弹塑性材料模型外的任何一种材料模型，最好是用于障碍材料模型(21,41,42 号材料模型)。

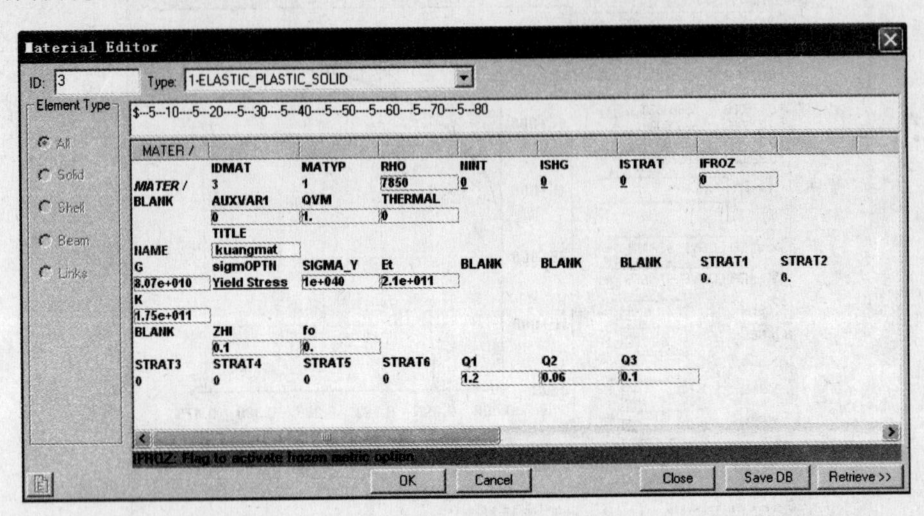

图 3.20　Frozen Metric(IFROZ) 选项的定义窗口

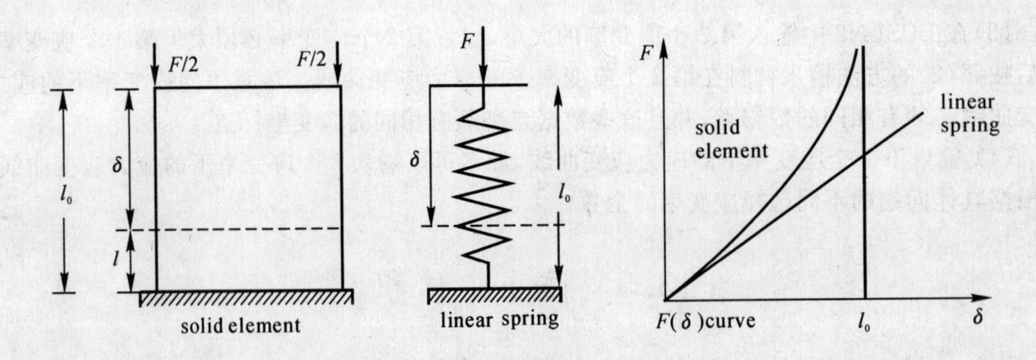

图 3.21　Frozen Metric 的概念

3.6　实体材料

前面给出了所有实体材料模型或大多数实体材料模型都必须定义的选项，下面针对 PAM-CRASH 中不同的实体材料，给出其材料模型定义卡片及需要定义参数的含义。

1. 弹塑性材料模型

弹塑性材料模型为材料模型库中的 1 号材料，定义卡片如图 3.22 所示。

图 3.22 中需要定义的参数有：

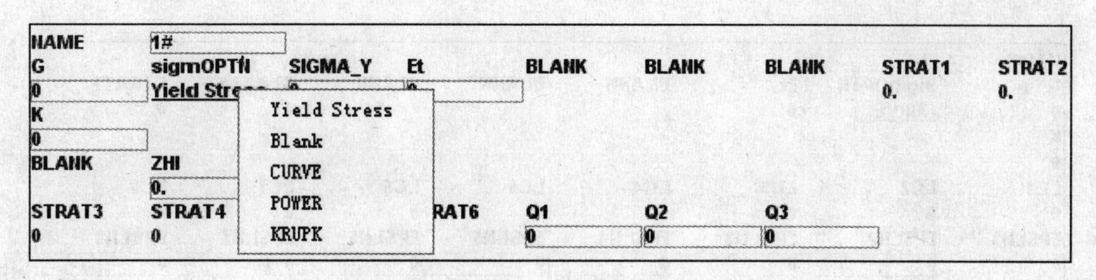

图 3.22 弹塑性材料模型的定义卡片

G:剪切模量;

K:体积模量;

Et:切线模量;

sigmOPTN:塑性定义方式,有5种定义方式可以选择。

第一种,选取 Yield Stress,然后在后面的 SIGMA_Y 中直接输入材料的屈服应力,如图3.23所示。

NAME	1#							
G	sigmOPTN	SIGMA_Y	Et	BLANK	BLANK	BLANK	STRAT1	STRAT2
0	Yield Stress	0	0				0.	0.
K								
0								
BLANK	ZHI	fo						
	0.	0.						
STRAT3	STRAT4	STRAT5	STRAT6	Q1	Q2	Q3		
0	0	0	0	0	0	0		

图 3.23 弹塑性材料模型的定义卡片界面(1)

第二种,选取 BLANK,将图3.24所示的材料塑性应力应变曲线的数据点输入到图3.25所示的 EPSLN1 和 SIGMA1 中,此时不需要定义切线模量 Et。

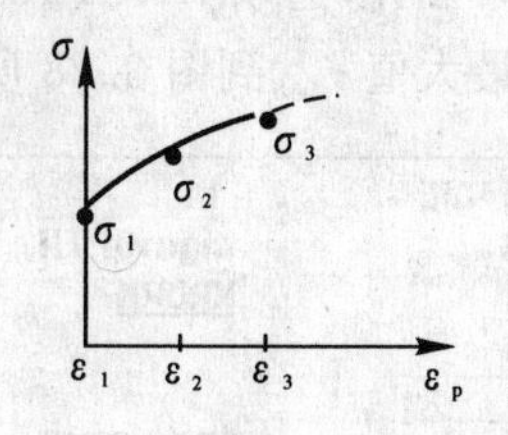

图 3.24 材料塑性应力应变曲线

第三种,选取 CURVE,如图3.26所示,输入第3.4.3节中所示的不同应变率下的应力应变曲线,此时不需要定义切线模量 Et。

第四种,选取 POWER,材料的应力应变曲线为 $\sigma(\varepsilon)=a+b\varepsilon_p^n$,输入参数 a,b,n 及塑性应力最大值 σ_{max} 到图3.27所示的界面中。

NAME	1#						
G	sigmOPTN	Et	BLANK	BLANK	BLANK	STRAT1	STRAT2
0	-	0				0.	0.
K							
0							
EPSLN1	EPSLN2	EPSLN3	EPSLN4	EPSLN5	EPSLN6	EPSLN7	EPSLN8
0	0	0	0	0	0	0	0
SIGMA1	SIGMA2	SIGMA3	SIGMA4	SIGMA5	SIGMA6	SIGMA7	SIGMA8
0	0	0	0	0	0	0	0
BLANK	ZHI	fo					
	0.	0.					
STRAT3	STRAT4	STRAT5	STRAT6	Q1	Q2	Q3	
0	0	0	0	0	0	0	

图 3.25 弹塑性材料模型的定义卡片界面(2)

NAME	1#						
G	sigmOPTN	Et	BLANK	BLANK	BLANK	STRAT1	STRAT2
0	CURVE	0				0.	0.
K							
0							
LC1	LC2	LC3	LC4	LC5	LC6	LC7	LC8
0	0	0	0	0	0	0	0
EPSLN1	EPSLN2	EPSLN3	EPSLN4	EPSLN5	EPSLN6	EPSLN7	EPSLN8
0	0	0	0	0	0	0	0
BLANK	ZHI	fo					
	0.	0.					
STRAT3	STRAT4	STRAT5	STRAT6	Q1	Q2	Q3	
0	0	0	0	0	0	0	

图 3.26　弹塑性材料模型的定义卡片界面(3)

NAME	1#						
G	sigmOPTN	Et	BLANK	BLANK	BLANK	STRAT1	STRAT2
0	POWER	0				0.	0.
K							
0							
a	b	n	SIGMAMAX				
0	0	0	0				
BLANK	ZHI	fo					
	0.	0.					
STRAT3	STRAT4	STRAT5	STRAT6	Q1	Q2	Q3	
0	0	0	0	0	0	0	

图 3.27　弹塑性材料模型的定义卡片界面(4)

第五种,选取 KRUPK,材料的应力应变曲线为 $\sigma(\varepsilon)=k(\varepsilon+\varepsilon_0)^n$,输入参数 k,ε_0,n 及塑性应力最大值 σ_{max} 到图 3.28 所示界面中。

NAME	1#						
G	sigmOPTN	Et	BLANK	BLANK	BLANK	STRAT1	STRAT2
0	KRUPK	0				0.	0.
K							
0							
k	EPSILON0	n	SIGMAMAX				
0	0	0	0				
BLANK	ZHI	fo					
	0.	0.					
STRAT3	STRAT4	STRAT5	STRAT6	Q1	Q2	Q3	
0	0	0	0	0	0	0	

图 3.28　弹塑性材料模型的定义卡片界面(5)

2. 可压缩泡沫材料模型

可压缩泡沫材料模型为材料模型库中的 2 号材料,定义卡片如图 3.29 所示。图 3.29 中需要定义的参数有:

G:剪切模量;

K0:体积卸载模量;

a0～a2:屈服函数常数;

pfr:拉伸断裂截断压力;

EPSLNV1-PRESSURE1:压力与体积应变的关系。

NAME	2#						
G	K0	a0	a1	a2	pfr	STRAT1	STRAT2
0	0	0	0	0	0	0.	0.
EPSLNV1	PRESSURE1	EPSLNV2	PRESSURE2	Q1	Q2	Q3	
0	0	0	0	0.	0.	0.	
EPSLNV3	PRESSURE3	EPSLNV4	PRESSURE4				
0	0	0	0				
EPSLNV5	PRESSURE5	EPSLNV6	PRESSURE6				
0	0	0	0				
EPSLNV7	PRESSURE7	EPSLNV8	PRESSURE8	BLANK	ZHI	fo	
0	0	0	0		0.	0.	
EPSLNV9	PRESSURE9	EPSLNV10	PRESSURE10	STRAT3	STRAT4	STRAT5	STRAT6
0.	0.	0.	0.	0	0	0	0

图 3.29 可压缩泡沫材料模型的定义卡片

3. 线性黏弹性材料模型

线性黏弹性材料模型为材料模型库中的 5 号材料,定义卡片如图 3.30 所示。

NAME	5#		
K	G0	GINF	BETA
0	0	0	0
BLANK	ZHI	fo	
	0.	0.	
BLANK	Q1	Q2	Q3
	0	0	0

图 3.30 线性黏弹性材料模型的定义卡片

图 3.30 中需要定义的参数有:

K:体积模量;

G0:瞬时模量;

GINF:缓冲模量;

BETA:衰减常数。

4. 各项同性弹塑性流体动力学材料模型

各项同性弹塑性流体动力学材料模型为材料模型库中的 7 号材料,定义卡片如图 3.31 所示。

NAME	7#						
G	SIGMA_Y	Et	pfr	Eo			
0	0	0	0	0			
C0	C1	C2	C3	C4	C5	C6	
EPSLN1	EPSLN2	EPSLN3	EPSLN4	EPSLN5			
0	0	0	0	0			
EPSLN6	EPSLN7	EPSLN8	EPSLN9				
0	0	0	0				
SIGMA1	SIGMA2	SIGMA3	SIGMA4	SIGMA5	BLANK	ZHI	fo
0	0	0	0	0		0.	0.
SIGMA6	SIGMA7	SIGMA8	SIGMA9	Q1	Q2	Q3	
0	0	0	0	0.	0.	0.	

图 3.31 各项同性弹塑性流体动力学材料模型的定义卡片

图 3.31 中需要定义的参数有：

G：剪切模量；

SIGMA_Y：屈服应力；

Et：切线模量；

pfr：拉伸断裂截断压力；

E0：初始单位体积内能；

C0～C6：状态方程系数；

EPSLN1～EPSLN9：等效塑性应变；

SIGMA1～SIGMA9：真应力。

5. Blatz-KO 橡胶材料模型

Blatz-KO 橡胶材料模型为材料模型库中的 11 号材料，定义卡片如图 3.32 所示。

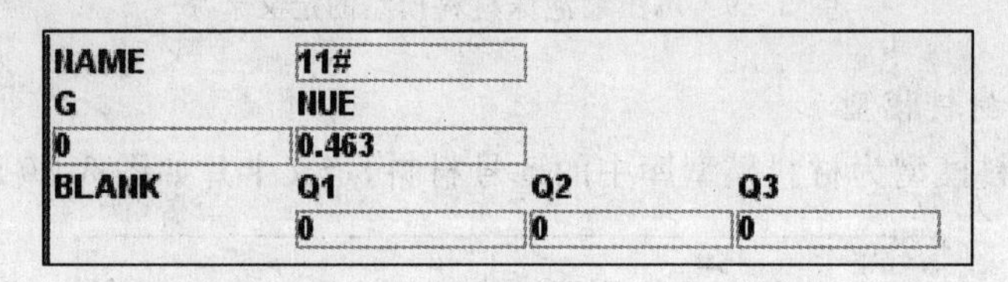

NAME	11#		
G	NUE		
0	0.463		
BLANK	Q1	Q2	Q3
	0	0	0

图 3.32　Blatz-KO 橡胶材料模型的定义卡片

图 3.32 中需要定义的参数有：

G：剪切模量；

NUE：泊松比。

6. 带损伤和失效的弹塑性材料模型

带损伤和失效的弹塑性材料模型为材料模型库中的 16 号材料，定义卡片如图 3.33 所示。

NAME	16#							
G	sigmOPTN	SIGMA_Y	Et	BLANK	BLANK	BLANK	STRAT1	STRAT2
0	Yield Stress	0	0				0.	0.
K								
0								
EPSLNMAX	EPSLNi	EPSLN1	d1	EPSLNU	du	ZHI	fO	
0	0	0	0	0	0	0.	0.	
STRAT3	STRAT4	STRAT5	STRAT6	Q1	Q2	Q3		
0	0	0	0	0	0	0		

图 3.33　带损伤和失效的弹塑性材料模型的定义卡片

图 3.33 中需要定义的参数有：

G：剪切模量；

K：体积模量；

sigmOPTN：屈服强度；

Et：切线模量；

EPSLNMX：单元删除的最大塑性应变；

EPSLNi：损伤定律的初始等效门槛应变；

EPSLN1：损伤定律的中间等效门槛应变；

d1:中间损伤值;

EPSLNU:损伤定律的最终等效门槛应变;

du:最终损伤值。

7. 超弹性 MOONEY-RIVLIN 和 HART-SMITH 材料模型

超弹性 MOONEY-RIVLIN 和 HART-SMITH 材料模型为材料模型库中的 17 和 18 号材料,定义卡片如图 3.34 所示和图 3.35 所示。

NAME	17#				
Aload	Bload	NUEload	Aunload	Bunload	NUEunload
0	0	0.49	0	0	0.499
LTCload	LTCunload	NSEARCH	NDECAY		
0	0	50	3000		

图 3.34 超弹性 MOONEY-RIVLIN 材料模型的定义卡片

图 3.34 中需要定义的参数有:

Aload 和 Bload:加载 MOONEY-RIVLIN 公式系数;

NUEload:加载泊松比;

Alunoad 和 Blunoad:卸载 MOONEY-RIVLIN 公式系数;

NUEunload:卸载泊松比;

LTCload:加载拉压曲线号;

LTCunload:卸载拉压曲线号。

NAME	18#			
A	B	C	D	NUE
0	0	0	0	0.49
BLANK	Q1	Q2	Q3	
	0	0	0	

图 3.35 超弹性 HART-SMITH 材料模型的定义卡片

图 3.35 中需要定义的参数有:

A,B,C,D:HART-SMITH 公式系数;

NUE:泊松比。

8. 黏性超弹性 MOONEY-RIVLIN 材料模型

黏性超弹性 MOONEY-RIVLIN 材料模型为材料模型库中的 19 号材料,定义卡片如图 3.36 所示。

NAME	19#				
Ainf	Binf	NUE			
0	0	0.49			
A1	B1	TAU1	A2	B2	TAU2
0	0	0	0	0	0
BLANK	Q1	Q2	Q3		
	0	0	0		

图 3.36 黏性超弹性 MOONEY-RIVLIN 材料模型的定义卡片

图 3.36 中需要定义的参数有：

Ainf 和 Binf：无穷大项的 MOONEY-RIVLIN 公式系数；

NUE：泊松比；

A1，B1，A2，B2：MOONEY-RIVLIN 公式系数；

TAU1 和 TAU2：松弛常数。

9. 非线性黏弹性材料模型

非线性黏弹性材料模型为材料模型库中的 22 号材料，定义卡片如图 3.37 所示。

NAME	22#						
E10	n1	ETA20	E20	n2	BLANK	BLANK	BLANK
0	0	0	0	0			
NUE	BLANK						
0							
BLANK	Q1	Q2	Q3				
	0	0	0				

图 3.37　非线性黏弹性材料模型的定义卡片

图 3.37 中需要定义的参数有：

E10：初始弹性模量；

n1：弹性模量公式指数；

ETA20：初始黏性系数；

E20：黏性弹性模量；

n2：黏性公式指数；

NUE：泊松比。

10. 带 GURSON 损伤的弹塑性材料模型

带 GURSON 损伤的弹塑性材料模型为材料模型库中的 26 号材料，定义卡片如图 3.38 所示。

NAME	26#							
G	sigmOPTN	SIGMA_Y	Et	ZHI	fo	BLANK	STRAT1	STRAT2
0	Yield Stress	0	0	0.	0.		0.	0.
K								
0								
q1	q2	fi	fn	Sn	epsilon_n	fc	fF	
0	0	0	0	0	0	0	0	
STRAT3	STRAT4	STRAT5	STRAT6	Q1	Q2	Q3		
0	0	0	0	0	0	0		

图 3.38　带 GURSON 损伤的弹塑性材料模型的定义卡片

图 3.38 中需要定义的参数有：

G：剪切模量；

K：体积模量；

sigmOPTN：屈服强度；

Et：切线模量；

q1 和 q2：GURSON 屈服面参数；

fi：初始微空穴体积断裂；

fn：成核空穴体积断裂；

Sn：GURSON 标准偏心；

epsilon_n：名义等效塑性应变；

fc：临界断裂；

fF：最终断裂。

11. MURNAGHAN 状态方程

MURNAGHAN 状态方程为材料模型库中的 28 号材料，定义卡片如图 3.39 所示。

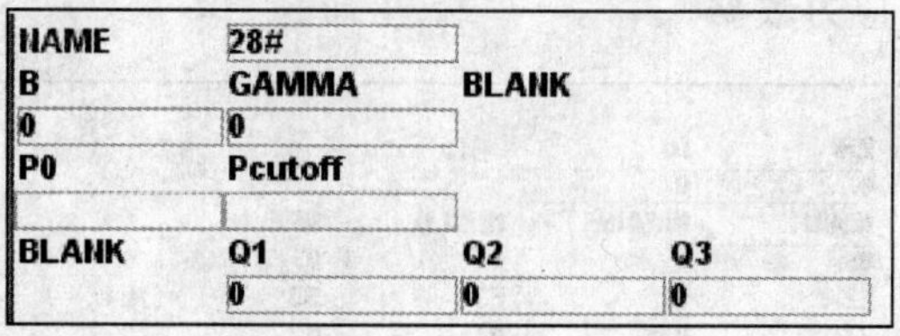

NAME	28#		
B	GAMMA	BLANK	
0	0		
P0	Pcutoff		
BLANK	Q1	Q2	Q3
	0	0	0

图 3.39　MURNAGHAN 状态方程模型的定义卡片

图 3.39 中需要定义的参数有：

B：体积系数；

GAMMA：指数；

P0：参考压力；

Pcutoff：截断压力。

12. 正交各向异性 Bi-Phase 材料模型

正交各向异性 Bi-Phase 材料模型为材料模型库中的 30 号材料，定义卡片如图 3.40 所示。

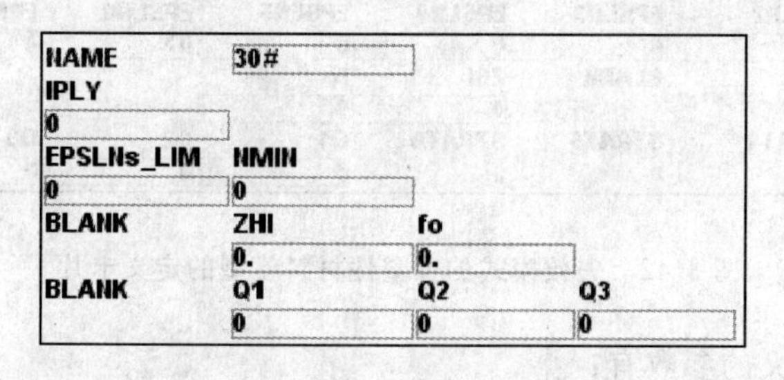

NAME	30#		
IPLY			
0			
EPSLNs_LIM	NMIN		
0	0		
BLANK	ZHI	fo	
	0.	0.	
BLANK	Q1	Q2	Q3
	0	0	0

图 3.40　正交各向异性 Bi-Phase 材料模型的定义卡片

图 3.40 中需要定义的参数有：

IPLY：复合材料单板层数据确认号；

EPSLNs_LIM：单元删除时的等效剪切极限应变；

NMIN：损伤参数。

13. 非线性纤维 Bi-Phase 材料模型

非线性纤维 Bi-Phase 材料模型为材料模型库中的 31 号材料，定义卡片如图 3.41 所示。

图 3.41 中需要定义的参数有：

IPLY：复合材料单板层数据确认号；

EPSLNs_LIM：单元删除时的等效剪切极限应变；

ESLNf_LIM：单元删除时的非线性纤维张应变极限；
NMIN：损伤参数；
E：纤维曲线应变数据；
S：纤维曲线应力数据；
EU：纤维卸载曲线应变数据；
SU：纤维卸载曲线应力数据；
ER：纤维再加载曲线应变数据；
SR：纤维再加载曲线应力数据。

NAME	31#							
IPLY	BLANK	ZHI	fo					
0		0.	0.					
EPSLNs_LIM	ESLNf_LIM	NMIN	NMAIN	NUNLD	NRELD	Q1	Q2	Q3
0	0	0	0	0	0	0	0	0
E1	S1	E2	S2	E3	S3	E4	S4	
0	0	0	0	0	0	0	0	
EU1	SU1	EU2	SU2	EU3	SU3	EU4	SU4	
0	0	0	0	0	0	0	0	
ER1	SR1	ER2	SR2	ER3	SR3	ER4	SR4	
0	0	0	0	0	0	0	0	

图 3.41　非线性纤维 Bi-Phase 材料模型的定义卡片

14. 失效模式的弹塑性材料模型

失效模式的弹塑性材料模型为材料模型库中的 36 号材料，定义卡片如图 3.42 所示。

NAME	36#						
NUE	BLANK	STRAT1	STRAT2				
0		0.	0.				
LC1	LC2	LC3	LC4	LC5	LC6	LC7	LC8
0	0	0	0	0	0	0	0
EPSLN1	EPSLN2	EPSLN3	EPSLN4	EPSLN5	EPSLN6	EPSLN7	EPSLN8
0	0	0	0	0	0	0	0
EPSLNmax	LC2	BLANK	ZHI	fo			
	0		0.	0.			
STRAT3	STRAT4	STRAT5	STRAT6	Q1	Q2	Q3	
0	0	0	0	0	0	0	

图 3.42　失效模式的弹塑性材料模型的定义卡片

图 3.42 中需要定义的参数有：
NUE：泊松比；
LC：真应力-总应变曲线号；
EPSLN：应变率；
EPSLNmax：单元删除时的最大总应变。

15. 8 节点三维壳材料模型

8 节点三维壳材料模型为材料模型库中的 61 号材料，定义卡片如图 3.43 所示。
图 3.43 中需要定义的参数有：
E：弹性模量；
NUE：泊松比；
As：横向剪切校正因子。

NAME	61#			
E	BLANK	NUE	BLANK	As
0		0		
BLANK	ZHI	fo		
	0.	0.		

图 3.43 8节点三维壳材料模型定义卡片

16. 带‘E-W’损伤和失效的弹塑性材料模型

带‘E-W’损伤和失效的弹塑性材料模型为材料模型库中的 71 号材料，定义卡片如图3.44 所示。

NAME	71#							
G	sigmOPTN	SIGMA_Y	Et	BLANK	BLANK	BLANK	STRAT1	STRAT2
0	Yield Stress	0	0				0.	0.
K	Dc	Rc	Plim	ALPHA	BETA			
0								
EPSpmax	Di	D1	d1	Du	du	ZHI	fo	
						0.	0.	
STRAT3	STRAT4	STRAT5	STRAT6	Q1	Q2	Q3		
0	0	0	0	0	0	0		

图 3.44 带‘E-W’损伤和失效的弹塑性材料模型定义卡片

图 3.44 中需要定义的参数有：

G：剪切模量；

K：体积模量；

sigmOPTN：屈服强度；

Et：切线模量；

Dc：‘E-W’临界损伤；

Rc：‘E-W’临界距离；

Plim：‘E-W’压力极限；

ALPHA ：‘E-W’压力指数；

BETA：‘E-W’反对称指数；

EPSpmax：单元删除的最大塑性应变；

Di：初始‘E-W’损伤；

D1：第二‘E-W’损伤；

Du：最终‘E-W’损伤；

du：最终损伤值。

17. 空材料模型

空材料模型为材料模型库中的 99 号材料，定义卡片如图 3.45 所示。

图 3.45 中需要定义的参数有：

E：弹性模量；

NUE：泊松比。

NAME	99#
E	NUE
0	0

图 3.45 空材料模型的定义卡片

3.7 壳 材 料

1. 弹性材料模型

弹性材料模型为材料模型库中的 101 号材料，定义卡片如图 3.46 所示。

NAME	101#						
E	BLANK	NUE	BLANK	HGM	HGW	HGQ	As
				0.01	0.01	0.01	0.8333
BLANK	ZHI	fO					
	0.	0.					

图 3.46 弹性材料模型的定义卡片

图 3.46 中需要定义的参数有：

E：弹性模量；

NUE：泊松比。

2. 弹塑性材料模型

弹塑性材料模型为材料模型库中的 102 号材料，定义卡片如图 3.47 所示。适用于壳单元的材料模型 102 号到材料模型 118 号的定义卡片类似，这里不再赘述。

NAME	102#							
E	sigmOPTN	SIGMA_Y	NUE	BLANK	HGM	HGW	HGQ	As
0	Yield Stress	0	0		0.01	0.01	0.01	0.8333
E1	SIG1	E2	SIG2	E3	SIG3	E4	SIG4	
0	0	0	0	0	0	0	0	
E5	SIG5	E6	SIG6	E7	SIG7			
0	0	0	0	0	0			
EPSLNpMAX	STRAT1	STRAT2	REL_THIN	REL_THIC	BLANK			
0	0.	0.						
BLANK	STRAT3	STRAT4	STRAT5	STRAT6	ZHI	fo		
	0	0	0	0	0.	0.		
GRUC_KW	GRUC_VAL	BLANK						

图 3.47 弹塑性材料模型定义卡片

图 3.47 中需要定义的参数有：

E：弹性模量；

sigmOPTN：塑性定义方式；

SIGMA_Y：屈服强度；

NUE：泊松比；

E1～E7：切线模量；

SIG1～SIG7：真应力；

EPSLNpMAX：单元删除的最大塑性应变；

REL_THIN：基于断裂标准的单元删除的厚度比值；

REL_THIC：基于断裂标准的单元删除的厚度比值；

GRUC_KW：单元删除定义方式；

GRUC_VAL：GRUC 值。

3. 玻璃材料模型

玻璃材料模型为材料模型库中的126号材料，定义卡片如图3.48所示。

NAME	126#						
E	BLANK	NUE	BLANK	HGM	HGW	HGQ	As
				0.01	0.01	0.01	0.833
SIGMAc	Tf						
BLANK	ZHI	fO					
	0.	0.					

图3.48　玻璃材料模型的定义卡片

图3.48中需要定义的参数有：

E：弹性模量；

NUE：泊松比；

SIGMAc：临界失效应力；

Tf：应力过滤时间间隔。

4. 带弹性硬化和失效的弹塑性材料模型

带弹性硬化和失效的弹塑性材料模型为材料模型库中的143号材料，定义卡片如图3.49所示。

NAME	143#						
BLANK	NUE	BLANK	HGM	HGW	HGQ	As	
	0		0.01	0.01	0.01	0.8333	
LC1	LC2	LC3	LC4	LC5	LC6	LC7	LC8
0	0	0	0	0	0	0	0
EPSLN1	EPSLN2	EPSLN3	EPSLN4	EPSLN5	EPSLN6	EPSLN7	EPSLN8
0	0	0	0	0	0	0	0
EPSLNtMAX	STRAT1	STRAT2	REL_THIN	REL_THIC	LC2	IFAIL	
0	0.	0.			0	0	
BLANK	STRAT3	STRAT4	STRAT5	STRAT6	ZHI	fO	
	0	0	0	0	0.	0.	
GRUC_KW	GRUC_VAL	BLANK					

图3.49　带弹性硬化和失效的弹塑性材料模型的定义卡片

图3.49中需要定义的参数有：

NUE：泊松比；

LC1～LC8：应力应变曲线；

EPSLN1～EPSLN8：应变率；

E1～E7：切线模量；

SIG1～SIG7：真应力；

EPSLNtMAX：单元删除的最大总应变；

REL_THIN：基于断裂标准的单元删除的厚度比值；

REL_THIC：基于断裂标准的单元删除的厚度比值；

GRUC_KW：单元删除定义方式；

GRUC_VAL：GRUC值。

5. 分层膜材料模型

分层膜材料模型为材料模型库中的150号材料，定义卡片如图3.50所示。

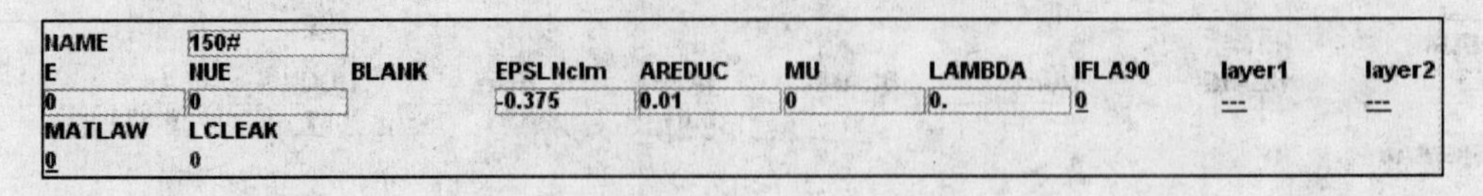

NAME	150#								
E	NUE	BLANK	EPSLNclm	AREDUC	MU	LAMBDA	IFLA90	layer1	layer2
0	0		-0.375	0.01	0	0.	0	---	---
MATLAW	LCLEAK								
0	0								

图 3.50　分层膜材料模型的定义卡片

图3.50中需要定义的参数有：

E：各向同性基板弹性模量；

NUE：各向同性基板泊松比；

EPSLNclm：压缩应变；

AREDUC：面积缩减比；

MU：内阻尼系数；

LAMBDA：单元阻尼比；

IFLA：增加单元稳定性选项；

LAYER1：层1是否包含选项；

LAYER2：层2是否包含选项；

MATLAW：材料定律分析选项。

6. 拉格朗日格式弹性4节点厚壳材料模型

拉格朗日格式弹性4节点厚壳材料模型为材料模型库中的161号材料，定义卡片如图3.51所示。

NAME	161#			
E	BLANK	NUE	BLANK	As
IFLAW	BLANK			

BLANK	ZHI	f0		
	0.	0.		

图 3.51　拉格朗日格式弹性4节点厚壳材料模型的定义卡片

图3.51中需要定义的参数有：

E：弹性模量；

NUE：泊松比；

IFLAW：平面应力选项。

7. 带'E-W'损伤和失效的弹塑性材料模型

带'E-W'损伤和失效的弹塑性材料模型为材料模型库中的171号材料，定义卡片如图3.52所示。

图3.52中需要定义的参数有：

E：弹性模量；

NAME	171#						
E	sigmOPTN	SIGMA_Y	NUE	BLANK	HGM	HGW	HGQ	As
0	Yield Stress	0	0		0.01	0.01	0.01	0.833
E1	SIG1	E2	SIG2	E3	SIG3	E4	SIG4	
0	0	0	0	0	0	0	0	
E5	SIG5	E6	SIG6	E7	SIG7			
0	0	0	0	0	0			
BLANK	STRAT1	STRAT2	Di	D1	d1	Du	du	
	0.	0.						
EPSpmax	BLANK	STRAT3	STRAT4	STRAT5	STRAT6	ZHI	fO	
		0	0	0	0	0.	0.	
BLANK	Dc	Rc	Plim	ALPHA	BETA			

图 3.52　带‘E-W’损伤和失效的弹塑性材料模型的定义卡片

sigmOPTN：塑性定义方式；
SIGMA_Y：屈服强度；
NUE：泊松比；
E1～E7：切线模量；
SIG1～SIG7：真应力；
EPSpmax：单元删除的最大塑性应变；
Di：初始‘E-W’损伤；
D1：第二‘E-W’损伤；
Du：最终‘E-W’损伤；
du：最终损伤值；
Dc：‘E-W’临界损伤；
Rc：‘E-W’临界距离；
Plim：‘E-W’压力极限；
ALPHA ：‘E-W’压力指数；
BETA：‘E-W’反对称指数。

8. 弹性 NASTRAN 材料模型

弹性 NASTRAN 材料模型为材料模型库中的 101 号材料，定义卡片如图 3.53 所示。

NAME	101#						
E	BLANK	NUE	BLANK	HGM	HGW	HGQ	As
				0.01	0.01	0.01	0.833
BLANK	ZHI	fO					
	0.	0.					

图 3.53　弹性 NASTRAN 材料模型定义卡片

需要定义的参数有：
E：弹性模量；
NUE：泊松比。

3.8 梁杆材料

1. 梁杆空材料模型

梁杆空材料模型为材料模型库中的200号材料,定义卡片如图3.54所示。

NAME	200#
E	BLANK
0	

图3.54 梁杆空材料模型的定义卡片

图3.54中需要定义的参数有:

E:弹性模量。

2. 弹性材料模型

弹性材料模型为材料模型库中的201号材料,定义卡片如图3.55所示。

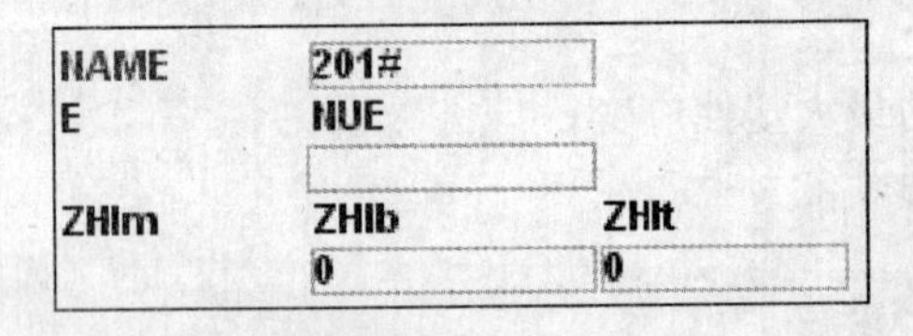

NAME	201#	
E	NUE	
ZHIm	ZHIb	ZHIt
	0	0

图3.55 弹性材料模型的定义卡片

图3.55中需要定义的参数有:

E:弹性模量;

NUE:泊松比;

ZHIm:膜阻尼比;

ZHIb:弯曲阻尼比;

ZHIt:转矩阻尼比。

3. 弹塑性材料模型

弹塑性材料模型为材料模型库中的202号材料,定义卡片如图3.56所示。

NAME	202#					
E	BLANK	sigmOPTN	SIGMA_Y	Et		
0		Yield Stress	0	0		
ZHIm	BLANK	BLANK				
0						
EPSLNpmax	STRAT1	STRAT2	STRAT3	STRAT4	STRAT5	STRAT6
0	0.	0.	0	0	0	0

图3.56 弹塑性材料模型的定义卡片

图3.56中需要定义的参数有:

E:弹性模量;

sigmOPTN:塑性定义方式;

SIGMA_Y：屈服强度；

Et：切线模量；

ZHIm：膜阻尼比；

EPSLNpmax：单元删除的最大塑性应变。

4. 非线性杆材料模型

非线性杆材料模型为材料模型库中的203号材料，定义卡片如图3.57所示。

NAME	203#						
Eo	BLANK	DELc_elim	DELt_elim	BLANK	DELt_elas	DELc_elas	
0		0	0		0.	0.	
BLANK	NMAIN	NUNLD	NRELD				
	0	0	0				
DELTA1	F1	DELTA2	F2	DELTA3	F3	DELTA4	F4
0	0	0	0	0	0	0	0
DELTA1	F1	DELTA2	F2	DELTA3	F3	DELTA4	F4
0	0	0	0	0	0	0	0
DELTA1	F1	DELTA2	F2	DELTA3	F3	DELTA4	F4
0	0	0	0	0	0	0	0

图3.57 非线性杆材料模型的定义卡片

图3.57中需要定义的参数有：

EO：用于稳定时间步计算的模量；

DELc_elim：单元删除的压缩极限；

DELt_elim：单元删除的伸长极限；

DELt_elas：线弹性的伸长极限；

DELc_ elas：线弹性的压缩极限；

DELTA1～DELTA4：载荷作用下杆伸长；

F1～F4：载荷。

5. 非线性六自由度弹簧阻尼材料模型

非线性六自由度弹簧阻尼材料模型为材料模型库中的220号材料，定义卡片如图3.58所示。

NAME	220#					
NLOADR	FTLR	IHYST	RUPLOWr	RUPUPPr	WDAMPr	
0	1	1				
NUNLDR	FTUR	mr	NDAMPR	FTDR	SLOPER	DELr_elas
0	1	0	0	1	0	0.
NLOADS	FTLS	IHYST	RUPLOWs	RUPUPPs	WDAMPs	
0	1	1				
NUNLDS	FTUS	ms	NDAMPS	FTDS	SLOPES	DELs_elas
0	1	0	0	1	0	0.
NLOADT	FTLT	IHYST	RUPLOWt	RUPUPPt	WDAMPt	
0	1	1				
NUNLDT	FTUT	mt	NDAMPT	FTDT	SLOPET	DELt_elas
0	1	0	0	1	0	0.

图3.58 非线性六自由度弹簧阻尼材料模型的定义卡片

图3.58中需要定义的参数有：

NLOADR:卸载的 FR-DELR 曲线;
FTLR:曲线乘子;
IHYST:模型选项;
RUPLOWr:R 向位移负的最小断裂极限;
RUPUPPr:R 向位移正的最大断裂极限;
其他参数的具体定义用户可以参考 PAM-CRASH 的材料手册。

3.9 连接材料

1. 非线性六自由度弹簧阻尼材料模型

非线性六自由度弹簧阻尼材料模型为材料模型库中的 223 号材料,定义卡片如图 3.59 所示。

NAME	223#						
NLOADR	FTLR	IHYST	RUPLOWr	RUPUPPr	NMFRDT	DELr_init	IDRUP
0	1	1			0		0
NUNLDR	FTUR	mr	NDAMPR	FTDR	SLOPER	DELr_elas	
0	1	0	0	1	0	0.	
NLOADS	FTLS	IHYST	RUPLOWs	RUPUPPs	NMFSDT	DELs_init	ILENGTH
0	1	1			0		---
NUNLDS	FTUS	ms	NDAMPS	FTDS	SLOPES	DELs_elas	
0	1	0	0	1	0	0.	
NLOADT	FTLT	IHYST	RUPLOWt	RUPUPPt	NMFTDT	DELt_init	
0	1	1			0		
NUNLDT	FTUT	mt	NDAMPT	FTDT	SLOPET	DELt_elas	
0	1	0	0	1	0	0.	

图 3.59 非线性六自由度弹簧阻尼材料模型的定义卡片

图 3.59 中需要定义的参数有:
NLOADR:卸载的 FR-DELR 曲线;
FTLR:曲线乘子;
IHYST:模型选项;
RUPLOWr:R 向位移负的最小断裂极限;
RUPUPPr:R 向位移正的最大断裂极限;
其他参数的具体定义用户可以参考 PAM-CRASH 的材料手册。

2. 罚六自由度弹簧梁材料模型

罚六自由度弹簧梁材料模型为材料模型库中的 224 号材料,定义卡片如图 3.60 所示。

NAME	224#					
SLFACMT	SLFACMR	SDMP1	XMASS	INERTIA	I3DOF	IDRUPT
		0.			---	0

图 3.60 罚六自由度弹簧梁材料模型的定义卡片

图 3.60 中需要定义的参数有:
SLFACMT:移动罚因子;

SLFACMR:转动罚因子;

SDMP1:刚度阻尼比;

XMASS:移动质量;

INERTIA:转动质量;

I3DOF:释放自由度选项;

IDPUPT:断裂模型选项。

3. SLINK_ELINK 黏接材料模型

SLINK_ELINK 黏接材料模型为材料模型库中的 301 号材料,定义卡片如图 3.61 所示。

NAME	301#			
SDMP1	SLFACM	FSNVL	DELTNL	IDEABEN
0.				---
I3DOF	ITENS	IDRUP		
---	---	0		

图 3.61　SLINK-ELINK 黏接材料模型的定义卡片

图 3.61 中需要定义的参数有:

SDMP1:刚度阻尼比;

SLFACM:罚因子;

FSNVL:非线性罚刚度引起的力;

DELTNL:非线性罚力的参考伸长;

IDEABEN:激活选项;

I3DOF:释放自由度选项;

ITENS:断裂模型中张力方向;

IDRUP:断裂模型选项。

4. PLINK 材料模型

PLINK 材料模型为材料模型库中的 302 号材料,定义卡片如图 3.62 所示。

NAME	302#		
SLFACM	FSNVL	DELTNL	IFLGC

I3DOF	TOLCOR	IDRUP	
---		0	

图 3.62　PLINK 材料模型的定义卡片

图 3.62 中需要定义的参数有:

SLFACM:罚因子;

FSNVL:非线性罚刚度引起的力;

DELTNL:非线性罚力的参考伸长;

IFLGC:用户采用曲线定义的刚度;

I3DOF:释放自由度选项;

TOLCOR:单元内投影修正因子;

IDRUP:断裂模型选项。

第4章　求解控制

4.1　概　　述

在建模和前处理完成后，正式开始求解之前，首先要对求解和结果输出过程中的相关参数和选项进行设定。本章将具体介绍这些参数和选项。

4.2　基本设置

4.2.1　求解单位设置

在树结构菜单 Pam Controls 中右键单击 UNIT，在弹出的快捷菜单中单击 Edit，弹出求解单位设置对话框，如图 4.1 所示。

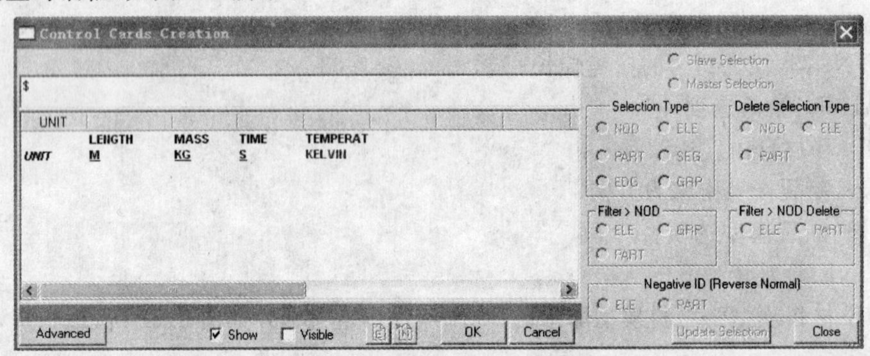

图 4.1　求解单位设置对话框

图 4.1 中，长度 LENGTH、质量 MASS 和时间 TIME 的单位可以进行选择设置，其选择窗口分别如图 4.2 至图 4.4 所示。推荐使用国际单位制。

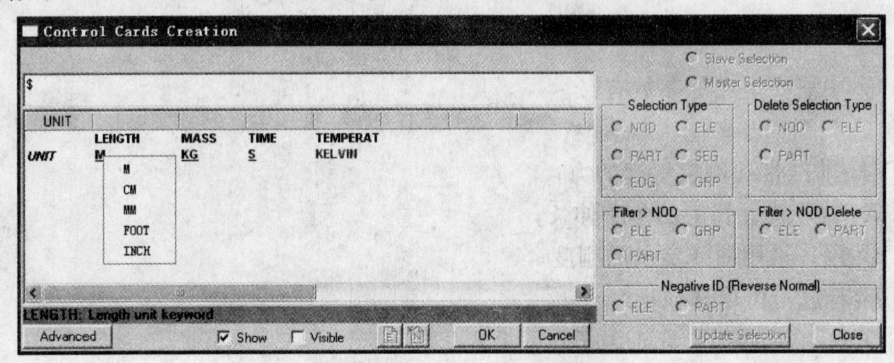

图 4.2　长度单位选择窗口

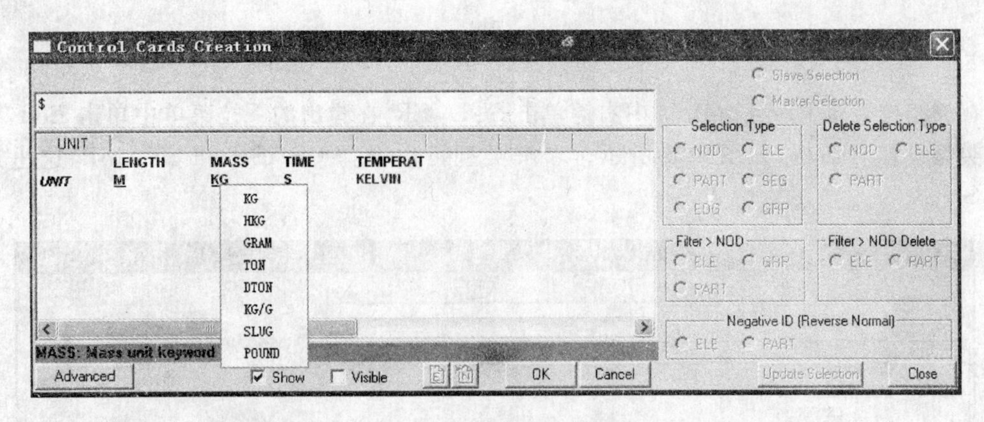

图 4.3　质量单位选择窗口

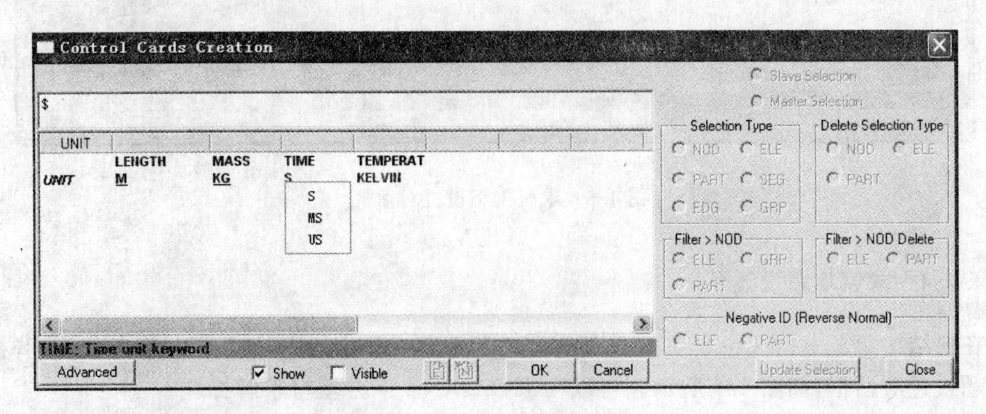

图 4.4　时间单位选择窗口

4.2.2　分析方式设置

在树结构菜单 Pam Controls 中右键单击 ANALYSIS，在弹出的快捷菜单中单击 Edit，弹出分析方式设置对话框，如图 4.5 所示。分析方式可以选择显式分析 EXPLICIT 和隐式分析 IMPLICIT。

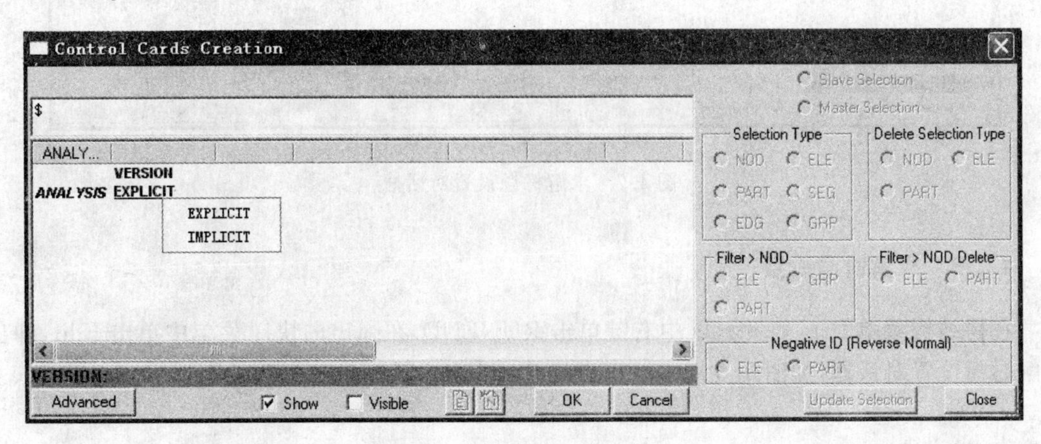

图 4.5　分析方式设置对话框

4.2.3 求解类型设置

在树结构菜单 Pam Controls 中右键单击 SOLVER，在弹出的下拉菜单中单击 Edit，弹出求解类型设置对话框，如图 4.6 所示。求解类型可以选择 CRASH 和 STAMP，这里选择 CRASH。

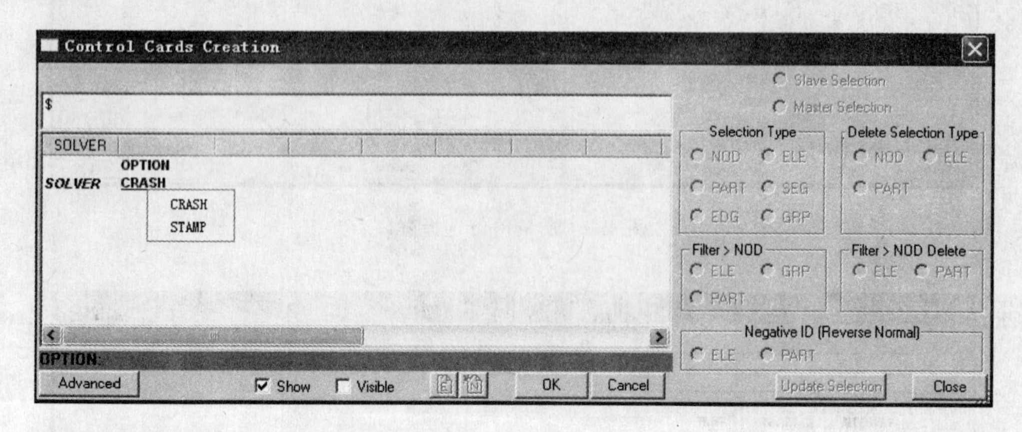

图 4.6 求解类型设置对话框

4.2.4 求解标题设置

在树结构菜单 Pam Controls 中右键单击 TITLE，在弹出的下拉菜单中单击 Edit，弹出求解标题设置对话框，如图 4.7 所示。可以在 HEADING 下方填写求解标题。

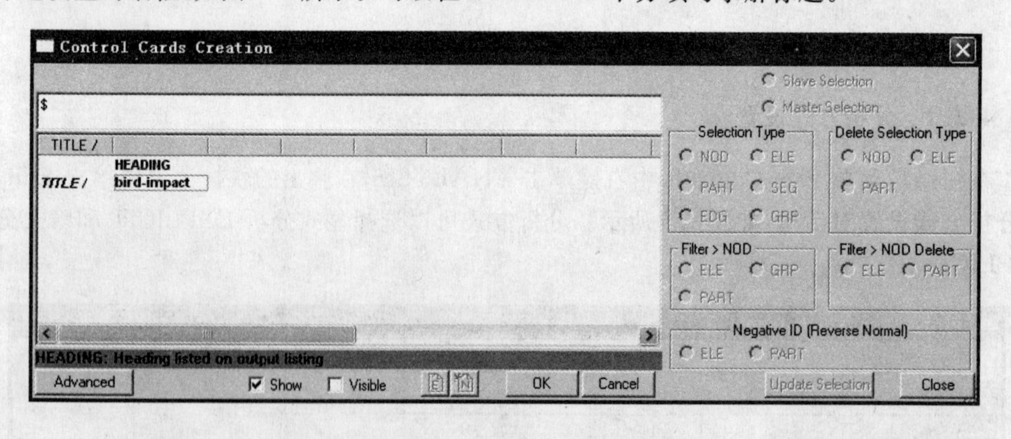

图 4.7 求解标题设置对话框

4.2.5 求解时间设置

在树结构菜单 Pam Controls 中右键单击 RUNEND，在弹出的快捷菜单中单击 Edit，弹出求解时间设置对话框，如图 4.8 所示。可以在 TIO2 下方填写求解过程的时间。

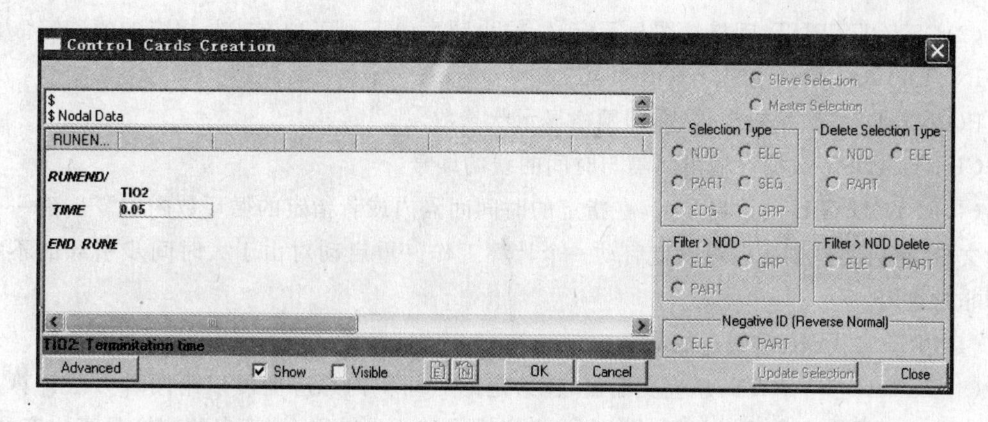

图 4.8 求解时间设置对话框

4.3 输 出 控 制

在树结构菜单 Pam Controls 中右键单击 OCTL，在弹出的下拉菜单中单击 Edit，弹出输出控制设置对话框，如图 4.9 所示为某次计算的输出控制设置。

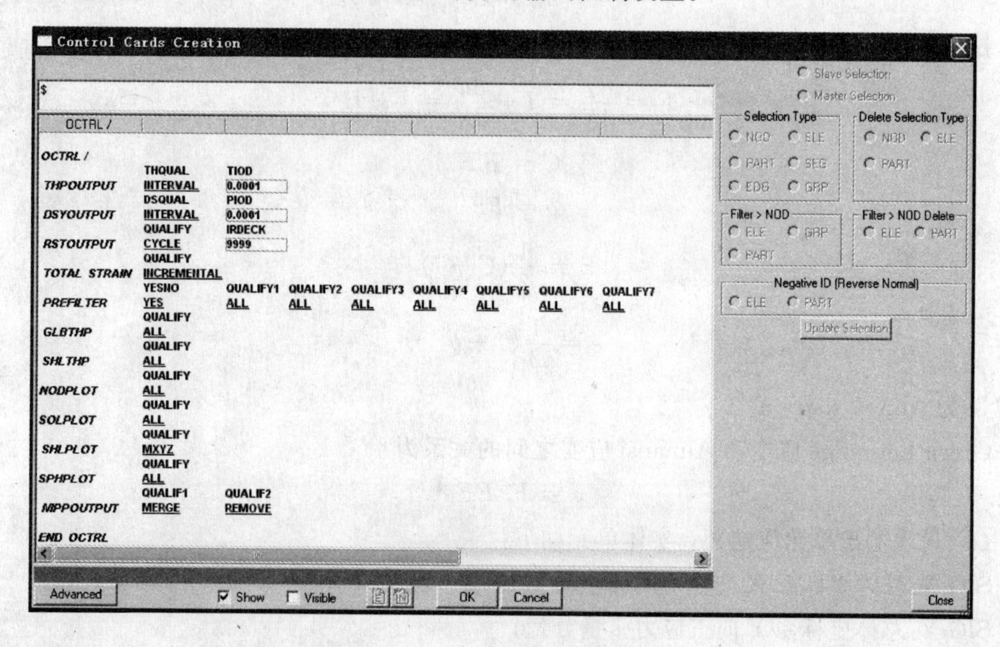

图 4.9 输出控制设置对话框

输出内容各选项定义如下：

(1)THPOUTPUT：时间历程定义，输出频率由下列三种方式及相应的值确定。

INTERVAL：THP 数据点输出间隔。

POINT：THP 数据输出点数。

CURVE：THP 数据点输出间隔与时间曲线的编号。

(2)DSYOUTPUT:网格绘图显示定义,输出频率由下列三种方式及相应的值确定。

INTERVAL:DSY 数据点输出间隔。

POINT:DSY 数据输出点数,即网格显示状态数。

CURVE:DSY 数据点输出间隔与时间曲线的编号。

(3)RSTOUTPUT:重启参数,在指定的时间间隔内或者指定的循环数内重复创建一个重启动文件,重启文件创建后可以重启动一个计算工作。重启动对由于大时间步引起的不收敛问题非常有用。

(4)PREFILTER:前置过滤器。

(5)TOTAL_STRAIN:总应变输出,在给定的时间步内总应变可以用两种方法计算。增量方法计算的总应变是基于前面时间步内应变结果和增量结果,计算出的应变是真应变;拉格朗日方法计算的应变基于变形梯度值。对于小变形问题,两种方法计算出的应变差别不大;但对于大变形问题,其计算结果大不相同,同时增量方法不考虑计算总应变的高阶项。

增量方法基于下列公式:

$$e_{n+1} = e_n + \Delta e$$

$$\Delta e_{ij} = \frac{1}{2}\mathrm{d}t\left(\frac{\partial v_i}{\partial x_j} + \frac{\partial v_j}{\partial x_i}\right)$$

拉格朗日方法基于下列公式:

$$F = \frac{\mathrm{d}x}{\mathrm{d}X} = I + \frac{\mathrm{d}u}{\mathrm{d}X} = I + H$$

$$C = F'F$$

$$b = FF'$$

$$E = \frac{1}{2}(C - I)$$

$$e = \frac{1}{2}(I - b^{-1})$$

式中,e 为 Alman sistrain。

Green-Lagrange 应变和 Almansi 应变之间的关系为

$$e = F^{-t}EF^{-1}$$

(6) 单元输出单元值定义。实体单元如下:

SIG-X:总体坐标系 X 向正应力张量分量;

SIG-Y:总体坐标系 Y 向正应力张量分量;

SIG-Z:总体坐标系 Z 向正应力张量分量;

TAU-XY:垂直于总体坐标系的 X 轴并指向 Y 轴的剪应力张量分量;

TAU-YZ:垂直于总体坐标系的 Y 轴并指向 Z 轴的剪应力张量分量;

TAU-ZX:垂直于总体坐标系的 Z 轴并指向 X 轴的剪应力张量分量;

EPS:单元等效塑性应变。

1)壳单元输出量如图 4.10 所示。

F_{11}:局部坐标系的 R 向力;

F_{22}:局部坐标系的 S 向力;

F_{12}:沿单元边的剪力;

M_{11}:单元边沿局部坐标系的 S 轴的弯矩;

M_{22}:单元边沿局部坐标系的 S 轴的弯矩;

M_{12}:平板转矩;

MAX EPX1:单元最大累计等效塑性应变;

DAMAGE:单元损伤水平。

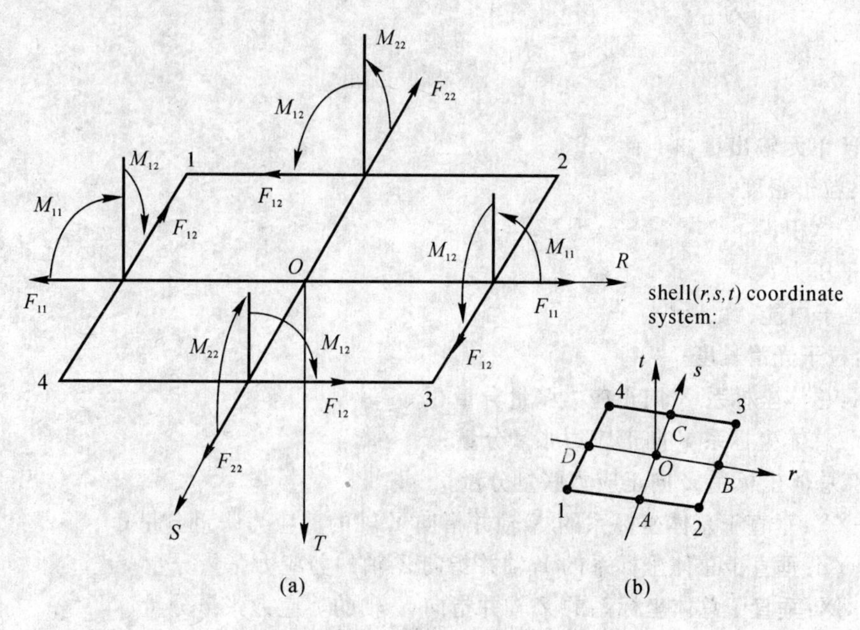

图 4.10　壳单元输出量

在图 4.10(b)中,有

$$r = DB / \| DB \|$$

$$s' = AC' / \| AC \|$$

$$t = r \times s', s = t \times r$$

2)梁单元输出量如图 4.11 所示。

F_{11}:梁轴向力;

$F_{12}(1)$:垂直于梁轴的平面节点 1 处的局部坐标系 S 向剪力;

$F_{13}(1)$:垂直于梁轴的平面节点 1 处的局部坐标系 T 向剪力;

$F_{12}(2)$:垂直于梁轴的平面节点 2 处的局部坐标系 S 向剪力;

$F_{13}(2)$:垂直于梁轴的平面节点 2 处的局部坐标系 T 向剪力;

M_{11}:关于梁轴的力矩;

$M_{22}(1)$:节点 1 处关于局部坐标系的 S 轴的力矩;

$M_{33}(1)$:节点 1 处关于局部坐标系的 T 轴的力矩;

$M_{22}(2)$:节点 2 处关于局部坐标系的 S 轴的力矩;

$M_{33}(2)$:节点 2 处关于局部坐标系的 T 轴的力矩。

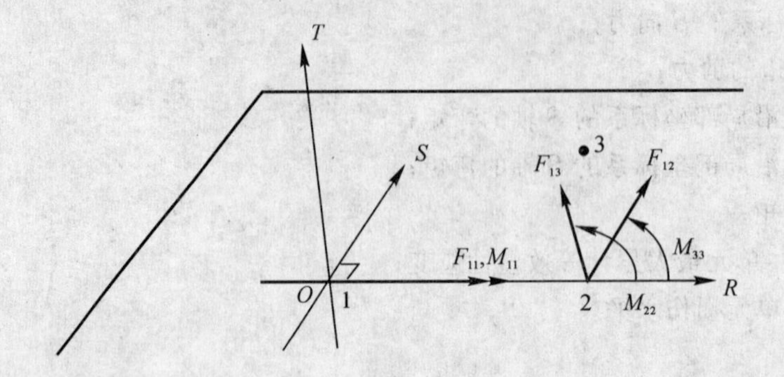

图 4.11 梁单元输出量

3)SPH 单元输出量如下：

RHO：粒子密度；

V：粒子体积；

P：粒子压力；

SIE：粒子内能；

SML：粒子光滑长度；

SIG-X：总体坐标系 *X* 向正应力张量分量；

SIG-Y：总体坐标系 *Y* 向正应力张量分量；

SIG-Z：总体坐标系 *Z* 向正应力张量分量；

TAU-XY：垂直于总体坐标系的 *X* 轴并指向 *Y* 轴的剪应力张量分量；

TAU-YZ：垂直于总体坐标系的 *Y* 轴并指向 *Z* 轴的剪应力张量分量；

TAU-ZX：垂直于总体坐标系的 *Z* 轴并指向 *X* 轴的剪应力张量分量；

EPS：单元等效塑性应变。

(8) GLBTHP：总体时间历程输出，如表 4-1 所示。

表 4-1 总体时间历程输出项列表

限定词	类型	描 述
AVGX	标量	总体坐标系 *X* 向节点平均速度
AVGY	标量	总体坐标系 *Y* 向节点平均速度
AVGZ	标量	总体坐标系 *Z* 向节点平均速度
BAG6	标量	压力 体积 温度 质量流 进入质量流 流出质量流
BAGS	标量	气囊表面积

续表

限定词	类型	描　述
CNTE	标量	弹性能 摩擦能
CNTF	标量	接触力
CNTP	标量	渗透深度
CNTS	标量	激活接触面(33，34，36，37 ,54)
DLOC	矢量	固定局部坐标系下的节点位移
DMAS	标量	动态缩放引起的增加质量
DMSC	标量	单位部件的动态质量缩放
INTE	标量	总内能
KINE	标量	总动能
MHGL	标量	单位部件沙漏能
MINT	标量	单位部件内能
MKIN	标量	单位部件动能
MLSC	标量	单位部件 LSI 能
MMEM	标量	单位部件等效膜能
RACC	矢量	局部坐标系下节点转动加速度
RANG	矢量	局部坐标系下节点转动角度
RVEL	矢量	局部坐标系下节点转动速度
RWLE	标量	单位刚性墙能量
RWLF	标量	单位刚性墙刚性墙力 单位刚性墙刚性墙速度
SDEN	标量	SPH 平均部件密度
SECF	标量	单位截面截面力
SECM	矢量	单位截面截面力矩
SPRE	标量	SPH 平均部件压力
SSLD	标量	SPH 光滑长度
STEP	标量	时间步
TCNT	标量	总接触能(弹性＋摩擦)
TEXT	标量	总外能
THGL	标量	壳和实体的总沙漏能
TOTE	标量	总能量平衡
TRWL	标量	被刚性墙吸收的总能量
TSLP	标量	滑动和收缩中的摩擦损失

(9) SHLTHP:壳时间历程输出,如表 4-2 所示。

表 4-2　壳时间历程输出项列表

限定词	变量名	变量标题	变量类型	描　述	对应材料号
MXYZ	M	Moment local	2D 张量	局部坐标系力矩张量	101, 102, 103, 105, 106, 108, 110, 115, 120, 121, 126, 128, 130, 131, 132, 143, 150, 151, 161, 162, 171, 180, 184
EPMX	max ε_p	Max plast. strain o. thickness	标量	沿厚度最大塑性应变	102, 103, 105, 106, 108, 115, 120, 121, 128, 143, 150, 151, 162, 171
EPMI	min ε_p	Min plast. strain o. thickness	标量	沿厚度最小塑性应变	
EPSI	lower ε	Lower S strain	2D 张量	下面局部塑性应变	101, 102, 103, 105, 106, 108, 110, 115, 120, 121, 126, 128, 130, 131, 132, 143, 161, 162, 171, 180, 184
	upper ε	Upper S strain		上面局部塑性应变	
NXYZ	N	Membrane stress res. local	2D 张量	局部膜应力	101, 102, 103, 105, 106, 108, 110, 115, 120, 121, 126, 128, 130, 131, 132, 143, 150, 161, 162, 171, 180, 184
SIGM	lower σ	Lower S stress	2D 张量	下面局部应力	101, 102, 103, 105, 106, 108, 110, 115, 120, 121, 126, 128, 130, 131, 132, 143, 161, 162, 171, 180, 184
	upper σ	Upper S stress		上面局部应力	
	mbr σ	Membrane stress		中面局部应力	
ESMA	max σ_{VM}	Max equiv. stress o. thickness	标量	厚度方向上距中面最近的两个积分点最大等效应力	102, 103, 105, 106, 108, 115, 120, 121, 128, 143, 150, 151, 162, 171
ESMI	min σ_{VM}	Min equiv. stress o. thickness	标量	厚度方向上距中面最近的两个积分点最小等效应力	102, 103, 105, 106, 108, 115, 120, 121, 128, 143, 151, 162, 171

续表

限定词	变量名	变量标题	变量类型	描　述	对应材料号
ESME	mbr σ_{VM}	Membrane VM Stress	标量	膜等效应力	102，103，105，106，108，115，120，121，128，143，162，171
EPME	mbr ε_p	Membrane plastic strain	标量	膜塑性应变	102，103，105，106，108，115，120，121，128，143，162，171
STRA	mbr	Membrane strain rate	标量	中面积分点计算出的膜应变率	102，103，105，106，108，115，120，121，128，143，162，171
VAUX	Aux1	Comp. Aux 1	标量	材料模型定义卡片中第1个辅助变量	130，131，132
	Aux2	Comp. Aux 2	标量	材料模型定义卡片中第2个辅助变量	
	…	…	…		
	Aux48	Comp. Aux 48	标量	材料模型定义卡片中第48个辅助变量	
DMG	d	Total Damage	标量	总损伤参数	105，106，115，130，131，132，143，162，171
RISK	ψ_{ia}	Approximate plastic instability risk	标量		128
	ψ_i	Plastic instability risk	标量		
	ψ_d	Ductile fracture risk	标量		
	ψ_s	Shear fracture risk	标量		
	ψ_{im}	Maximum plastic instability risk	标量		
	ψ	Overall failure risk	标量		

续表

限定词	变量名	变量标题	变量类型	描　述	对应材料号
PATH	n_p	Process number	标量		128
	ρ	Normalised thickening rate	标量		
	φ	Angle between principal strain rate and orthotropic axes	标量		
	η_l	Stress triaxiality factor on lower surface	标量		
	η_u	Stress triaxiality factor on upper surface	标量		
	τ	Shear stress factor	标量		
	ε_l	Effective plastic strain on lower surface	标量		
	ε_u	Effective plastic strain on upper surface	标量		
GRUC	RGRUC		标量	壳 generic 用户标准	101，102，103，105，106，108，110，115，126，128，130，131，132，143，162，171

（10）SOLPLOT：实体网格绘图输出，如表 4－3 所示。

表4-3 实体网格绘图输出项列表

限定词	变量名	变量标题	变量类型	描述	对应材料号
SXYZ	σ	Stress	3D张量	总体坐标系中应力张量	1, 2, 5, 7, 11, 12, 14, 15, 16, 17, 18, 21, 22, 24, 25, 26, 30, 31, 35, 36, 37, 41, 42, 45, 52, 61, 62(2), 71, 80, 81, 82, 83
EPLE	ε_p	Equivalent Plastic Strain	标量		1, 2, 7, 12, 14, 15, 16, 25, 26, 35, 36, 62, 71, 80, 81, 82, 83
VAUX	Aux1	Solid Aux 1	标量	材料模型定义卡片中第 i 个辅助变量	1, 2, 5, 7, 11, 12, 14, 15, 16, 17, 18, 21, 22, 24, 25, 26, 30, 31, 35, 36, 37, 41, 42, 45, 52, 61, 62, 71
	Aux2	Solid Aux 2	标量		2, 5, 7, 11, 12, 15, 16, 17, 18, 21, 22, 24, 25, 26, 30, 31, 35, 36, 37, 41, 42, 45, 52, 61, 62, 71
	Aux3	Solid Aux 3	标量		2, 5, 7, 11, 12, 15, 16, 17, 18, 21, 22, 24, 25, 26, 30, 31, 35, 36, 37, 41, 42, 45, 52, 61, 62, 71
	Aux4	Solid Aux 4	标量		5, 11, 12, 15, 16, 17, 18, 21, 22, 24, 25, 26, 30, 31, 35, 37, 41, 42, 45, 52, 61, 62, 71
	Aux5	Solid Aux 5	标量		5, 11, 12, 15, 16, 17, 18, 21, 22, 24, 25, 26, 30, 31, 37, 41, 42, 45, 52, 61, 62, 71
	Aux6	Solid Aux 6	标量		5, 11, 12, 15, 16, 17, 18, 21, 22, 24, 25, 26, 30, 31, 37, 41, 42, 45, 52, 61, 62, 71
DINT	Ed_{int}	Int. Energy Density	标量	单位质量内能密度	1, 2, 5, 6, 7, 11, 12, 14, 15, 16, 17, 18, 20, 21, 22, 24,25, 26, 30, 31, 35, 36, 37, 41, 42, 45, 52, 61, 62, 71
EINT	E_{int}	Int. Energy	标量	单位壳单元内能密度	1, 2, 5, 6, 7, 11, 12, 14, 15, 16, 17, 18, 20, 21, 22, 24,25, 26, 30, 31, 35, 36, 37, 41, 42, 45, 52, 61, 62, 71

续表

限定词	变量名	变量标题	变量类型	描　述	对应材料号
DHGL	Ed_{hgl}	HG Energy Density	标量	单位质量沙漏能密度	1，2，5，6，7，11，12，14，15，16，17，18，20，21，22，24，25，26，30，31，35，36，37，41，42，45，52，61，62，71
EHGL	E_{hgl}	HG Energy	标量	单位壳单元沙漏能密度	1，2，5，6，7，11，12，14，15，16，17，18，20，21，22，24，25，26，30，31，35，36，37，41，42，45，52，61，62，71
NSMS	NSM		标量	附加质量与原始质量比	1，2，5，6，7，11，12，14，15，16，17，18，20，21，22，24，25，26，30，31，35，36，37，41，42，45，52，61，62，71，80，81，82，83，99
IMSC			标量	初始质量缩放	
STSC		Stiffness scaling	标量	刚度标定因子	

(11) SHLPLOT：壳网格绘图输出，如表 4－4 所示。

表 4－4　壳网格绘图输出项列表

限定词	变量名	变量标题	变量类型	描　述	对应材料号
MXYZ	M	Moment local	2D 张量	局部坐标系力矩张量	101，102，103，105，106，108，110，115，120，121，126，128，130，131，132，143，150，151，161，162，171，180，184
EPMX	max ε_p	Max plast. strain o. thickness	标量	沿厚度最大塑性应变	102，103，105，106，108，115，120，121，143，150，151，162，171
EPMI	min ε_p	Min plast. strain o. thickness	标量	沿厚度最小塑性应变	102，103，105，106，108，115，120，121，143，150，151，162，171

续表

限定词	变量名	变量标题	变量类型	描述	对应材料号
EPSI	lower ε	Lower S strain	2D 张量	下面局部塑性应变	101，102，103，105，106，108，110，115，120，121，126，128，130，131，132，143，161，162，171，180，184
	upper ε	Upper S strain		上面局部塑性应变	
NXYZ	N	Membrane stress res. local	2D 张量	局部膜应力	101，102，103，105，106，108，110，115，120，121，126，128，130，131，132，143，150，161，162，171，180，184
SIGM	lower σ	Lower S stress	2D 张量	下面局部应力	101，102，103，105，106，108，110，115，120，121，126，128，130，131，132，143，161，162，171，180，184
	upper σ	Upper S stress		上面局部应力	
	mbr σ	Membrane stress		中面局部应力	
ESMA	max σ_{VM}	Max equiv. stress o. thickness	标量	厚度方向上距中面最近的两个积分点最大等效应力	102，103，105，106，108，115，120，121，143，150，151，162，171
ESMI	min σ_{VM}	Min equiv. stress o. thickness	标量	厚度方向上距中面最近的两个积分点最小等效应力	102，103，105，106，108，115，120，121，143，151，162，171
ESME	mbr σ_{VM}	Membrane VM Stress	标量	膜等效应力	102，103，105，106，108，115，120，121，143，162，171
EPME	mbr ε_p	Membrane plastic strain	标量	膜塑性应变	102，103，105，106，108，115，120，121，143，162，171
STRA	mbr	Membrane strain rate	标量	中面积分点计算出的膜应变率	102，103，105，106，108，115，120，121，143，162，171
VAUX	Aux1	Comp. Aux 1	标量	材料模型定义卡片中第1个辅助变量	

续表

限定词	变量名	变量标题	变量类型	描述	对应材料号
VAUX	Aux2	Comp. Aux 2	标量	材料模型定义卡片中第 2 个辅助变量	128，130，131，132
	…	…	…		
	Aux48	Comp. Aux 48	标量	材料模型定义卡片中第 48 个辅助变量	
DMG	d	Total Damage	标量	总损伤参数	105，106，115，128，130，131，132，143，171
RISK	ψ_{la}	Approximate plastic instability risk	标量		128
	ψ_l	Plastic instability risk	标量		
	ψ_d	Ductile fracture risk	标量		
	ψ_s	Shear fracture risk	标量		
	ψ_{lm}	Maximum plastic instability risk	标量		
	ψ	Overall failure risk	标量		
PATH	n_p	Process number	标量		128
	ρ	Normalised thickening rate	标量		
	φ	Angle between principal strain rate and orthotropic axes	标量		
	η_l	Stress triaxiality factor on lower surface	标量		

续表

限定词	变量名	变量标题	变量类型	描述	对应材料号
	η_u	Stress triaxiality factor on upper surface	标量		
	τ	Shear stress factor	标量		
	ε_l	Effective plastic strain on lower surface	标量		
	ε_u	Effective plastic strain on upper surface	标量		
GRUC	RGRUC		标量	壳 generic 用户标准	101，102，103，105，106，108，110，115，126，128，130，131，132，143，162，171
MSTM	AMASS		标量	质量缩减引起附加质量	100，101，102，103，105，106，108，110，115，120，121，126，128，130，131，132，143，150，151，161，162，171，180，184
NSMS	NSM		标量	非结构质量	100，101，102，103，105，106，108，110，115，120，121，126，128，130，131，132，143，150，151，161，162，171，180，184
DINT	Ed_{int}	Int. Energy Density	标量	单位质量内能密度	101，102，103，105，106，108，110，115，120，121，126，128，130，131，132，143，150，151，161，162，171，180，184
EINT	E_{int}	Int. Energy	标量	单位单元内能密度	101，102，103，105，106，108，110，115，120，121，126，128，130，131，132，143，150，151，161，162，171，180，184

续 表

限定词	变量名	变量标题	变量类型	描　述	对应材料号
DHGL	Ed_{hgl}	HG Energy Density	标量	单位质量沙漏能密度	101，102，103，105，106，108，110，115，120，121，126，128，130，131，132，143，161，162，171，180，184
EHGL	E_{hgl}	HG Energy	标量	单位单元沙漏能密度	101，102，103，105，106，108，110，115，120，121，126，128，130，131，132，143，161，162，171，180，184
DIRF	DIRF		2D 张量	失效方向张量	126
PLYF	PLYF		2D 张量	复合材料层间纤维方向	128，130，131，132
PLYN	PLYN		2D 张量	复合材料层间单元法向	128，130，131，132

(12) BEAPLOT：梁网格绘图输出，对应的材料模型号为 201，202，212，213，214，如表 4－5所示。

表 4－5　梁网格绘图输出项列表

限定词	变量名	变量标题	变量类型	描　述
FAX1	F_{11}	Axial Force	标量	局部 R 向轴力
FSSH	$F_{12}(2)$	Transverse S shear force	标量	节点 2 局部 S 向横向剪力
FTSH	$F_{13}(2)$	Transverse T shear force	标量	节点 2 局部 T 向横向剪力
MTOR	M_{11}	Torsion Moment	标量	对 R 轴转矩
MSN1	$M_{22}(1)$	S Moment at n1	标量	节点 1 处对 S 轴弯矩
MTN1	$M_{33}(1)$	T Moment at n1	标量	节点 1 处对 T 轴弯矩
MSN2	$M_{22}(2)$	S Moment at n2	标量	节点 2 处对 S 轴弯矩
MTN2	$M_{33}(2)$	T Moment at n2	标量	节点 1 处对 T 轴弯矩
DAXI	δ	Axial Elongation	标量	局部 R 向伸长
RTOR	θ_{11}	R Torsion angle	标量	对 R 轴转角
RSN1	$\theta_{22}(1)$	S Bending rotation at n1	标量	节点 1 处对 S 轴弯角
RTN1	$\theta_{33}(1)$	T Bending rotation at n1	标量	节点 1 处对 T 轴弯角
RSN2	$\theta_{22}(2)$	S Bending rotation at n2	标量	节点 2 处对 S 轴弯角
RTN2	$\theta_{33}(2)$	T Bending rotation at n2	标量	节点 2 处对 T 轴弯角

(13) SPHPLOT：SPH 单元网格绘图输出，如表 4-6 所示。

表 4-6　SPH 单元网格绘图输出项列表

限定词	变量名	变量标题	变量类型	描　述	对应材料号
DFLT	ρ	SP Density	标量	密度	6，7，12，14，99
	V	SP Volume	标量	体积	6，7，12，14，99
	P	SP Stress Pressure	标量	压力	6，7，12，14
SXYZ	σ	SP Stress	3D 张量	应力张量	7，12，14
EPLE	ε_p	SP Plastic Strain	标量	塑性应变	7，12，14
SIE	E_{int}	SP Energy	标量	内能	6，7，12，14
SML	H	SP Smooth Length	标量	光滑长度	6，7，12，14，99
VAUX	Aux1		标量	第 1 辅助变量	6，7，12，14
	Aux2		标量	第 2 辅助变量	6，7，12，14

4.4　时间步控制

在树结构菜单 Pam Controls 中右键单击 TCTRL，在弹出的下拉菜单中单击 Edit，弹出时间步控制对话框，如图 4.12 所示。

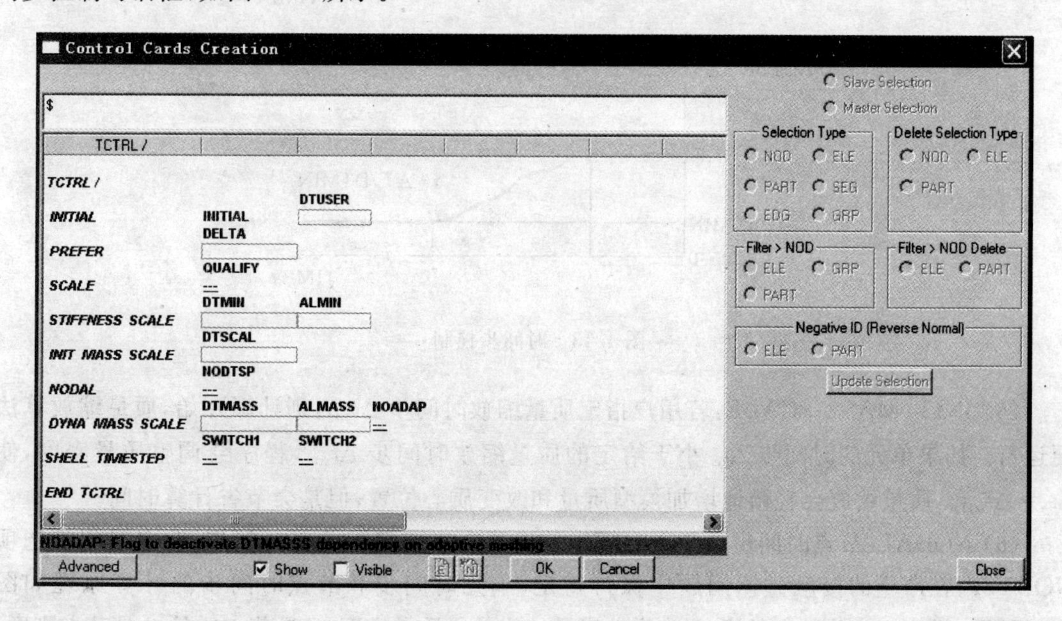

图 4.12　时间步控制对话框

时间步各选项定义如下：

(1) INITIAL：用户定义初始时间步。由用户在分析之前输入，并且当用户输入的时间步的值小于由程序计算出来的初始有限元时间步的值时，分析开始便采用此时间步值。在计算过程中，执行时间步会很快达到求解稳定时间步，但是，如果计算模型中不存在变形的单元，用户定义的初始时间步将作为执行时间步在程序运行中使用。

(2) PREFER：用户定义优先求解时间步。只要用户定义的优先求解时间步小于程序计算出来的稳定求解时间步，程序运行过程中会一直使用用户定义的求解时间步。

(3) SCALE：一般情况下采用程序默认的时间步比例因子 0.9，求解是稳定的，但如果模型中存在网格畸变很严重的实体单元，用户可以减小这一因子以得到更稳定的求解，这一减小因子也可以被看做时间的函数。

(4) STIFFNESS_SCALE：为了防止稳定时间步长由于网格畸变严重引起过度的减小，用户可以选择性地指定一个最小的稳定时间步值 DTMIN。如果单元的时间步小于 DTMIN，程序会调整单元内部的参数，使稳定时间步与 DTMIN 相等，此时程序求解时间步长为常数 DTMIN。一般情况下，DTMIN 仅适用于弹塑性材料模型。为防止程序过度调整单元内部参数，对于一个单元，若减小因子 $\alpha=\Delta T_e/\text{DTMIN}$ 小于给定的值 ALMIN，就不需要更多的调整，如图 4.13 所示。

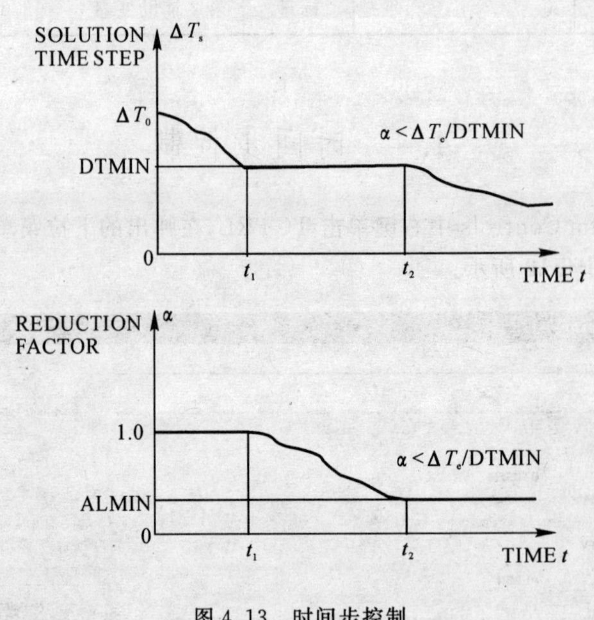

图 4.13　时间步控制

(5) INIT_MASS_SCALE：若用户指定质量缩放时间步 Δt_{scal}，则计算开始，质量缩放算法便运行。如果单元的时间步 Δt_e 小于给定的质量缩放时间步 Δt_{scal}，程序会调整质量密度，使 $\Delta t_e=\Delta t_{\text{scal}}$。质量缩放会轻微地增加模型质量和改变质心位置，但是会节省计算时间。

(6) NODAL：节点时间步。节点时间步一般要大于或等于单元时间步，节点时间步选项 NODTSP，在严重的接触碰撞问题中保持稳定，单元时间步和节点时间步的计算原理如图 4.14所示。图中 l_c 为为特征长度，E 为弹性模量，ρ 为单元质量密度，m 是节点质量，k 是节点刚度。则单元时间步

$$\Delta t_{\text{elemental}}=l_c\sqrt{\frac{\rho}{E}}$$

节点时间步

$$\Delta t_{\text{nodal}} = \sqrt{\frac{2m}{k}}$$

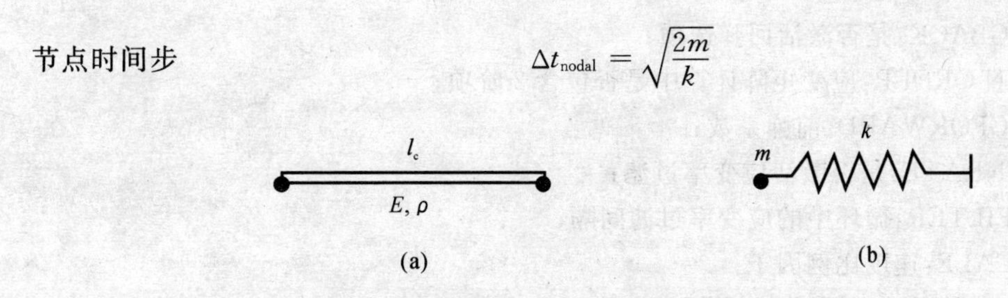

图 4.14　单元时间步和节点时间步计算原理

(7) DYNA_MASS_SCALE：动态质量缩放参数 DTMASS 可以和参数 DTMIN 及 DTSCAL 联合起来使用，当三个参数都起作用时，可以得到一个最稳定和合理的时间步。

(8) SHELL_TIMESTEP：壳单元时间步标准选择。在 SWITCH1 中用户可以选择 LARGE 和 SMALL，在 SWITCH2 中用户可以选择 BEND 和 NOBEND。如果使用了一个或更多的时间步控制选项，强烈推荐使用 SMALL BEND。

4.5　单 元 控 制

在树结构菜单 Pam Controls 中右键单击 ECTRL，在弹出的下拉菜单中单击 Edit，弹出时间步控制对话框，如图 4.15 所示。

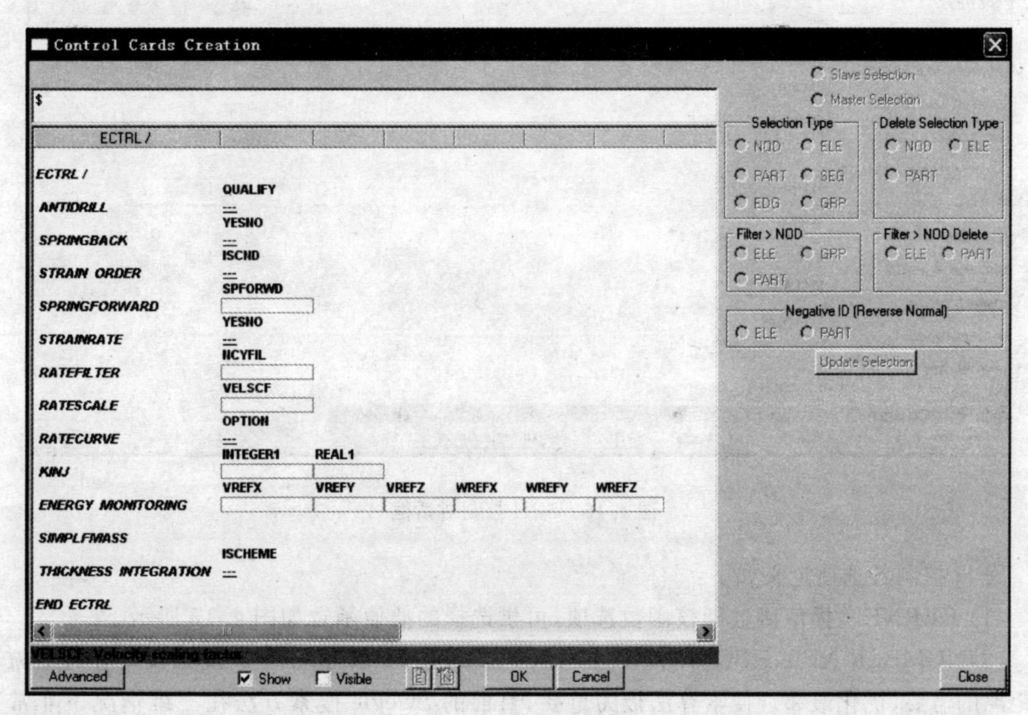

图 4.15　单元控制窗口

单元控制各选项定义如下：

(1) ANTIDRILL：壳的 ANTIDRILL 投影；

(2) SPRINGBACK:是否激活回弹选项;

(3) STRAIN ORDER:应变矩阵计算中是否包含 2 阶项;

(4) SPRINGFORWARD:前弹系数;

(5) STRAINRATE:是否激活应变率过滤;

(6) RATEFILTER:循环中的应变率过滤间隔;

(7) RATECALE:速度比例因子;

(8) RATECURVE:应变率曲线插值;

(9) ENERGY MONITORING:能量监测;

(10) THINKNESS INTEGRATION:壳厚度方向积分方法选项。

4.6 SPH 控制

在树结构菜单 Pam Controls 中右键单击 SPCTRL,在弹出的下拉菜单中单击 Edit,弹出 SPH 控制对话框,如图 4.16 所示。

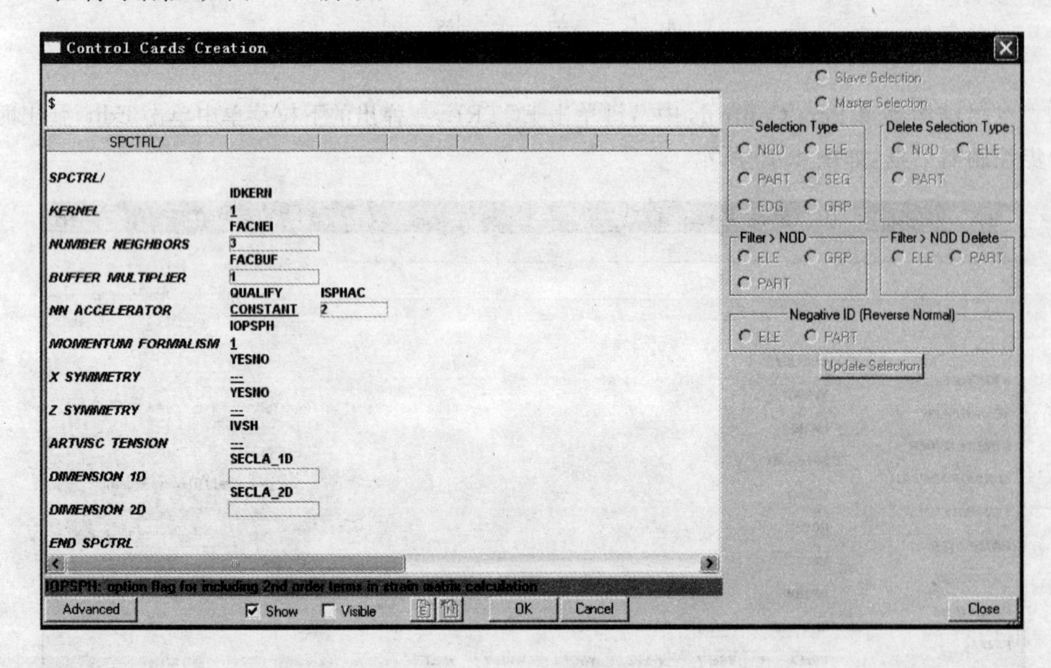

图 4.16 SPH 控制对话框

SPH 控制各选项定义如下:

(1) KERNEL:插值函数即核函数选项,可供选择的插值函数如图 4.17 所示。

(2)NUMBER NEIGHBORS 和 BUFFER MULTIPLIER:由于不断搜索及计算每对粒子间距离的需要,优化最邻近搜索算法极为重要,目前的 Swegle 搜索方法在三维情况下非常有效,搜索距离由光滑长度自动决定。由于邻近粒子的数量在仿真过程中是一个变量,而求解每个粒子所需求的内存量并不知道,那么所需要的总内存量可以由每个粒子的平均粒子数量乘以一个默认的因子 FACNEI,BUFFER MULTIPLIER 也可以设置同样的因子 FACBUF。

```
0 : W4 B-spline of IDKERN=1
1 : W4 B-spline
2 : Q-Guassian
3 : Quartic
4 : Quadratic
5 : Cubic
6 : Quartic Spline (extented range)
```

图 4.17 可供选择的插值函数及编号

(3)NN ACCELERATOR：在 SPH 算法的大多数应用中发现，不必在每一个循环中进行邻域更新，邻域搜索加速器 ISPHAC 以用户选择的频率实施这一操作，这里用户选择的频率不一定是常数。

(4)SYMMETRY：对称选项。

(5)ARTVISC TENSION：粒子人工黏性选项。

(6)DIMENSION：对于非三维问题，用户必须设置它的横向尺寸到实际值，例如，对于由粒子形成的二维问题，SPH 粒子由厚度为 1.25 的实体网格单元转化而来，那么用户必须在横向长度参数 SECLA 中给出值 1.25，如果用户没有给出 1.25 这一值，程序默认 SECLA 的值为 1，此时光滑长度将会出错。

第5章 PAM-CRASH关键字文件

5.1 概 述

本章介绍PAM-CRASH计算程序的数据输入文件——关键字文件的格式及其组织结构。从本质上讲,无论采用何种前处理程序建立模型,在递交PAM-CRASH程序进行求解时,都是形成一个格式统一的关键字文件,所以学会关键字文件才算是真正意义上学通了PAM-CRASH程序。

在Visual-Environment中经过前处理建立计算模型,将计算模型输出形成一个模型数据文件——pc文件,这一文件被称为关键字文件,它是PAM-CRASH计算程序的输入数据文件。该文件是一个ASCII格式的文本文件,其中包含所要分析问题的全部信息,如节点、单元、材料、接触、边界条件、速度等。

掌握一些常用的PAM-CRASH的关键字文件,有助于用户更加高效地使用PAM-CRASH求解程序的强大功能,用户可以通过直接修改PAM-CRASH关键字文件实现对模型进行局部修正,从而避免大量改动或者重新建立模型,然后再提交PAM-CRASH求解程序进行分析。

5.2 关键字文件的格式

PAM-CRASH的关键字文件的格式为“关键字+参数”,关键字文件的后缀为“. pc”。本书中如无特殊说明,“关键字文件”与“pc文件”的含义完全相同。

无论采用何种前处理程序,其输出给PAM-CRASH计算程序的关键字文件都具有完全相同的格式及组织关系。关键字文件的一般格式为:

(1)一系列关键字段组织在一起形成关键字文件,关键字段必须正确无误。

(2)每一个关键字段后一般紧跟一个数据块,构成一个数据组,也称数据卡,每个数据组有其特定的输入。

(3)同一个关键字段可包含多个数据行。

(4)每一个数据行中数据的输入可采用标准格式,也可以采用自由格式,即输入的参数之间用逗号隔开。

(5)在关键字文件中的任意位置可以插入以“$”号或者“#”号开始的注释行。

(6)关键字文件中的参数数据段到下一个关键字段的开始为结束,所以文件中不可以随意添加空格行,否则系统会给出错误提示。

在Visual-Environment中经过前处理建立计算模型,将计算模型输出形成关键字文件,可以使用文本编辑器软件UltraEdit打开该关键字文件,并进行相应的查看、编辑、修改工作。

PAM-CRASH 的关键字段虽然很多，但不是所有的关键字段都经常使用，对于一些在特殊动态冲击问题中使用的关键字段，本书将结合工程实例在后面的相关章节中陆续进行介绍，读者可以结合具体的应用问题学习感兴趣的内容。

5.3　关键字文件举例

为了让读者对 PAM-CRASH 的关键字文件格式及组织关系有一个全面的认识，下面给出一个关键字文件的实例，同时在其中添加了一系列中文注解。

实例如图 5.1 所示，1.8kg 的鸟弹以 70m/s 的速度撞击 10mm 厚的铝板，铝板用夹具固定，夹具用 8 个力传感器与基础连接。在 Visual-Environment 中建立此问题的计算模型，包括鸟弹模型、平板模型、夹具模型和力传感器模型。鸟弹采用 8 节点实体单元划分网格，平板采用 4 节点四边形壳单元划分网格，夹具采用 8 节点实体单元划分网格，采用弹簧阻尼单元模拟力传感器。定义鸟弹与平板之间为点面接触，平板与夹具之间模拟为黏接接触，将 8 个弹簧自由端三向位移全部固定，此为边界条件。

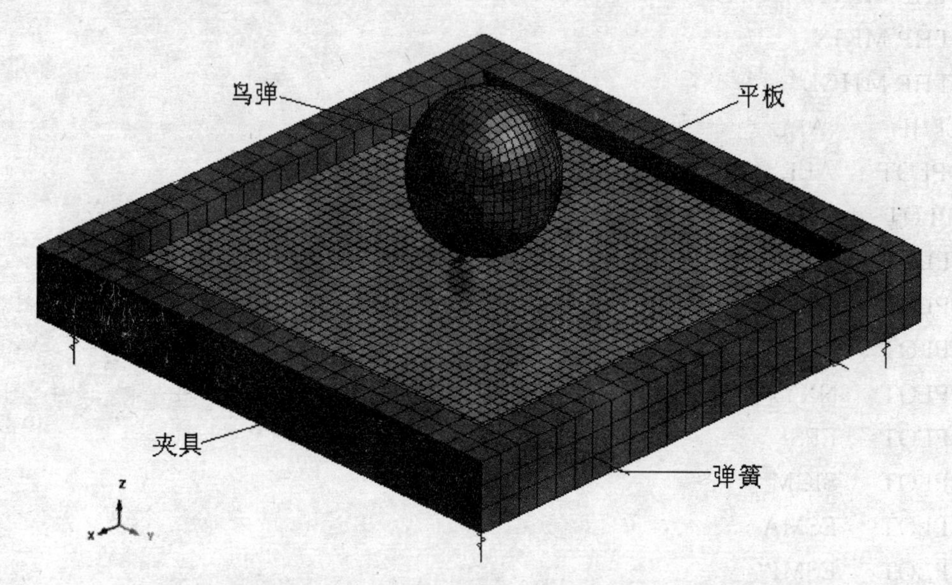

图 5.1　鸟撞平板有限元模型

下面列出了该实例的关键字文件及主要控制参数的解释。

```
$$$$$$$$$$$$$$$$$$$$$$$$$$$$$$$$$$$$$$$$$$$$$$$$$$$$$$$$$$$$$$$$$$$$$
$$                              求解控制                            $$
$$$$$$$$$$$$$$$$$$$$$$$$$$$$$$$$$$$$$$$$$$$$$$$$$$$$$$$$$$$$$$$$$$$$$
INPUTVERSION 2006
#  输入版本设置为 2006 版。
ANALYSIS EXPLICIT
#  分析方式设置为显式分析。
```

```
SOLVER    CRASH
```

求解类型设置为 CRASH。

```
UNIT        M       KG        S    KELVIN
```

求解单位设置为国际单位制。

```
TITLE /   birdimpact
```

求解标题设置为 birdimpact。

```
OCTRL /
 THPOUTPUT INTERVAL    0.0001
 DSYOUTPUT INTERVAL    0.0001
 RSTOUTPUT     CYCLE      9999
 TOTAL_STRAIN INCREMENTAL
 PREFILTER    YES    ALL    ALL    ALL    ALL    ALL    ALL    ALL
 GLBTHP   ALL
 GLBTHP MINT
 GLBTHP MKIN
 GLBTHP MHGL
 SHLTHP        ALL
 NODPLOT     ALL
 SOLPLOT     ALL
 SHLPLOT     MXYZ
 SHLPLOT     EPMX
 SHLPLOT     EPMI
 SHLPLOT     NXYZ
 SHLPLOT     EPSI
 SHLPLOT     SIGM
 SHLPLOT     ESMA
 SHLPLOT     ESMI
 SHLPLOT     EPME
 SHLPLOT     ESME
 SPHPLOT        ALL
 MPPOUTPUT      MERGE    REMOVE
END_OCTRL
```

输出控制设置，具体关键字段的含义读者可以参考第 4 章求解控制设置的详细介绍。

```
RUNEND/
 TIME    0.005
END_RUNEND
```

求解时间设置为 0.005 秒。

```
ECTRL /
END_ECTRL
```

单元控制设置。

```
TCTRL /
END_TCTRL
```

时间步控制设置。

```
$$$$$$$$$$$$$$$$$$$$$$$$$$$$$$$$$$$$$$$$$$$$$$$$$$$$$$$$$$$$$$$$$$$$$$$$$$$$$$$$
$$                              节点数据                                     $$
$$$$$$$$$$$$$$$$$$$$$$$$$$$$$$$$$$$$$$$$$$$$$$$$$$$$$$$$$$$$$$$$$$$$$$$$$$$$$$$$
$$      NODEID          XCOORD          YCOORD          ZCOORD
NODE   /      1              0.        -0.0525           0.075
NODE   /      2              0.        -0.04375          0.075
NODE   /      3              0.        -0.035            0.075
 ...        ...             ...           ...              ...
NODE   /  26412         -0.275           0.275          -0.125
NODE   /  26413         -0.275          -0.275          -0.125
NODE   /  26414          0.275          -0.275          -0.125
```

定义有限元模型的节点编号和坐标，NODE ID 表示节点的编号，可以看出该有限元模型共有 26414 个节点，XCOORD、YCOORD、ZCOORD 分别表示节点的 X 坐标、Y 坐标、Z 坐标。

```
$$$$$$$$$$$$$$$$$$$$$$$$$$$$$$$$$$$$$$$$$$$$$$$$$$$$$$$$$$$$$$$$$$$$$$$$$$$$$$$$
$$                              单元数据                                     $$
$$$$$$$$$$$$$$$$$$$$$$$$$$$$$$$$$$$$$$$$$$$$$$$$$$$$$$$$$$$$$$$$$$$$$$$$$$$$$$$$
$$          M   IPART     N1      N2      N3      N4     NINT    h
SHELL /     1      2   22686   22688   22878   22877       1    0.
SHELL /     2      2   22688   22689   22925   22878       1    0.
SHELL /     3      2   22689   22690   22972   22925       1    0.
 ...      ...    ...     ...     ...     ...     ...     ...   ...
SHELL /  2302      2   24992   25039   22785   22786       1    0.
SHELL /  2303      2   25039   25086   22784   22785       1    0.
SHELL /  2304      2   25086   22782   22735   22784       1    0.
$ $         M   IPART   BLANK   BLANK   BLANK
SOLID /  2305      1
$ $     BLANK     N1      N2      N3      N4      N5      N6      N7      N8
                   1       2       9       8      50      51      58      57
SOLID /  2306      1
                   2       3      10       9      51      52      59      58
```

```
SOLID /     2307      1
                      3      4     11     10     52     53     60     59
...         ...       ...    ...   ...    ...    ...    ...    ...    ...
SOLID /     6000      1
                   4169   4114   4048   4047   4194   4144   4084   4083
SOLID /     15129     3
                  25772  25795  25770  25727  26277  26301  26302  25254
...         ...       ...    ...   ...    ...    ...    ...    ...    ...
SOLID /     15656     3
                  25274  25273  25295  25314  25725  25087  25796  25724
$ $            M  IPART     N1      N2      M1      M2
SPRING/     15657     5  25960   26407   26407   25961
...         ...      ...    ...     ...     ...     ...
SPRING/     15664     5  25444   26412   26412   25445
```

定义有限元模型的单元编号、所属部件、单元节点及其他属性，M 表示单元编号，IPART 表示单元所属的部件编号，N1 等表示单元的节点编号，NINT 表示单元的积分点，h 表示壳单元的厚度。由上述单元数据可以看出该有限元模型有壳单元和实体单元及弹簧单元，其中实体单元中一部分属于部件 1 而另一部分属于部件 3，这是因为实例中的鸟弹和夹具均用实体单元划分网格，所以要将鸟弹的实体单元和夹具的实体单元用两个部件区分开。

```
$$$$$$$$$$$$$$$$$$$$$$$$$$$$$$$$$$$$$$$$$$$$$$$$$$$$$$$$$$$$$$$$$$$$$$$$$
$$                                   部件数据                           $$
$$$$$$$$$$$$$$$$$$$$$$$$$$$$$$$$$$$$$$$$$$$$$$$$$$$$$$$$$$$$$$$$$$$$$$$$$
$ $      IDPART    ATYPE     IMAT
PART    /     1    SOLID        1
NAME bird

$ $    TCONT     EPSINI



END_PART
PART    /          2    SHELL       2
NAME plate
$ $   DTELIM

$ $    TCONT     EPSINI
   0.004
```

```
$$        h NINT
    0.01     4

END_PART
PART   /         3   SOLID        3
NAME kuang
$$     TCONT     EPSINI
     0.


END_PART
PART   /         4     TIED        4
NAME tied

$$     TCONT     EPSINI

$$     RDIST                                                    BLANK     INEXT
    0.001                                                                  0
END_PART
PART   /         5   SPRING        5
NAME spring

$$     TCONT     EPSINI


END_PART
```

＃ 定义有限元模型的部件,IDPART 表示部件编号,ATYPE 表示该部件的单元类型,IMAT 表示该部件的材料模型 ID 编号。该实例有限元模型共有 5 个部件。第 1 个部件为鸟弹 bird,单元类型为实体单元,材料模型 ID 编号为 1,TCONT 表示接触厚度(适用于接触类型 33,34,36),EPSINI 表示初始等效塑性应变。第 2 个部件为平板 plate,单元类型为壳单元,材料模型 ID 编号为 2,DTELIM 表示单元删除的时间步,TCONT 表示接触厚度,值为 0.01,NINT 表示沿厚度方向的积分点个数,这里取 4 个积分点。第 3 个部件为夹具 kuang,单元类型为实体单元,材料模型 ID 编号为 3,TCONT 表示接触厚度,EPSINI 表示初始等效塑性应变。第 4 个部件为粘接 tied,单元类型为粘接单元,材料模型 ID 编号为 4,RDIST 表示连接搜索距离,值为 0.001,INEXT 正交各向异性选项卡片。第 5 个部件为弹簧 spring,单元类型为弹簧单元,材料模型 ID 编号为 5。本部件的定义中,设定部件和材料的 ID 编号一致,这样不至于引起混乱。

$$

$$ 材料模型数据 $$

$$

```
$---5---10----5---20----5---30----5---40----5---50----5---60----5---70----5---80
$#         IDMAT   MATYP               RHO    NINT    ISHG  ISTRAT  IFROZ
MATER /       1      16             900.       0       0       0      0
$# BLANK AUXVAR1 AUXVAR2                                   QVM THERMAL
              0       0                                     1.      0
$#                                                                     TITLE
NAME birdmat
$#       G  SIGMA_Y        Et     BLANK     BLANK     BLANK   STRAT1   STRAT2
 10000000.    7e+006   100000.                                    0.       0.
$#       K
    1E+009

$#EPSLNMAX    EPSLNi    EPSLN1        d1    EPSLNU        du      ZHI       fO
       1.        0.        0.        0.        0.        0.      0.1       0.
$#  STRAT3    STRAT4    STRAT5    STRAT6        Q1        Q2       Q3
       0.        0.        0.        0.       1.2      0.06      0.1

$---5---10----5---20----5---30----5---40----5---50----5---60----5---70----5---80
$#         IDMAT   MATYP               RHO    NINT    ISHG  ISTRAT  IFROZ
MATER /       2     105            2700.       0       0       0      0
$# BLANK AUXVAR1 AUXVAR2 AUXVAR3 AUXVAR4 AUXVAR5 AUXVAR6   QVM THERMAL
              0       0       0       0       0       0     1.      0
$#                                                                     TITLE
NAME platemat
$#       E  SIGMA_Y       NUE     BLANK       HGM       HGW      HGQ       As
  6.2E+010CURVE            0.3
$#     LC1       LC2       LC3       LC4       LC5       LC6      LC7      LC8
         4         5         6         7         8         9        0        0
$#  EPSLN1    EPSLN2    EPSLN3    EPSLN4    EPSLN5    EPSLN6   EPSLN7   EPSLN8
        0.     0.001      0.01       0.1     2000.     7000.       0.       0.
$#REL_THIN    STRAT1    STRAT2    EPSLNi    EPSLN1        d1   EPSLNU       dU
                  0.        0.        0.        0.        0.       0.       0.
$#   EpMax  elimFLAG    STRAT3    STRAT4    STRAT5    STRAT6      ZHI       fo
      0.17         1        0.        0.        0.        0.       0.       0.
$# GRUC_KW  GRUC_VAL  REL_THIC                                             BLANK

$---5---10----5---20----5---30----5---40----5---50----5---60----5---70----5---80
$#         IDMAT   MATYP               RHO    NINT    ISHG  ISTRAT  IFROZ
MATER /       3       1            7850.       0       0       0      0
$# BLANK AUXVAR1                                           QVM THERMAL
              0                                             1.      0
$#                                                                     TITLE
NAME kuangmat
$#       G  SIGMA_Y        Et     BLANK     BLANK     BLANK   STRAT1   STRAT2
 8.07E+010    1e+040  2.1E+011                                    0.       0.
$#       K
 1.75E+011

$#                                          BLANK      ZHI       fo
                                                        0.1       0.
$#  STRAT3    STRAT4    STRAT5    STRAT6        Q1        Q2       Q3
       0.        0.        0.        0.       1.2      0.06      0.1

$---5---10----5---20----5---30----5---40----5---50----5---60----5---70----5---80
$#         IDMAT   MATYP               RHO                  ISTRAT  IFROZ
MATER /       4     301            7850.                         0      0
$# BLANK AUXVAR1 AUXVAR2 AUXVAR3 AUXVAR4 AUXVAR5 AUXVAR6   QVM THERMAL
              0       0       0       0       0       0     1.      0
$#                                                                     TITLE
NAME tiedmat
$#   SDMP1    SLFACM     FSNVL    DELTNL   IDEABEN
       0.2       0.1                             0
$#   I3DOF     ITENS     IDRUP
         0         0         0
```

```
$---5---10----5---20----5---30----5---40----5---50----5---60----5---70----5---80
$#        IDMAT   MATYP                RHO                      ISTRAT   IFROZ
MATER /       5     220              7850.                           0       0
$# BLANK AUXVAR1 AUXVAR2 AUXVAR3 AUXVAR4 AUXVAR5 AUXVAR6      QVM THERMAL
              0       0       0       0       0       0       1.       0
$#                                                                       TITLE
NAME springmat
$#  NLOADR        FTLRIHYST    RUPLOWr    RUPUPPr                        WDAMPr
         1           1.    1     -0.1        0.1                             0.
$#  NUNLDR        FTUR         mr      NDAMPR       FTDR      SLOPER DELr_elas
         2           1.        50.          0          1.     1E+012       0.1
$#  NLOADS        FTLSIHYST    RUPLOWs    RUPUPPs                        WDAMPs
         0           1.    1
$#  NUNLDS        FTUS         ms      NDAMPS       FTDS      SLOPES DELs_elas
         0           1.        0.           0          1.         0.        0.
$#  NLOADT        FTLTIHYST    RUPLOWt    RUPUPPt                        WDAMPt
         0           1.    1
$#  NUNLDT        FTUT         mt      NDAMPT       FTDT      SLOPET DELt_elas
         0           1.        0.           0          1.         0.        0.
$#  MLOADR        FMLRIHYST   RUPLOWrr   RUPUPPrr                       WDAMPrr
         0           1.    1
$#  MUNLDR        FMUR         Ir      MDAMPR       FMDR      SLOPETHETAr_elas
         0           1.        0.           0          1.         0.        0.
$#  MLOADS        FMLSIHYST   RUPLOWsr   RUPUPPsr                       WDAMPsr
         0           1.    1
$#  MUNLDS        FMUS         Is      MDAMPS       FMDS      SLOPETHETAs_elas
         0           1.        0.           0          1.         0.        0.
$#  MLOADT        FMLTIHYST   RUPLOWtr   RUPUPPtr                       WDAMPtr
         0           1.    1
$#  MUNLDT        FMUT         It      MDAMPT       FMDT      SLOPETHETAt_elas
         0           1.        0.           0          1.         0.        0.
```

定义不同单元的材料模型，每个材料模型定义的具体参数的含义读者可参考第 3 章材料模型部分或 PAM－CRASH 帮助文档，这里不再赘述。

```
$$$$$$$$$$$$$$$$$$$$$$$$$$$$$$$$$$$$$$$$$$$$$$$$$$$$$$$$$$$$$$$$$$$$$$$$$$$$$$$$
$$                                曲线数据                                    $$
$$$$$$$$$$$$$$$$$$$$$$$$$$$$$$$$$$$$$$$$$$$$$$$$$$$$$$$$$$$$$$$$$$$$$$$$$$$$$$$$
$$          IFUN     NPTS     SCLAX     SCALY     SHIFTX    SHIFTY
FUNCT /        1        3        1.        1.        0.        0.
NAME NewCurve_1
$$                             X                  Y
                          -1E-006            -10000.
                               0.                 0.
                           1E-006             10000.
$$          IFUN     NPTS     SCLAX     SCALY     SHIFTX    SHIFTY
FUNCT /        2        3        1.        1.        0.        0.
NAME NewCurve_2
$$                             X                  Y
                          -1E-006            -10000.
                               0.                 0.
                           1E-006             10000.
$$          IFUN     NPTS     SCLAX     SCALY     SHIFTX    SHIFTY
FUNCT /        4       11        1.        1.        0.        0.
NAME NewCurve_4
```

```
$$                          X              Y
                            0.             327000000.
                            0.025          403500000.
                            0.075          478100000.
                            0.125          524400000.
                            0.175          556800000.
                            0.225          580000000.
                            0.275          595100000.
                            0.325          602700000.
                            0.375          612400000.
                            0.425          618300000.
                            0.475          622100000.
$$          IFUN    NPTS    SCLAX     SCALY   SHIFTX    SHIFTY
FUNCT /        5      11       1.        1.       0.        0.
NAME NewCurve_5
$$                          X              Y
                            0.             400800000.
                            0.025          461600000.
                            0.075          535600000.
                            0.125          585700000.
                            0.175          622500000.
                            0.225          648700000.
                            0.275          670200000.
                            0.325          685500000.
                            0.375          700700000.
                            0.425          716000000.
                            0.475          692100000.
$$          IFUN    NPTS    SCLAX     SCALY   SHIFTX    SHIFTY
FUNCT /        6      11    1.          1.      0.        0.
NAME NewCurve_6
$$                          X              Y
                            0.             389200000.
                            0.025          446800000.
                            0.075          527100000.
                            0.125          577700000.
                            0.175          616600000.
                            0.225          644400000.
                            0.275          662600000.
                            0.325          678700000.
```

```
                  0.375      694900000.
                  0.425      708500000.
                  0.475      722700000.
$$       IFUN    NPTS   SCLAX   SCALY  SHIFTX  SHIFTY
FUNCT /     7      11      1.      1.      0.      0.
NAME NewCurve_7
$$                          X             Y
                    0.       395700000.
                  0.025      446800000.
                  0.075      529100000.
                  0.125      577700000.
                  0.175      614500000.
                  0.225      639800000.
                  0.275      660500000.
                  0.325      676700000.
                  0.375      687800000.
                  0.425      702000000.
                  0.475      711100000.
$$       IFUN    NPTS   SCLAX   SCALY  SHIFTX  SHIFTY
FUNCT /     8      11      1.      1.      0.      0.
NAME NewCurve_8
$$                          X             Y
                    0.       390100000.
                  0.025      451500000.
                  0.075      522300000.
                  0.125      570300000.
                  0.175      601000000.
                  0.225      616200000.
                  0.275      623800000.
                  0.325      629700000.
                  0.375      629700000.
                  0.425      537900000.
                  0.475      342100000.
$$       IFUN    NPTS   SCLAX   SCALY  SHIFTX  SHIFTY
FUNCT /     9      11      1.      1.      0.      0.
NAME NewCurve_9
$$                          X             Y
                    0.       348000000.
                  0.025      453300000.
```

```
        0.075    484000000.
        0.125    537900000.
        0.175    577900000.
        0.225    591400000.
        0.275    606500000.
        0.325    612400000.
        0.375    608600000.
        0.425    604800000.
        0.475    342100000.
```

定义有限元模型中的曲线数据，IFUN 表示定义曲线的编号，NPTS 表示曲线的数据点个数，SCLAX 和 SCALY 表示 X 轴和 Y 轴的刻度，SHIFTX 和 SHIFTY 表示 X 轴和 Y 轴的位移。NewCurve_1 和 NewCurve_2 表示弹簧单元的加载曲线和卸载曲线，曲线 X 轴为位移，曲线 Y 轴为力。NewCurve_4 到 NewCurve_9 表示平板壳单元在不同应变率下的塑性应力和塑性应变关系，曲线 X 轴为塑性应变，曲线 Y 轴为塑性应力。

```
$$$$$$$$$$$$$$$$$$$$$$$$$$$$$$$$$$$$$$$$$$$$$$$$$$$$$$$$$$$$$$$$$$$$$$$$$$$$$$$$$$$$$$$$$$$$$$$
$$                          接触定义                                    $$
$$$$$$$$$$$$$$$$$$$$$$$$$$$$$$$$$$$$$$$$$$$$$$$$$$$$$$$$$$$$$$$$$$$$$$$$$$$$$$$$$$$$$$$$$$$$$$$
$$          IDCTC    NTYPE
CNTAC /         1     34
NAME CNTAC / ->1
$$    T1SL       T2SL       ISENS      hcont                  BLANK     IEDGE
          0.         0.          0     0.004                                0
$$PCP     SLFACM       FSVNLIKFOR       PENKIN
   0          0.1           0.    0          0.
$$   FRICT    IDFRIC       XDMP1
        0.         0          0.
$$EMOIERODILEAKIAC32
   0     0     0     0


        PART          1
        END
        PART          2
        END
```

定义鸟弹(PART 1)和平板(PART 2)之间的接触，接触类型(NTYPE)为 34 号接触，其中需要定义的接触参数有接触厚度和界面罚函数因子，这里定义接触厚度为 hcont＝0.004，界面罚函数因子 SLFACM＝0.1(一般 SLFACM 在 0.01 到 10 之间)。

```
$$$$$$$$$$$$$$$$$$$$$$$$$$$$$$$$$$$$$$$$$$$$$$$$$$$$$$$$$$$$$$$$$$$$$$$$$$$$$$$$$$$$$$$$$$$$$$$
$$                          粘接定义                                    $$
```

```
$$$$$$$$$$$$$$$$$$$$$$$$$$$$$$$$$$$$$$$$$$$$$$$$$$$$$$$$$$$$$$$$$$$$$$$$$$$$$$$$$$$$$
$$          IDTIED    IPART
TIED  /        1         4
NAME tied
        PART          2
        END
        PART          3
        END
```

定义平板(PART 2)和夹具(PART 3)之间的粘接,IPART 表示粘接的部件编号。实际试验中平板和夹具采用螺栓连接,由于计算中不考虑螺栓的失效,所以为简化计算,将螺栓连接简化为粘接。

```
$$$$$$$$$$$$$$$$$$$$$$$$$$$$$$$$$$$$$$$$$$$$$$$$$$$$$$$$$$$$$$$$$$$$$$$$$$$$$$$$$$$$$
$$                              初速度定义                                          $$
$$$$$$$$$$$$$$$$$$$$$$$$$$$$$$$$$$$$$$$$$$$$$$$$$$$$$$$$$$$$$$$$$$$$$$$$$$$$$$$$$$$$$
$$        NODE   VELX0    VELY0    VELZ0                              VANGX0
VANGY0    VANGZ0     IFRAM
INVEL /       0        0.        0.   -74.61       0.        0.        0.        0
NAME birdspeed
        PART          1
        END
```

定义鸟弹的初速度,沿 Z 轴负方向的速度为 74.61m/s,其他方向的速度及角速度均为 0。

```
$$$$$$$$$$$$$$$$$$$$$$$$$$$$$$$$$$$$$$$$$$$$$$$$$$$$$$$$$$$$$$$$$$$$$$$$$$$$$$$$$$$$$
$$                              边界条件定义                                        $$
$$$$$$$$$$$$$$$$$$$$$$$$$$$$$$$$$$$$$$$$$$$$$$$$$$$$$$$$$$$$$$$$$$$$$$$$$$$$$$$$$$$$$
$$          NODE   XYZUVW     IFRAM    ISENS
BOUNC /        0    111111          0        0
NAME fixed
        NOD     26407    26408    26409    26410    26411    26412
        NOD     26413    26414
        END
```

本例中的 8 个力传感器采用 8 个弹簧单元模拟,力传感器的一端与基础相连接,相当于固定,那么分析计算时考虑弹簧单元的约束时应该将弹簧单元的末端节点全部固定。XYZUVW 表示节点的 6 个自由度,这里全部设置为 1 表示全部自由度固定,后面的 8 个节点表示 8 个弹簧单元的末端节点。

```
$$$$$$$$$$$$$$$$$$$$$$$$$$$$$$$$$$$$$$$$$$$$$$$$$$$$$$$$$$$$$$$$$$$$$$$$$$$$$$$$$$$$$
$$                              输出定义                                            $$
$$$$$$$$$$$$$$$$$$$$$$$$$$$$$$$$$$$$$$$$$$$$$$$$$$$$$$$$$$$$$$$$$$$$$$$$$$$$$$$$$$$$$
THNOD /        0
NAME THNOD / ->1
```

```
NOD     23852   24070   24218   24261   24276   24395
NOD     24595
END
```

定义感兴趣的节点的时间历程输出。

```
$$$$$$$$$$$$$$$$$$$$$$$$$$$$$$$$$$$$$$$$$$$$$$$$$$$$$$$$$$$$$$$$$$$$$$$$$$$$$$$$
$$                              END OF DATA                                   $$
$$$$$$$$$$$$$$$$$$$$$$$$$$$$$$$$$$$$$$$$$$$$$$$$$$$$$$$$$$$$$$$$$$$$$$$$$$$$$$$$
```

第 6 章　Visual-Environment 3.0

6.1　概　　述

PAM-CRASH 软件包含两个主要部分。其一是 Visual-Environment 软件包，是一套高效的 CAE 进程自动化软件，例如其中的 VISUAL-MESH 用于建立有限元网格，VISUAL-HVI 用于高速撞击问题模型的前处理，VISUAL-VIEWER 用于后处理。其二是求解器，为碰撞以及其他撞击问题提供最高级的、基于物理学的模型计算。

从数据的输入到显示，Visual-Environment 为 PAM-CRASH 用户提供了一个快速的交互式操作平台和快速的模型修改平台，这一平台能够进行快速模型显示、快速模型检查和修正并提供高级的壳编辑功能和快速的模型组装功能。其中的 Visual-Crash PAM，Visual-Safe PAM，Visual-Medysa，Visual-HVI 互不相同，主要是它们支持的求解实体不同。

Visual-Environment 是一个软件包，集成了 Visual-Mesh，Visual-Crash PAM，Visual-Safe PAM，Visual-Safe MAD，Visual-Medysa，Visual-HVI，Visual-Viewer，Visual-Process Executive's Process，Visual-Crash Dyna，Visual-Seal，Visual-Life Nastran，Visual-Crash Rad 等 12 个应用程序，这些应用程序的界面相似，但用法不同，它们针对不同的应用问题设计。针对具体的实际问题，用户可以选择自己适用的应用程序，仔细研究其操作，每个应用程序的详细操作说明可以参考 Visual-Environment 帮助文档。本章主要介绍 Visual-Environment 界面的一些特点及软件的一些基本操作，这些特点和基本操作适用于所有应用程序。

6.2　软件界面

启动 Visual-Environment 后，将在桌面上打开其工作界面窗口，如图 6.1 所示。工作界面窗口由 9 个部分组成：标题栏、主菜单、工具栏、应用程序列表、树结构菜单、PART 表、GLB 表、操作信息显示区、图形显示区。

6.2.1　应用程序列表

Visual-Environment 软件为许多不同的导入应用程序提供共同的工作环境和资源，这样可以使不同的应用程序协同工作。也就是说，用户可以在同样的工作环境下从一个应用程序转到另外一个应用程序，不同的应用程序之间保持信息的无缝交换。如图 6.2 所示为应用程序列表。

每一个导入的应用程序都有其自身的具体功能，所以当某个应用程序导入后，此应用程序在 Visual-Environment 工作环境中被激活，此时 Visual-Environment 的用户界面将改变为激活的应用程序的界面，显示相关的菜单、工具和控制等特征。

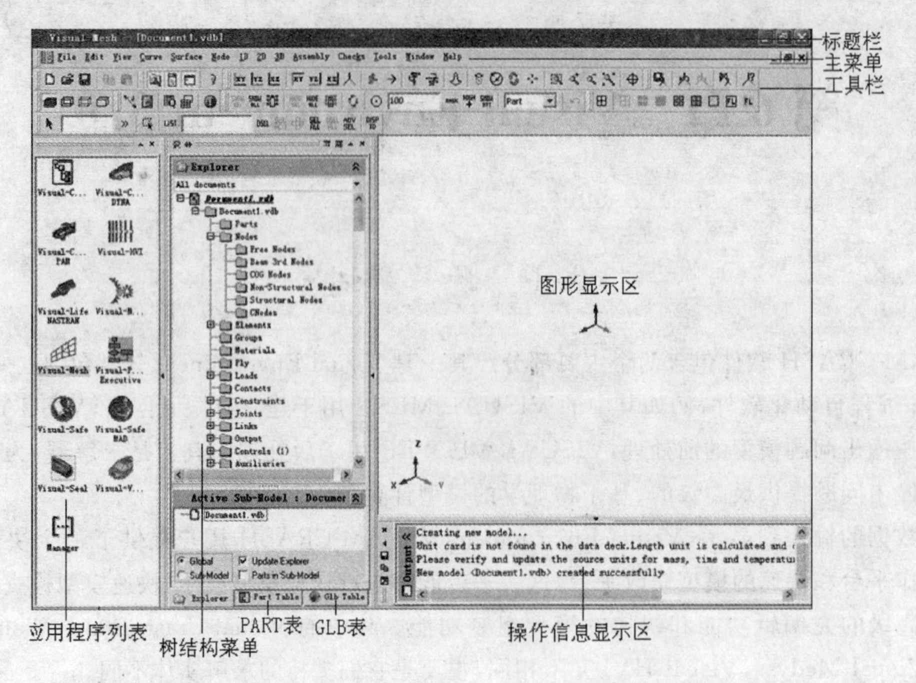

图 6.1　Visual-Environment 工作界面

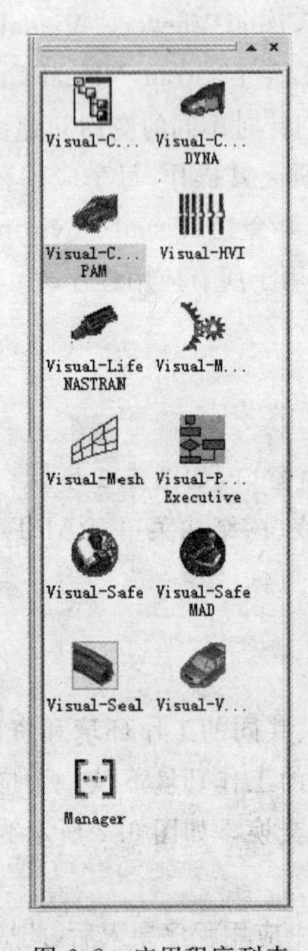

图 6.2　应用程序列表

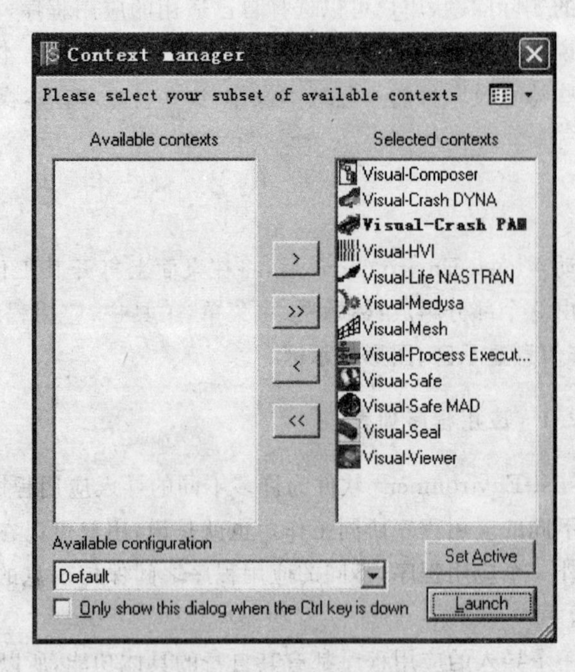

图 6.3　应用程序管理对话框

双击桌面上的 Visual-Environment 图标，会出现如图 6.3 所示的应用程序管理对话框。

在默认情况下,会选择所有的应用程序,用户可在 Available Configuration 的下拉列表中选择 Manage Configuration,弹出 Configurations 对话框。单击 NEW,输入一个新的布局名称,如图 6.4 所示。可通过双击应用程序管理对话框中的图标来选择相应的程序或通过按钮 ^ ⌃ ˇ ⌄ 选择。

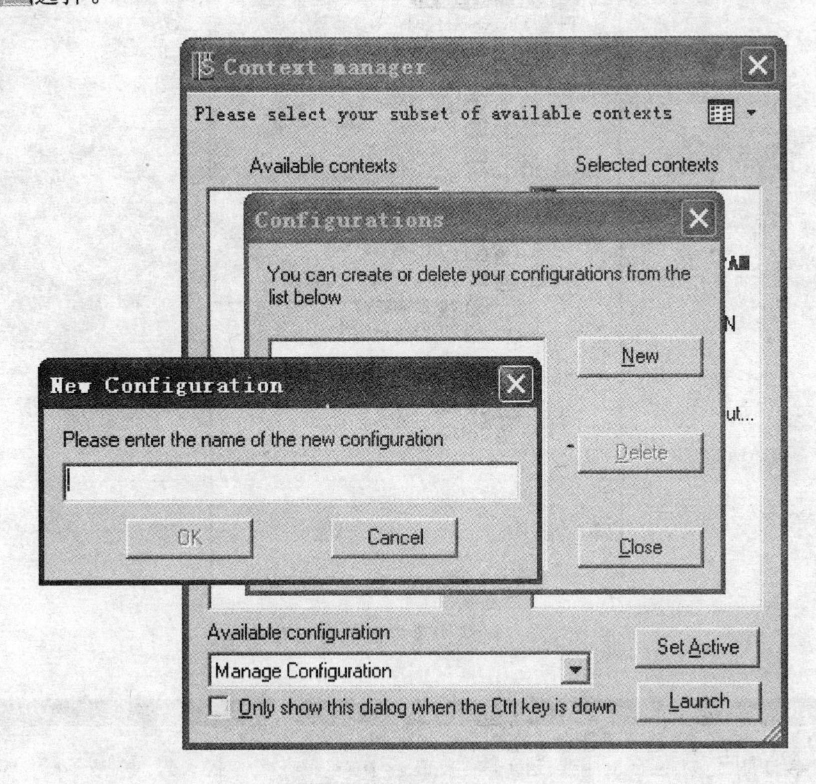

图 6.4　应用程序布局设计对话框

启动 Visual-Environment 后,可以在应用程序列表中双击需要的应用程序的图标来激活它,实现不同应用程序界面之间的切换。用户可以通过单击工具栏的按钮,控制 Visual-Environment 软件界面是否显示应用程序列表。

6.2.2　弹出菜单

在 Visual-Environment 程序界面的不同位置单击鼠标右键,可弹出不同的菜单,例如,在树结构菜单区单击鼠标右键,可弹出如图 6.5 所示的菜单。在主菜单和工具栏区单击鼠标右键,可以弹出如图 6.6 所示的菜单。在图形显示区单击鼠标右键,可以弹出如图 6.7 所示的菜单。

6.2.3　主菜单

主菜单位于 Visual-Environment 应用程序界面的上方,不同的应用程序具有不同的主菜单,如图 6.8 到图 6.10 显示了 Visual-Mesh,Visual-HVI,Visual-Viewer 的主菜单。单击主菜单上的内容可以显示所有的下拉菜单,每个下拉菜单包含一系列的选项,一些选项还会包含一系列的子选项,称这些子选项为子菜单,含有子菜单的选项其后面有标记(▶)。

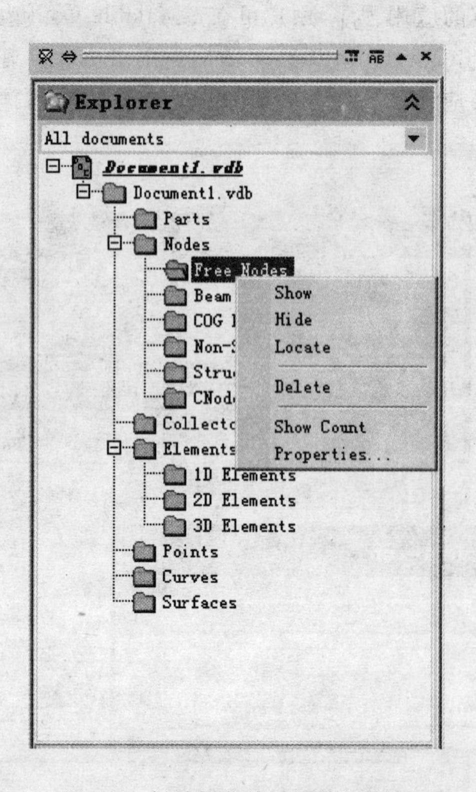

图 6.5　树结构菜单区的弹出菜单

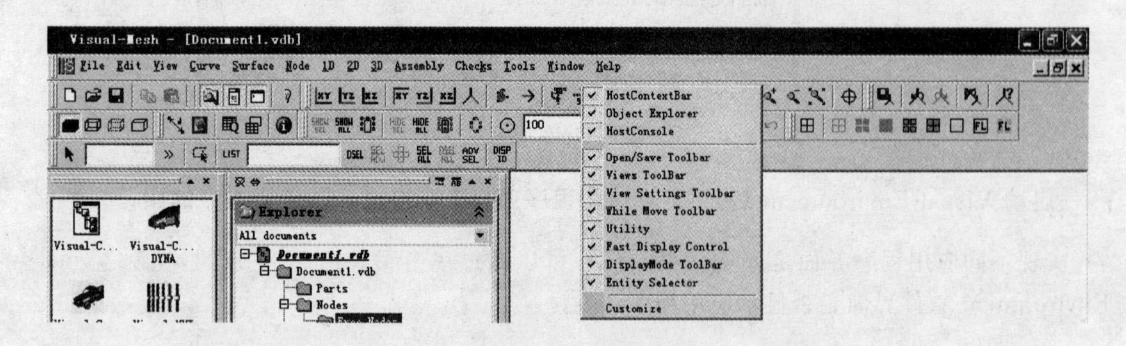

图 6.6　工具栏区的弹出菜单

6.2.4　操作信息显示区

操作信息显示区显示了当前应用程序操作的信息，如图 6.11 所示。用户可以通过单击工具栏或主菜单 VIEW 的下拉菜单里的按钮来控制是否在界面上显示操作信息显示区，操作信息显示区窗口左边的依次表示对操作信息显示区窗口进行关闭、最小化、最大化、复制、清除操作。

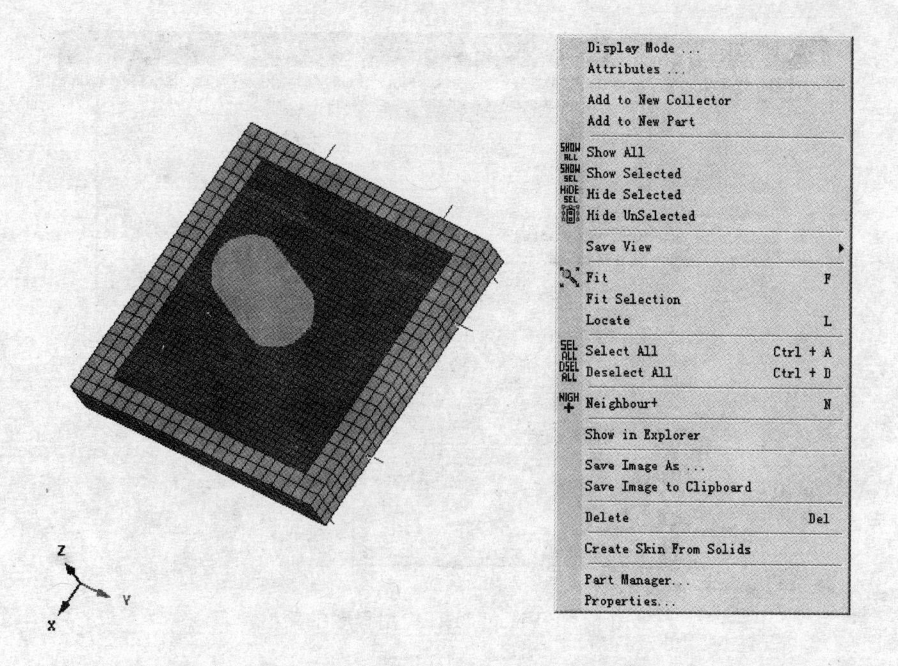

图 6.7　图形显示区的弹出菜单

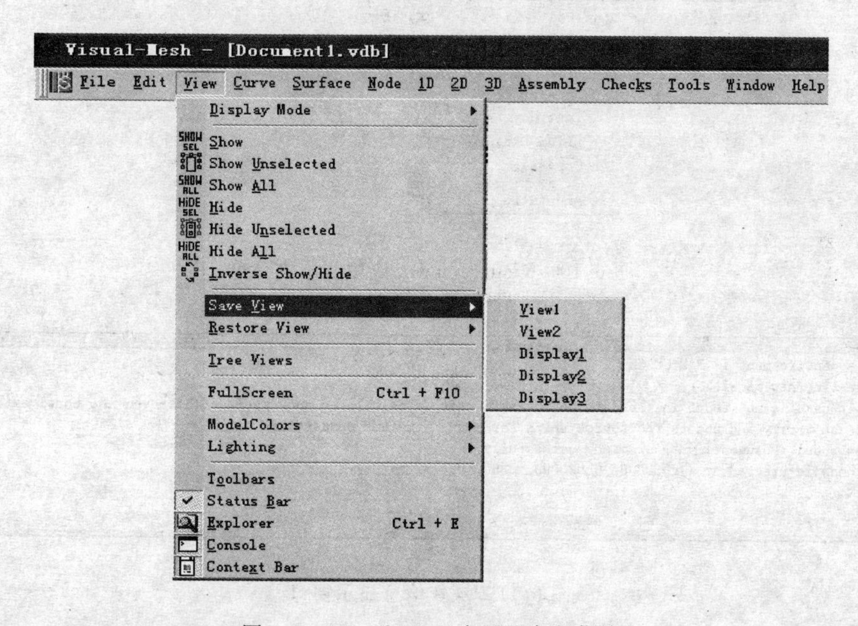

图 6.8　Visual-Mesh 应用程序主菜单

6.2.5　图形显示区

模型或部件可以在图形显示区中显示，许多模型窗口可以同时显示，但某一时刻仅有一个模型窗口处于激活状态。当模型窗口没有处于激活状态时，其标题为灰色，处于激活状态的模型窗口总是位于图形显示区的最前端，如图 6.12 所示。可以单击模型窗口的任意位置激活它，用户可以像操作其他商用软件一样对模型窗口进行最大化、最小化和关闭操作。

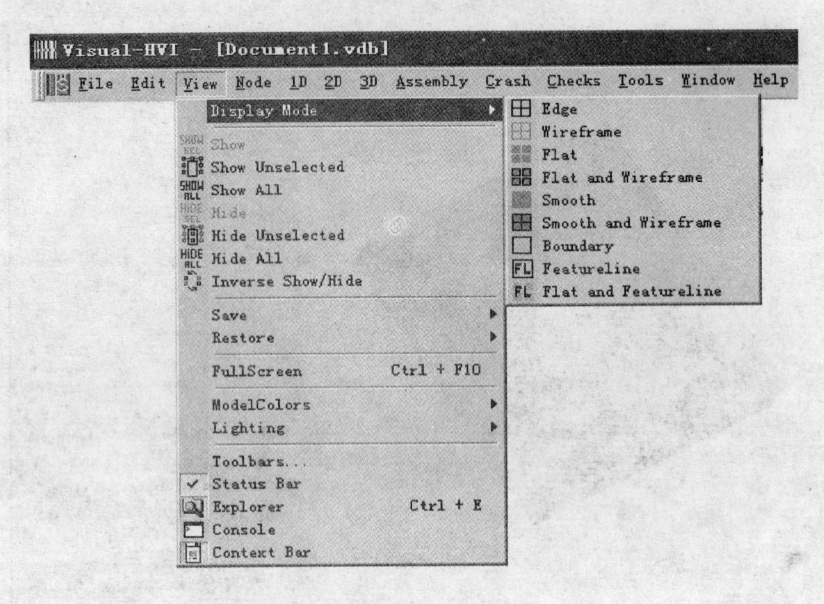

图 6.9 Visual-HVI 应用程序主菜单

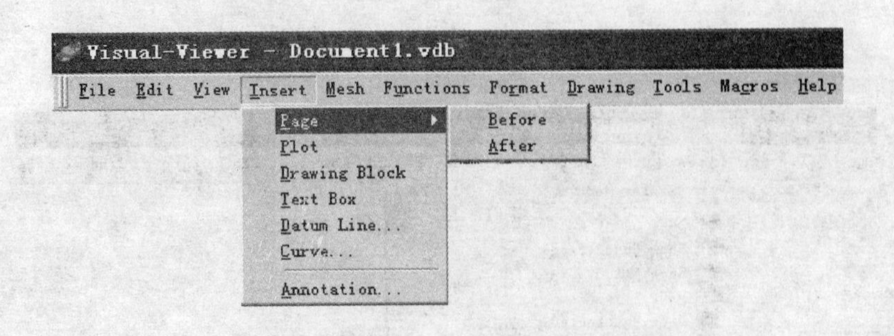

图 6.10 Visual-Viewer 应用程序主菜单

```
View environment is PAM-CRASH
Creating new model...
Unit card is not found in the data deck.Length unit is calculated and displayed based on the model extents.
Please verify and update the source units for mass, time and temperature.
New model <Document1.vdb> created successfully
A node is created at (1.000000, 0.000000, 0.000000) with ID 1
```

Output

图 6.11 操作信息显示窗口

6.2.6 鼠标操作

除了字母数字的输入以外，所有和界面的交互操作都由一个标准的两键鼠标控制，和界面的可见目标进行交互操作几乎都靠鼠标左键完成，比如单击某个功能按钮、菜单选项、单元选择和激活窗口或对话框等。鼠标左键与键盘上的某些键共同使用可以扩大鼠标左键的功能，如表 6-1 所示。

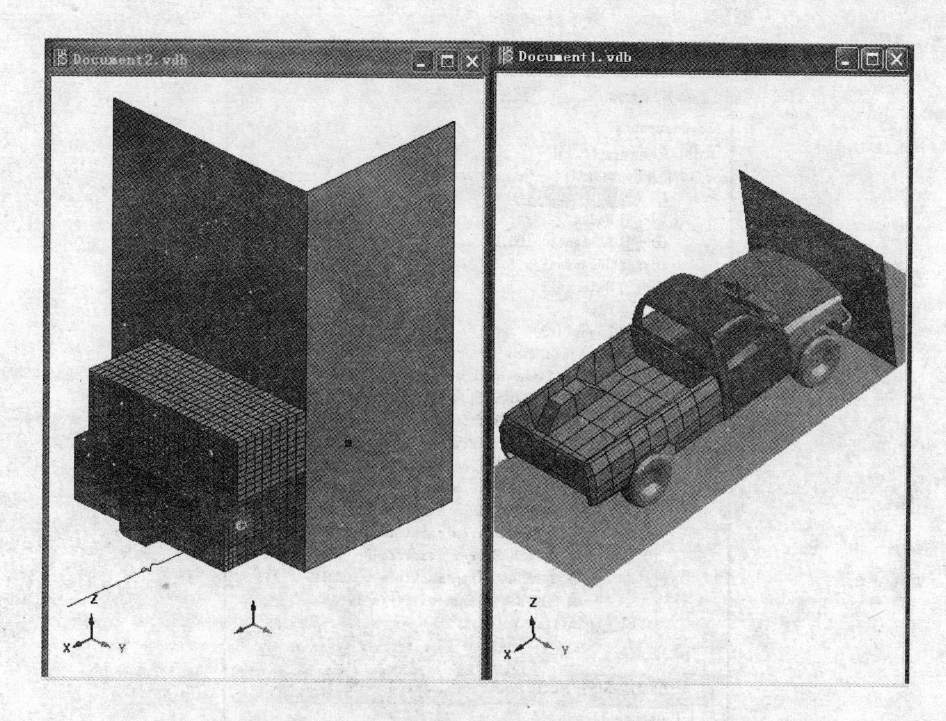

图 6.12　图形显示区中的模型显示

表 6-1　鼠标左键操作

键	功　能	用　法
d	图形显示区内模型的放大或缩小	按住＜d＞拖动鼠标左键上下移动
＜F6＞	图形显示区内 2D 模型的旋转	按住＜F6＞拖动鼠标左键转动
a	图形显示区内 3D 模型的旋转	按住＜a＞拖动鼠标左键转动
s/p	图形显示区内模型的平移	按住＜s/p＞拖动鼠标左键平移

6.2.7　树结构菜单

模型数据可以在树结构菜单中显示，它列出了所有的模型实体并显示了各种模型部件之间的枝干关系，如图 6.13 所示。对树结构菜单和图形窗口的其中一个进行操作，另一个会有相应的变化，用户可以通过单击工具栏或主菜单 VIEW 的下拉菜单里的按钮来控制是否在界面上显示树结构菜单。

6.2.8　PART 表

PART 表用来控制部件的显示，可以设置部件显示方法，例如阴影显示、线显示等。可以分配颜色和可视化显示不同部件的属性，每个部件可以显示的一些属性有厚度、材料模型、单元类型、积分点，如图 6.14 所示。部件表格下方的Show Hide按钮控制某一部件的显示与隐藏，按钮控制某一部件的显示方法，按钮控制部件的显示颜色，按钮重新设置部件显示状态、显示方法、颜色显示、属性显示。

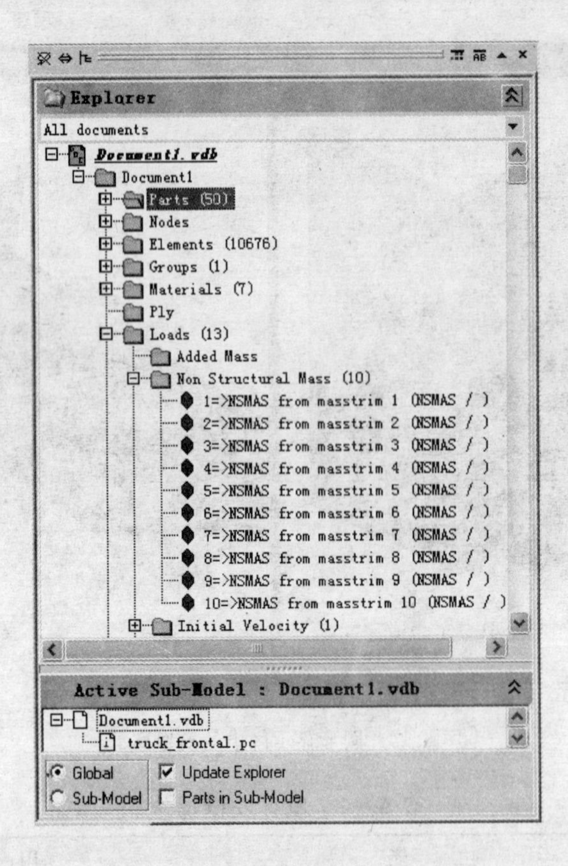

图 6.13 树结构菜单

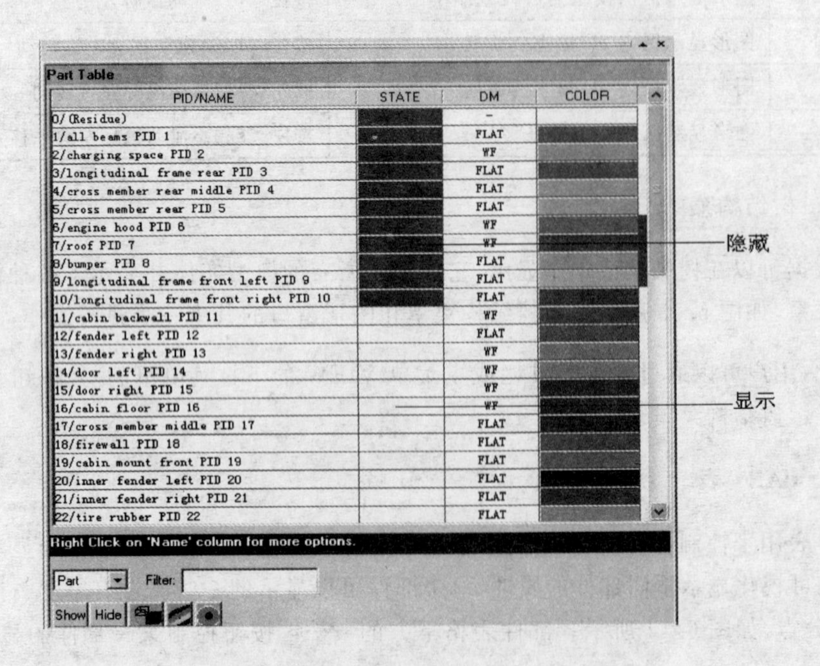

图 6.14 PART 表

图 6.14 部件表中共有 4 列。

(1)PID/NAME：右键单击 PID/NAME 列，弹出如图 6.15 所示的下拉菜单，其中各选项的含义如表 6-2 所示。

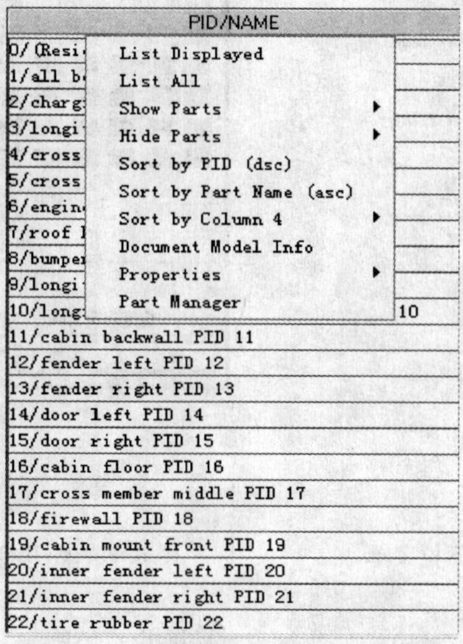

图 6.15　PID/NAME 列的下拉菜单

表 6-2　右键单击 PID/NAME 列弹出的下拉菜单的含义

选　项	含　义
List Displayed	列表显示部件
List ALL	空白表格中列表显示全部部件
Show Parts	选择显示 2D 部件、3D 部件、弹簧部件、空部件
Hide Parts	选择隐藏 2D 部件、3D 部件、弹簧部件、空部件
Sort by PID (dsc)	按部件编号的升序/降序分类显示部件
Sort by Part Name (asc)	按部件名称的升序/降序分类显示部件
Sort by Column 4	按子菜单选项对部件进行分类
Document Model Info	提供部件属性列表
Properties	部件属性
Part Manager	部件管理

(2)STATE：控制部件的显示与隐藏。

(3)DM：右键单击 DM 列，弹出如图 6.16 所示的下拉菜单控制部件的显示方法。

(4)COLOR：右键单击 COLOR 列，弹出如图 6.17 所示的下拉菜单控制部件的显示颜色。

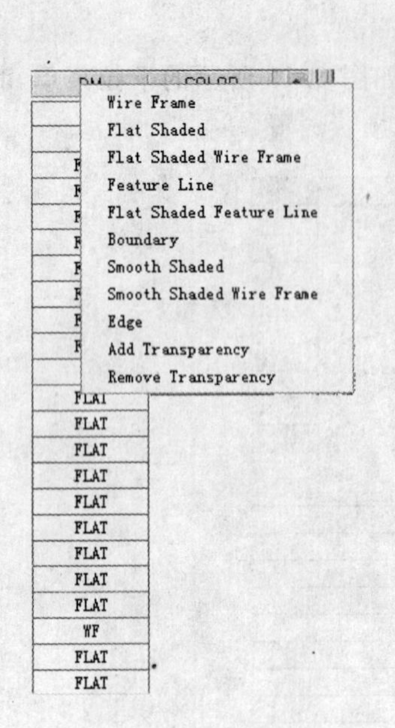

图 6.16 DM 列的下拉菜单

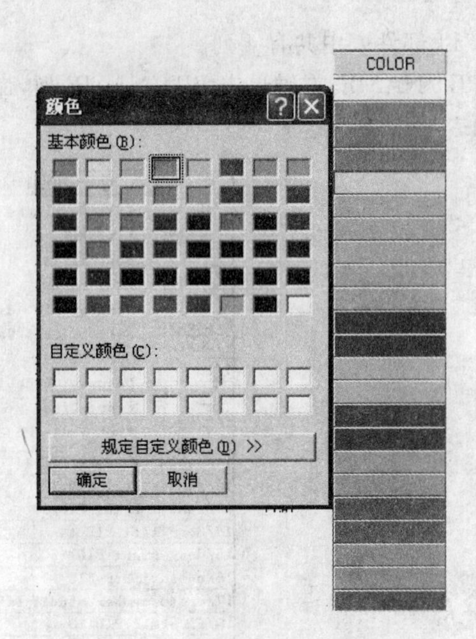

图 6.17　COLOR 列的下拉菜单

6.2.9　GLB 表

GLB 表保存实体的总体显示控制,如图 6.18 所示。单击按钮刷新 GLB 表。

Glb Table

NAME (#)	SHOW	HIDE
Element (10676)	SHOW	HIDE
2D Elements (10636)	SHOW	HIDE
Beam (40)	SHOW	HIDE
Plink (6)	SHOW	HIDE
Node (10554)	SHOW	HIDE
Structural Node (10498)	SHOW	HIDE
Non Structural Node (48)	SHOW	HIDE
Free Node (8)	SHOW	HIDE
Beam 3rd Node (1)	SHOW	HIDE
COG Node (47)	SHOW	HIDE
Groups (1)	SHOW	HIDE
Material (7)	SHOW	HIDE
Load (13)	SHOW	HIDE
Non Structural Mass (10)	SHOW	HIDE
Initial Velocity (1)	SHOW	HIDE
Pressure Face (1)	SHOW	HIDE
Bounday Condition (1)	SHOW	HIDE
Contact (3)	SHOW	HIDE
Rigid Body (47)	SHOW	HIDE
Tied (2)	SHOW	HIDE
Output (7)	SHOW	HIDE
Nodal Time Histroy (1)	SHOW	HIDE
Section Force (6)	SHOW	HIDE

Press SHOW/HIDE button in the spreadsheet to set display.

Refresh Glb

图 6.18　GLB 表

6.3 模 型 显 示

6.3.1 模型窗口管理

每一个模型窗口都有自己的标准特征，用户可以像操作其他商用应用程序软件一样对模型窗口进行最小化、最大化、关闭和拖动等操作。Visual-Environment 允许用户以相同的方式管理属于同一模型或许多不同模型的模型窗口，用户打开的模型窗口数量仅取决于计算机的硬盘容量，一个新的模型窗口被打开的同时要占用硬盘空间。若不是全屏显示模式，那么默认的情况下模型窗口是浮动的，每一个新打开的模型窗口总是显示在最前端。可以改变模型窗口的布局，如图 6.19 和图 6.20 所示。

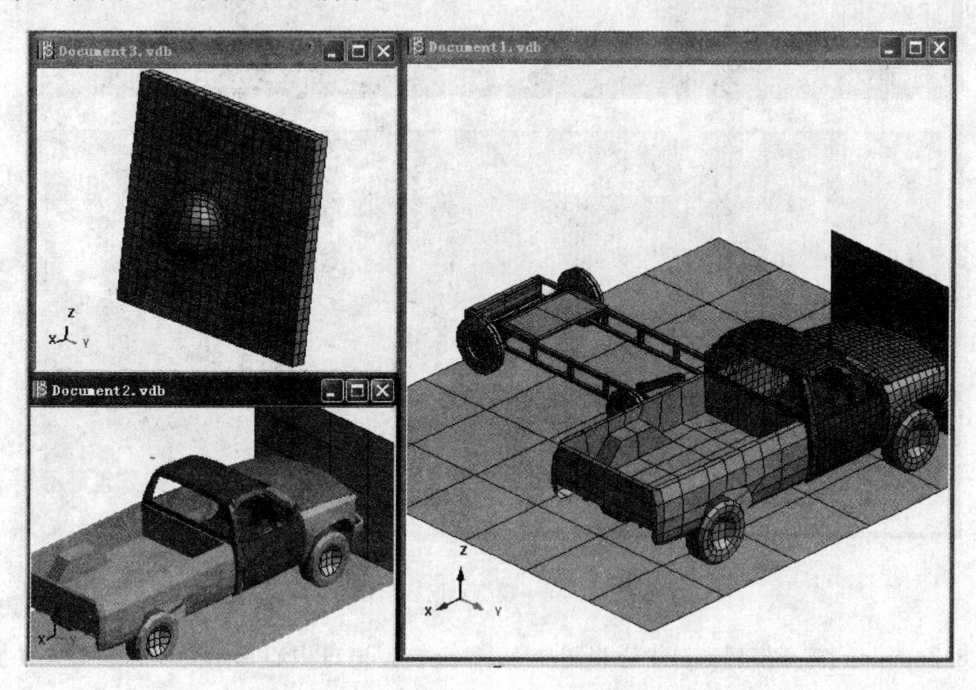

图 6.19　多模型同时显示

6.3.2 视图变换

Visual-Environment 有 3 种视图变换方式：

(1)Translation：视图在模型窗口平面内的水平或垂直移动。有两种方式可以实现这一操作，单击工具栏上的按钮或者按下 s/p 键，鼠标指向激活的模型窗口区域，按住鼠标左键不放，拖动鼠标移动模型，直到模型位于用户期望的合适位置，最后松开鼠标左键，再次单击工具栏上的按钮或者松开 s/p 键。

(2)Rotation：视图在三维空间绕模型窗口的中心转动。有两种方式可以实现这一操作，单击工具栏上的按钮或者按下 a 键，鼠标指向激活的模型窗口区域，按住鼠标左键不放，拖动鼠标转动模型，直到模型处于用户期望的合适角度，最后松开鼠标左键，再次单击工具栏上的按钮或者松开 a 键。另外，单击工具栏上的按钮表示沿模型窗口的垂直坐标轴旋转视图，单击工具栏上的按钮表示沿模型窗口的水平坐标轴旋转视图。

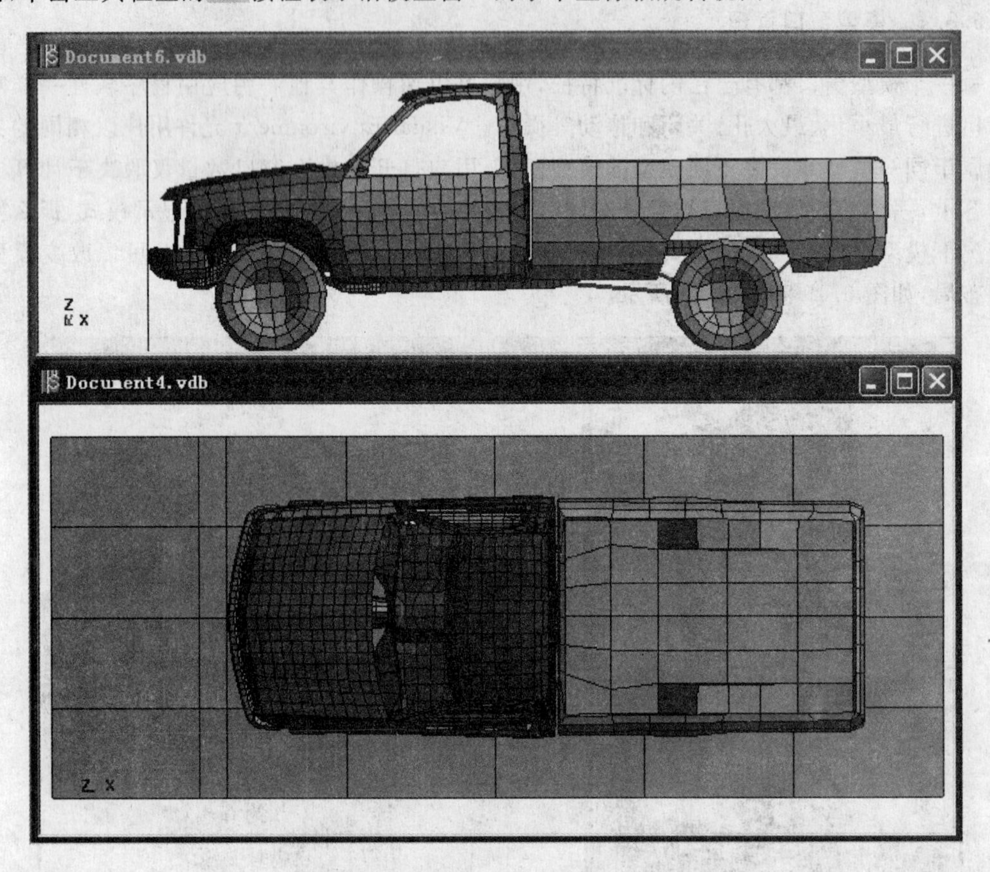

图 6.20　同一模型不同视图显示

(3)Zooming：离开模型窗口中心视图变大，靠近模型窗口中心视图变小。有许多方法可以实现对视图的放大和缩小操作。其一是单击工具栏上的按钮或者按下 d 键，鼠标指向激活的模型窗口区域，按住鼠标左键不放，拖动鼠标在模型窗口内上下移动缩放模型，直到模型处于用户期望的合适大小，最后松开鼠标左键，再次单击工具栏上的按钮或者松开 d 键。其二是单击工具栏上的按钮来放大和缩小视图。其三是首先单击工具栏上的按钮，在模型上选择希望放大显示的四边形区域从而放大局部区域。其四是单击工具栏上的按钮，使视图处于模型窗口的合适位置和合适大小。

6.3.3　其他视图显示

其他如模型网格显示及视图显示工具等如图 6.21 所示。

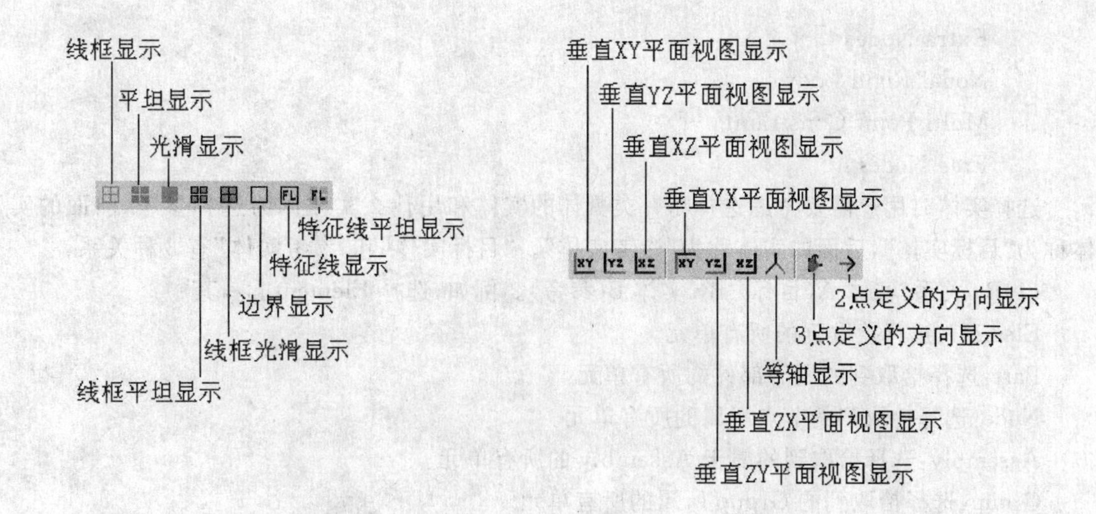

图 6.21　视图显示工具

6.4　实体选择

通过实体选择面板，用户可以同时对许多实体采用不同的方法进行选择和修改。Visual-Environment 提供两种实体选择模式：基本模式和高级模式，如图 6.22 和图 6.23 所示，基本模式和高级模式通过《按钮和》按钮进行切换。

图 6.22　实体选择工具基本模式

图 6.23　实体选择工具高级模式

默认选择对象为“基本实体”，在这一默认模式下用户可以选择下列实体：

Part or element (the value set in the combo box of FDC)

Mass Elements

Surface (CAD)

Surface (MADYMO)

Curve

CoordSys

Joint

Weld

Extra Nodes

Nodal Rigid Body

Multi Point Constraint

Free Nodes

选择实体时用户需要考虑选择哪一类具体的实体和用什么实体作为选择参考，前面的实体称为“目标实体”，后面的实体称为“参考实体”。“目标实体”和“参考实体”有 3 种关系：

(1)By 关系：实体 A(目标) By 实体 B(参考)。例如，选择 Element By，其中：

Element：选择拾取到的所有单元。

Part：选择拾取到的属于部件的所有单元。

Node：选择拾取到的节点所属的所有单元。

Assembly：选择拾取到的属于 Assembly 的所有单元。

Group：选择拾取到的 Group 所属的所有单元。

(2)Between 关系：实体 A(目标) Between 实体 B(参考)。例如：

Plink between Parts：选择位于两个拾取的部件之间的所有 Plink 单元。

Spring between Quad：选择位于两个拾取的四边形单元之间的所有弹簧单元。

(3)Attached 关系：实体 A(目标) Attached 实体 B(参考)。例如：

Element attached Element：选择附着在拾取的单元上的所有单元。

Element attached Nodes：选择附着在拾取的节点上的所有单元。

Parts attached Welds：选择附着在拾取的焊接单元上的所有部件。

Welds attached Parts：选择附着在拾取的部件上的所有焊接单元。

考虑好需要拾取的参考实体之后，下一步就是开始采用拾取方法拾取参考实体。有两种实体拾取方法可供采用：①在图形显示区拾取，直接单击需要拾取的实体或者单击后拖动鼠标移动画出一个四边形进行拾取。②单击按钮，在图形显示区通过画多边形进行拾取，多边形的画法是在图形显示区单击点作为多边形的顶点，单击右键确认多边形的拾取。

DSEL 按钮表示取消当前选择到的实体，SEL ALL 按钮表示选择所有的实体，DSEL ALL 按钮表示取消所有实体的选择，ADV SEL 按钮表示高级选择，DISP ID 按钮表示显示选择到的实体的 ID 编号。

6.5 快速显示控制

Visual-Environment 提供的模型快速显示控制工具如图 6.24 所示，也可以在主菜单中的 View 中选择相应的命令来进行快速显示控制操作，如图 6.25 所示。用户也可以在图形显示区单击鼠标右键，在弹出的快捷菜单中选择相应的命令来进行快速显示控制操作，如图 6.26 所示。

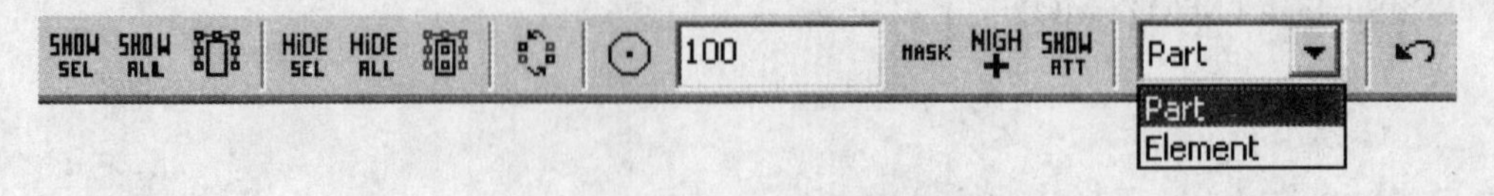

图 6.24 快速显示控制工具

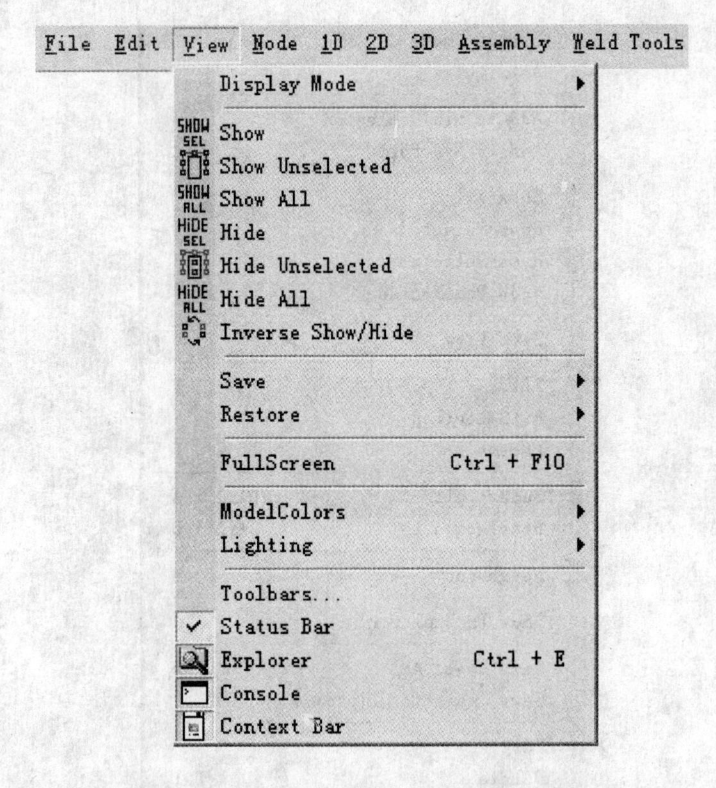

图 6.25　主菜单 View 中的快速显示控制选项

快速显示控制工具各按钮功能如下：

(1) ：除显示选择到的实体外，关闭其他实体的显示。

(2) ：显示所有模型实体。

(3) ：关闭所有选择到的实体的显示而打开其他实体的显示。

(4) ：关闭选择到的实体的显示。

(5) ：关闭所有实体的显示。

(6) ：显示所有选择到的实体而关闭其他实体的显示。

(7) ：反转当前模型的显示状态。

(8) ：显示周围的实体，显示容限内的单元、部件、连接等，容限默认为 100。

(9) ：隐藏拾取到的部件或单元。

(10) ：激活状态的部件、单元、连接的连通显示。

(11) ：选择到的部件、单元、连接的连通显示。

(12) ：选择显示部件或单元。

(13) ：返回操作。

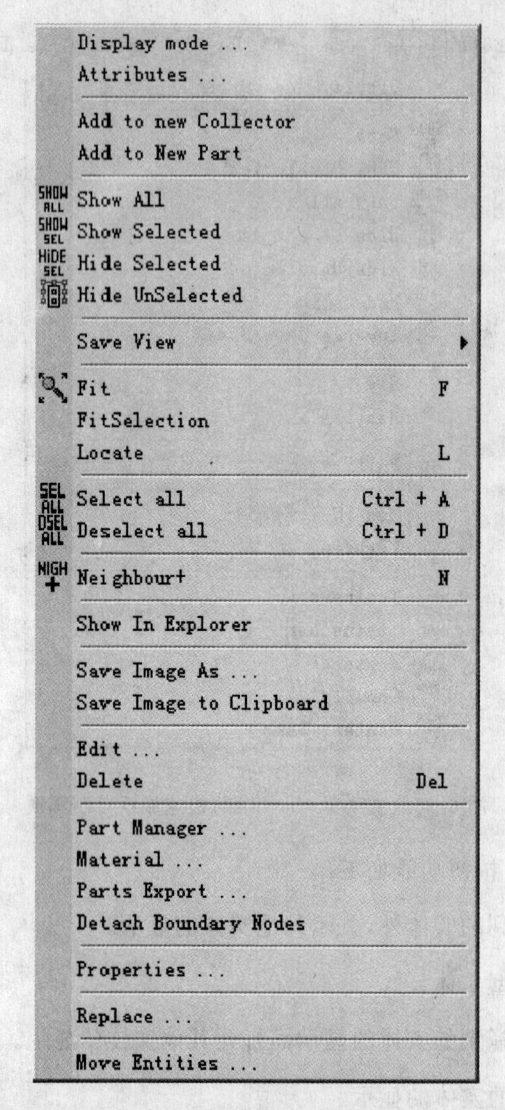

图 6.26　图形显示区弹出菜单的快速显示控制选项

6.6　其他常见操作

6.6.1　单位转化

单位转化使用户可以将模型数据的单位体系进行转化，也可以对模型数据添加单位。当新建一个文件时，就会自动弹出单位转化对话框，如图 6.27 所示。

Source Units 是指原模型数据的单位，Target Units 是指用户希望的模型数据的单位。

6.6.2　测量

单击工具栏区的按钮，将弹出测量对话框。如图 6.28 所示为距离测量选项卡，可以测量两个点、两个部件、点和部件之间的距离，有面距离和轴距离及总距离。如图 6.29 所示为角度测量选项卡，可以测量 3 个点组成的角的大小。如图 6.30 所示为面积、体积及质量测量选项卡，可以测量 1 单元、2D 单元、3D 单元的面积、体积及质量。

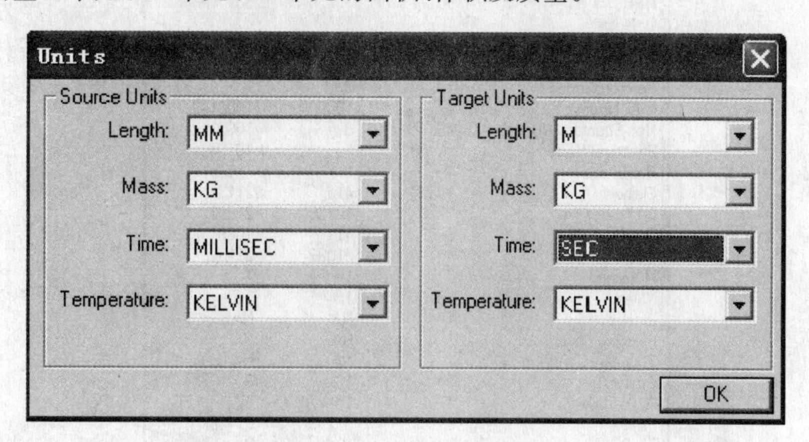

图 6.27　单位转化对话框

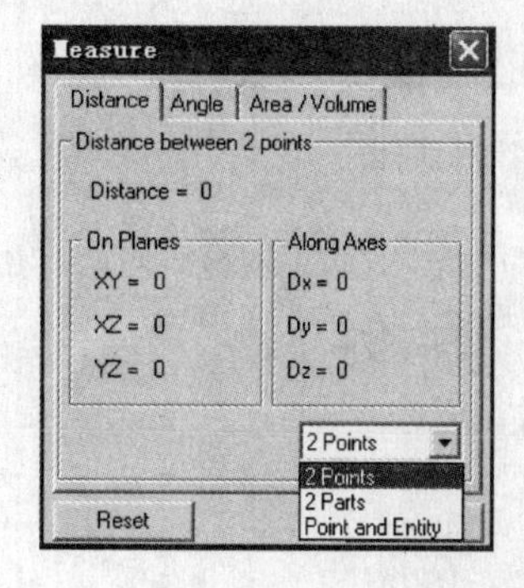

图 6.28　距离测量选项卡

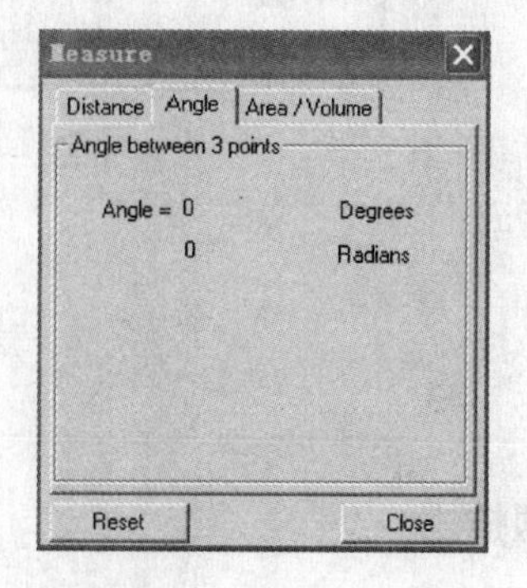

图 6.29　角度测量选项卡

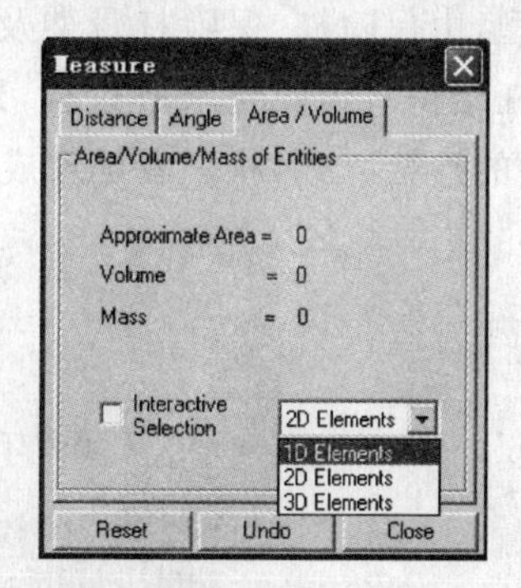

图 6.30　面积、体积及质量测量选项卡

6.6.3　模型统计

单击工具栏区的按钮，将弹出模型统计对话框，如图 6.31 所示，用户可以从此对话框中了解当前模型的总体信息。

Model Statistics : Document1.vdb

Entity	Count	Min Id	Max Id
Part	50	1	50
Collectors	1	1	-
Nodes	10554	1	1000142
FreeNodes	8	10434	10476
Beam3rdNodes	1	3	-
COG Nodes	47	1000096	1000142
Non-Structural Nodes	48	3	1000142
Structural Nodes	10498	1	10507
PamGroup	1	1	-
Elements	10676	41	21138
C0 Tria	1779	10726	21092
Quad	8857	41	10681
Beam	40	21093	21132
Materials	7	1	7
NMass	10	1	10
Invel	1	NA	NA
Pressure Face	1	NA	NA
Boundary Condition	1	NA	NA
Contact	3	1	3
Rigid Body	47	1	47
Plink	6	21133	21138
Tie Break	2	1	2
Nodal Time History	1	NA	NA
Section Force	6	1	6
Functions	1	1	-

Close

图 6.31　模型统计对话框

6.7　建 模 举 例

6.7.1　问题描述

汽车在设计过程中要对汽车的抗撞击能力进行分析，以保护车内乘员的安全。如图 6.32 所示是一个汽车保险杠的简易模型，由保险杠、保险杠骨架及支座三部分组成，在保险杠前端有一碰撞体以一定速度撞击保险杠结构。为简化求解过程，建模时，在处理保险杠、骨架及支座三者关系时，忽略了铆接和焊接的连接方式，将三者处理成共节点连接。

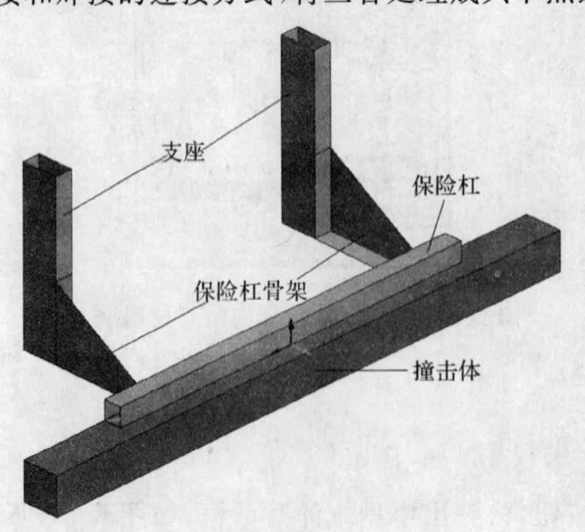

图 6.32　汽车保险杠受撞示意图

6.7.2 建模过程

模型包括 4 个部分，依次建立 4 个 PART，分别是支座、保险杠骨架、保险杠、撞击体，本例将支座和撞击体考虑为刚体，划分较粗的网格。建模时坐标系的位置与图 6.32 坐标系位置一致。建模步骤如下：

(1) 在硬盘上创建名称为 car-fender 的工作目录。

(2)打开 Visual-Mesh 界面，单击主菜单上的 File 按钮，打开 New 窗口，设置长度、质量、时间和温度 4 个物理量的单位为国际单位制，如图 6.33 所示。单击 OK，关闭对话框。

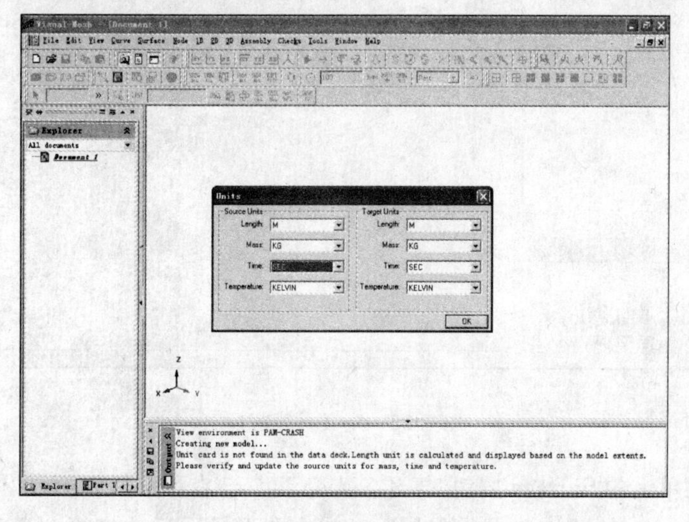

图 6.33 单位设置窗口

(3)单击主菜单上的 Node 按钮，打开 By XYZ, Locate 窗口，依次在 X,Y,Z 中输入 0.068,−0.064,0，单击 create node，创建第 1 个节点，设定(X,Y,Z)为(0.068,−0.048,0)，(0.06,−0.048,0)，(0.06,−0.064,0)，创建第 2,3,4 个节点。关闭 By XYZ, Locate 窗口，单击工具栏上的放大图标，使图形显示区两个节点相对位置放大到一定程度，如图 6.34 所示。

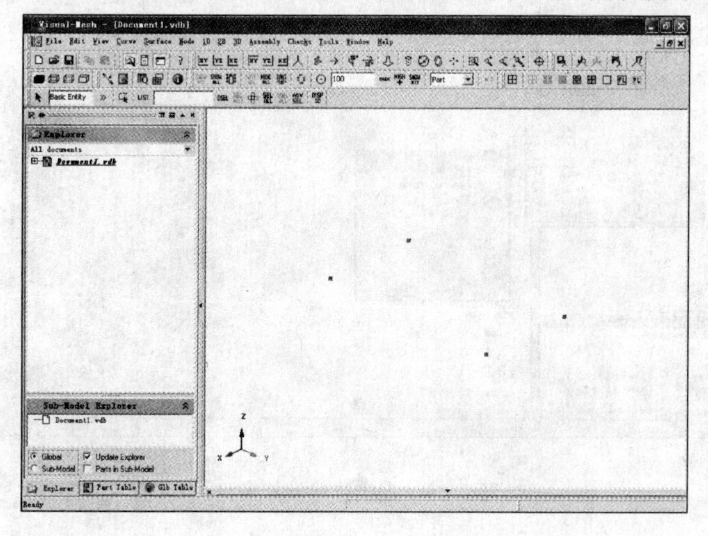

图 6.34 定义 4 节点窗口

(4)单击主菜单上的 Curve 按钮,打开 Sketch 窗口。在图形显示区单击节点 1 和节点 2,单击 OK,创建第一条直线,再按相同的方法由节点 2 和节点 3,节点 3 和节点 4,节点 4 和节点 1 创建第 2,3,4 条直线,关闭 Sketch 窗口,如图 6.35 所示。

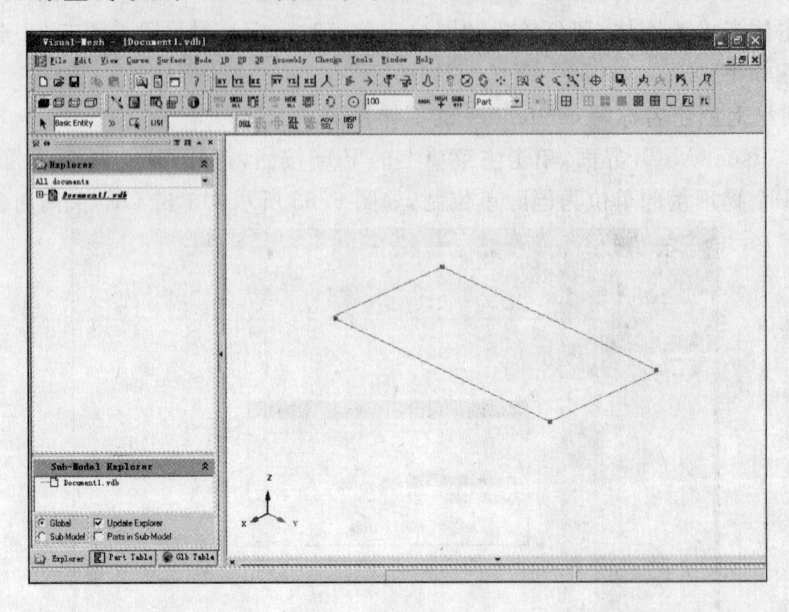

图 6.35　定义直线窗口

(5)单击主菜单上的 Surface 按钮,打开 Sweep 窗口。在 Select Curves 上方的下拉列表中选择 Multiple Curves,在 Distance 中输入 0.072,在图形显示区单击第一条直线,并按下鼠标中键,弹出 Vector Definition 窗口,选择 Global Axis 及 Z 轴方向,如图 6.36 所示。

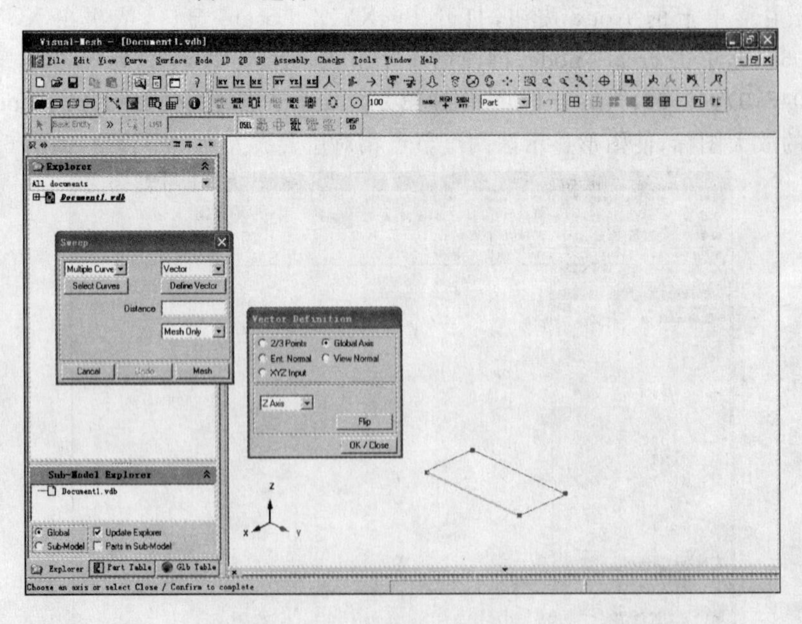

图 6.36　直线拉伸设置窗口

(6)单击 OK/Close 按钮,关闭 Vector Definition 窗口。单击 Sweep 窗口中的 Mesh 按钮,打开 Mesh－2D 窗口,单击选中 Display 下的 Edge Count,图形显示区显示拉伸形成的面各边网格划分种子点数,如图 6.37 所示进行设置。

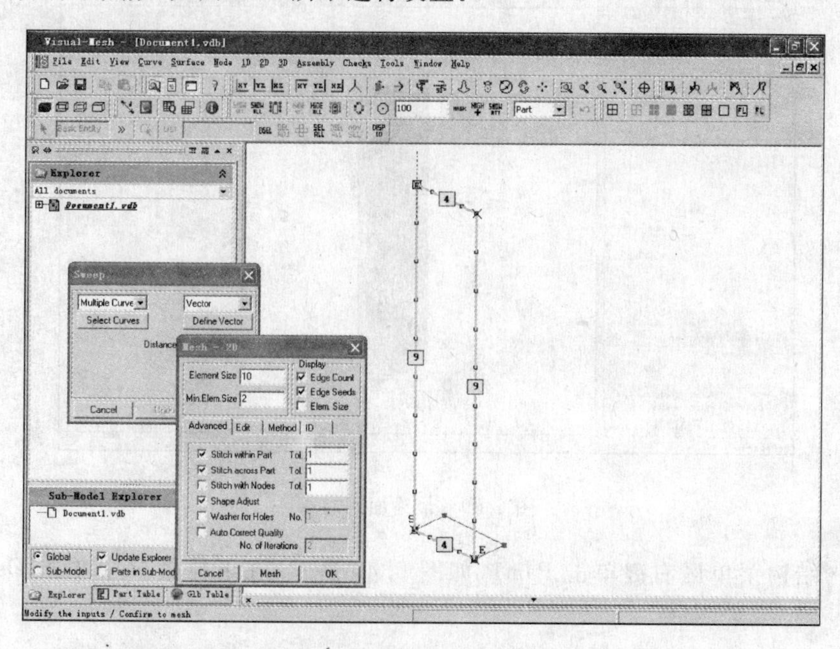

图 6.37　网格密度设置窗口

(7)单击 Mesh 和 OK 按钮,关闭 Mesh－2D 窗口,生成面网格,如图 6.38 所示。

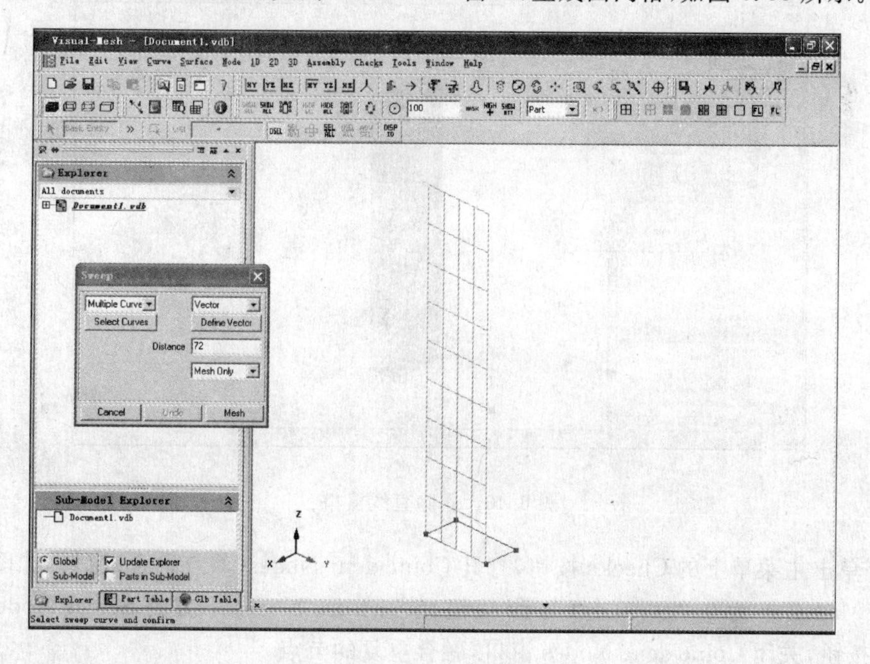

图 6.38　生成面网格窗口

(8)按照同样的方法,将剩下的三条直线拉伸形成面网格,最终面网格如图 6.39 所示。

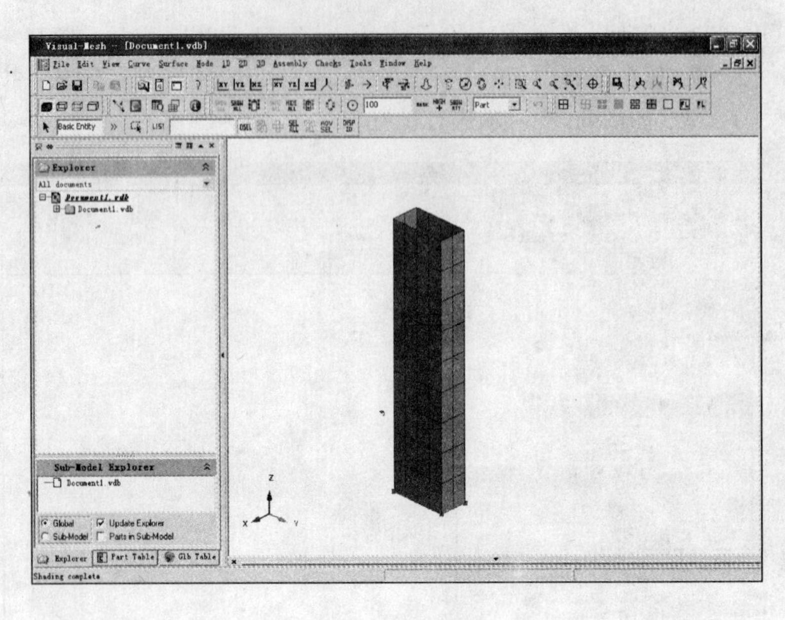

图 6.39　最终面网格

(9)在树结构菜单区右键单击 Part1，如图 6.40 所示，在下拉菜单中单击 Delete，删除直线。

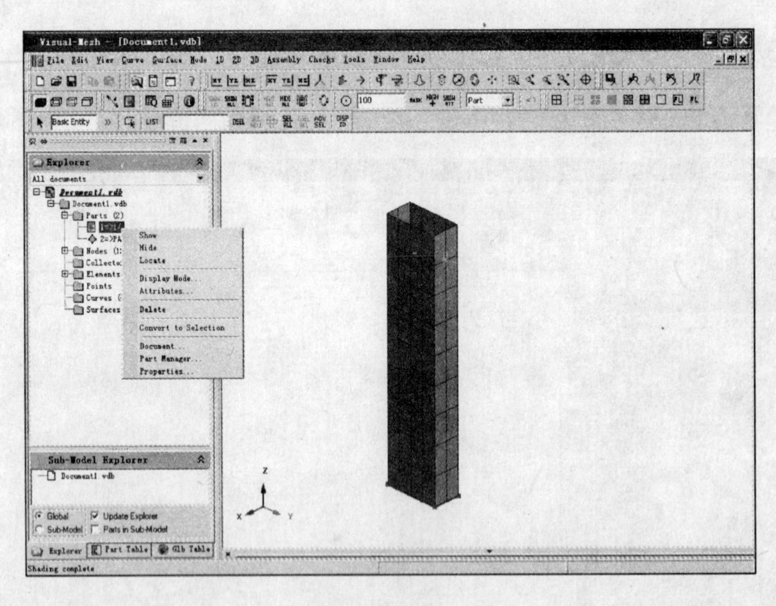

图 6.40　删除直线窗口

(10) 单击主菜单上的 Checks 按钮，打开 Coincident Nodes(节点融合)窗口，如图 6.41 所示。设置 Max Gap 为 0.001，单击 Check 按钮，单击 Fuse Nodes 下方的 Select Nodes 按钮和 Fuse All 按钮，关闭 Coincident Nodes 窗口，融合重复的节点。

(11) 单击主菜单上的 2D 按钮，打开 Transform - 2D 窗口，选中 Mirror，单击 Define Plane，选择 Global Axis 及 Z 轴方向，单击 Copy 按钮，如图 6.42 所示。

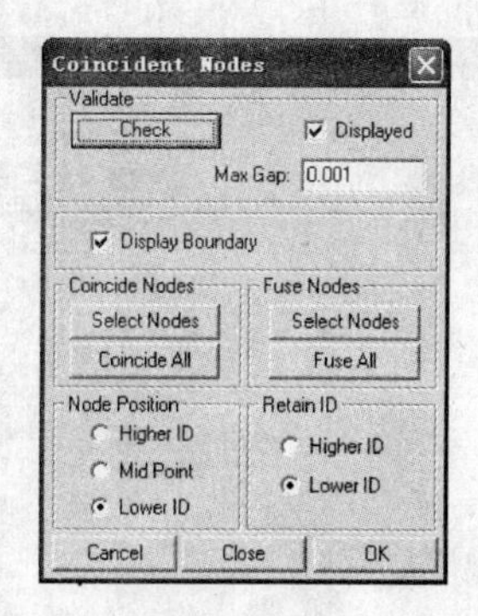

图 6.41　节点融合窗口

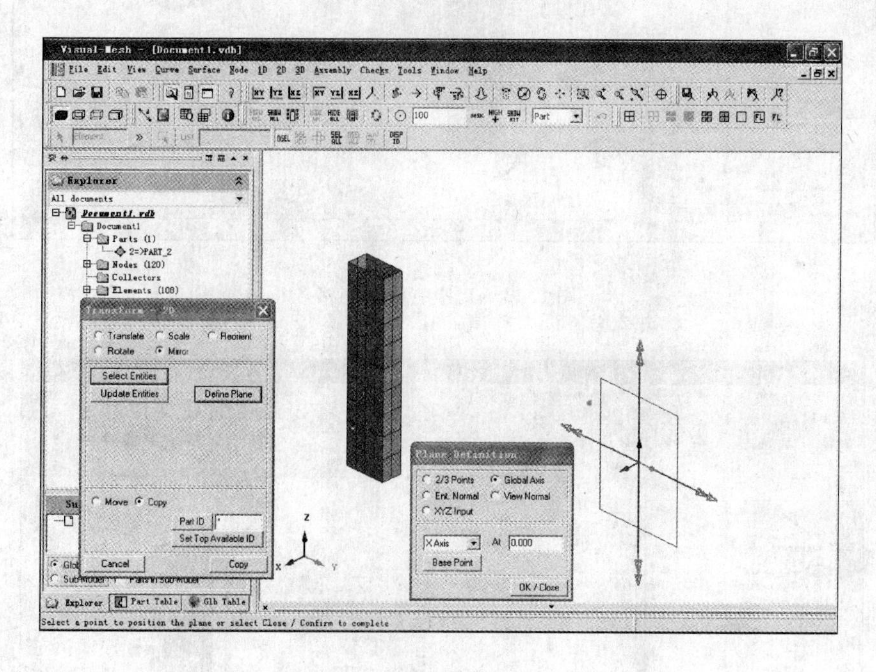

图 6.42　面网格镜像设置窗口

(12)单击 OK/Close 按钮,关闭 Plane Definition 窗口。单击 Select Entities 按钮,在图形显示区拖动鼠标左键画出四边形,选择所有平面网格。之后单击鼠标中键,再单击 Copy 按钮,关闭 Transform－2D 窗口,形成支座有限元网格,如图 6.43 所示。

(13)单击工具栏实体选择选项中的按钮,并选择 Part,在图形显示区单击支座,再单击鼠标右键弹出下拉菜单,如图 6.44 所示。在下拉菜单中选择 Hide Selected,则支座被隐藏起来,单击工具栏上的按钮。

(14)单击主菜单上的 Node 按钮,打开 By XYZ, Locate 窗口,依次在 X,Y,Z 中输入 0.068,－0.048,0,单击 create node,创建第 1 个节点。设定(X,Y,Z)为(0.068,－0.008,0),(0.06,－0.048,0),(0.06,－0.008,0),创建第 2,3,4 个节点。关闭 By XYZ, Locate 窗口,单击工具栏上的放大图标,使图形显示区两个节点相对位置放大到一定程度,如图 6.45 所示。

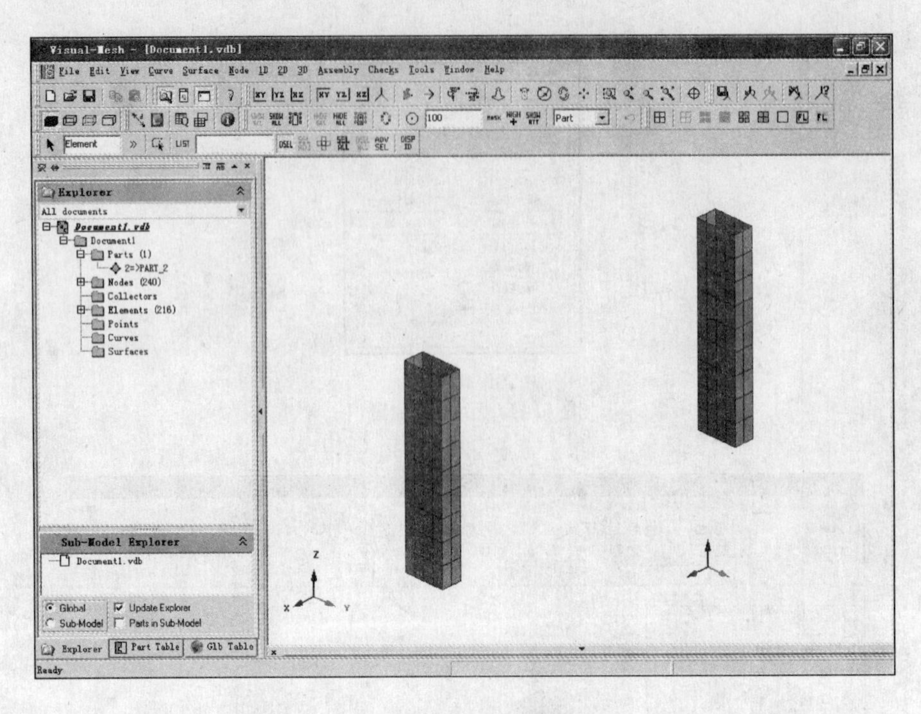

图 6.43　支座有限元网格

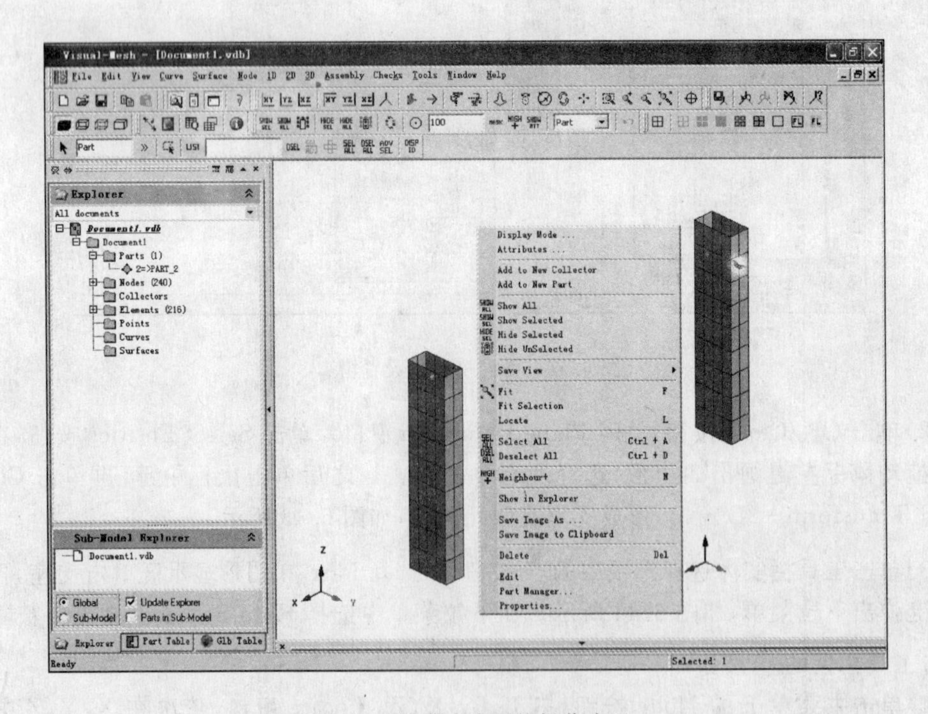

图 6.44　隐藏支座网格操作窗口

(15)单击主菜单上的 Curve 按钮，打开 Sketch 窗口，在图形显示区单击节点 1 和节点 4，单击 OK，创建第 1 条直线。再按相同的方法由节点 2 和节点 3 创建第 2 条直线，关闭 Sketch 窗口，如图 6.46 所示。

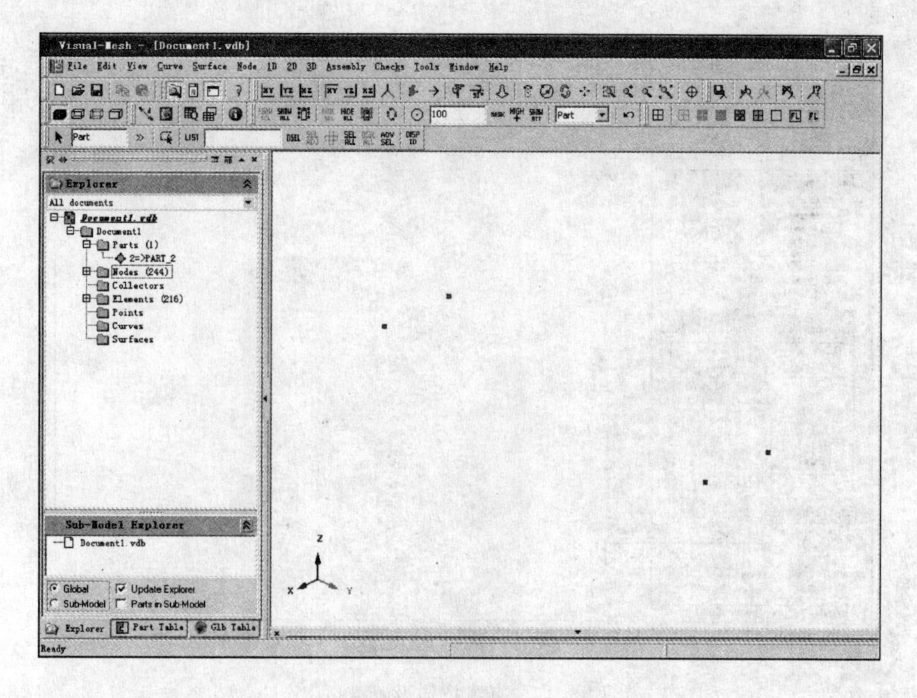

图 6.45　定义 4 节点窗口

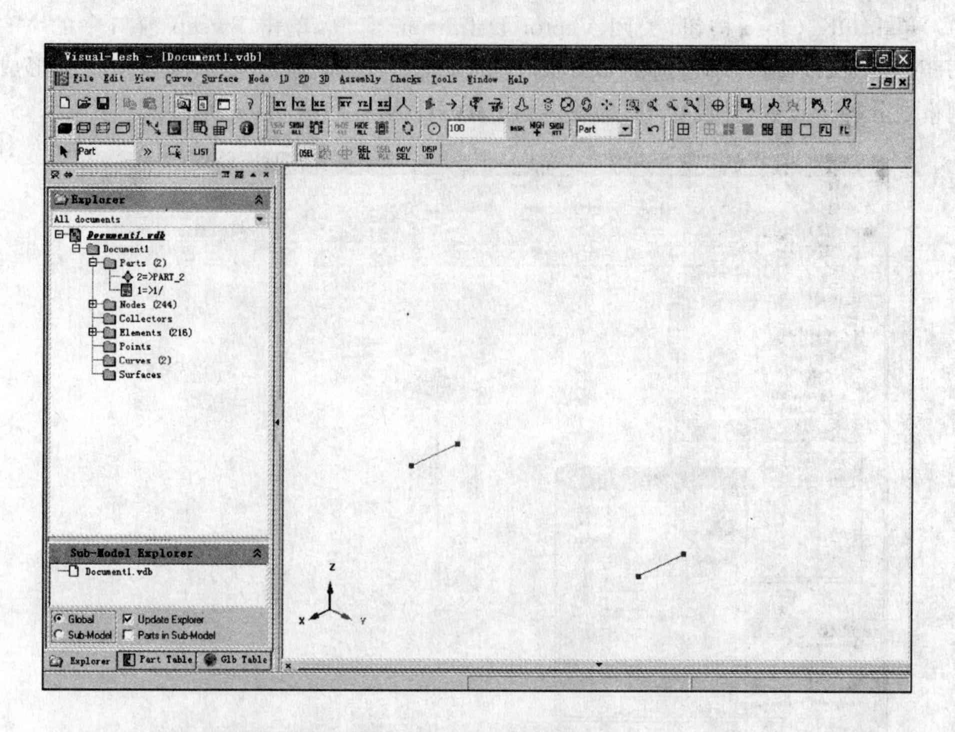

图 6.46　定义直线窗口

(16)单击主菜单上的 Surface 按钮，打开 Sweep 窗口，在 Select Curves 上方的下拉列表中选择 Multiple Curves，在 Distance 中输入 0.032，在图形显示区单击第 1 条直线，并按下鼠标中键，弹出 Vector Definition 窗口，选择 Global Axis 及 Z 轴方向，如图 6.47 所示。

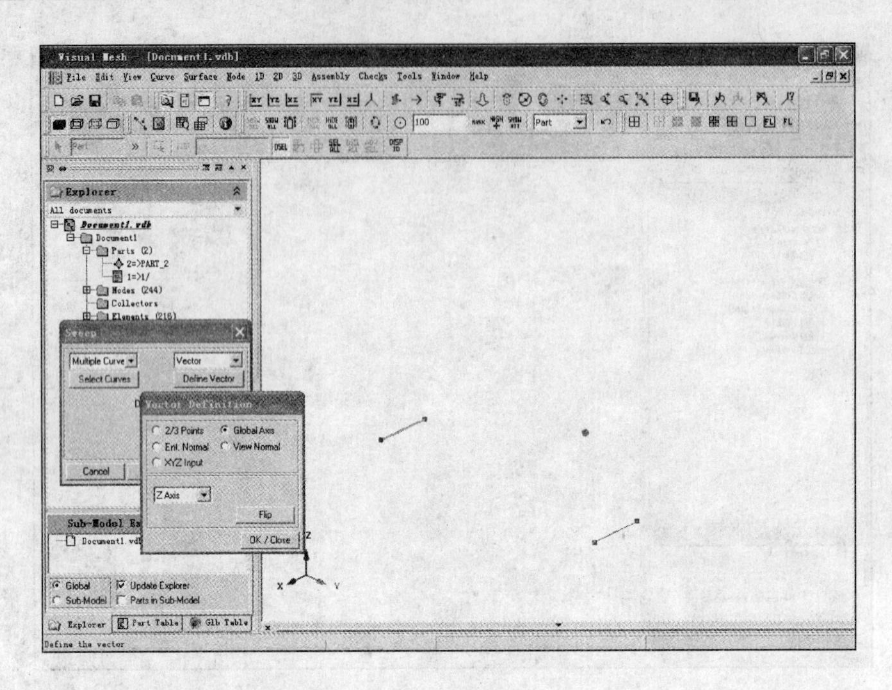

图 6.47　直线拉伸设置窗口

(17)单击 OK/Close 按钮,关闭 Vector Definition 窗口,单击 Sweep 窗口中的 Mesh 按钮,打开 Mesh－2D 窗口,单击选中 Display 下的 Edge Count,图形显示区显示拉伸形成的面各边网格划分种子点数,并设置 ID 选项中的 Part ID 为 3,如图 6.48 所示。

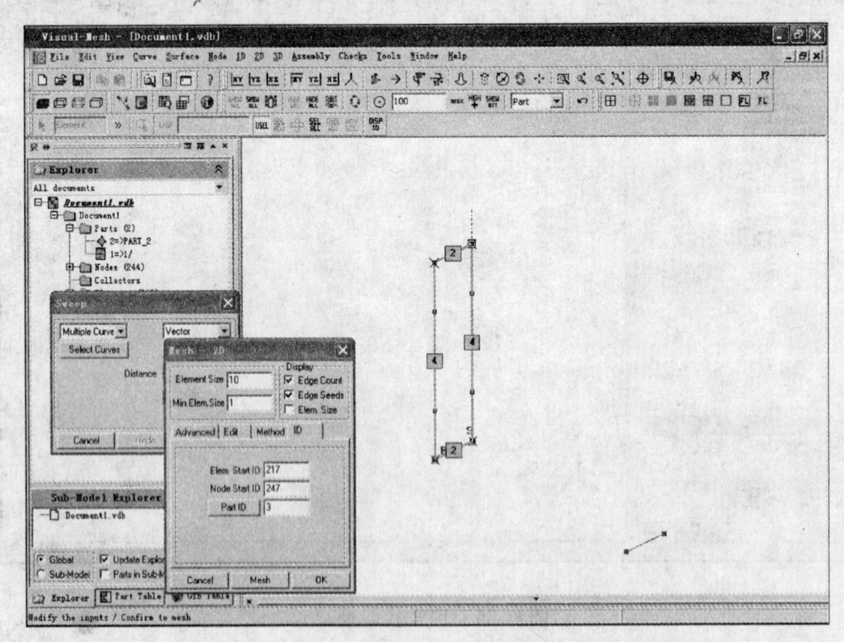

图 6.48　网格密度设置窗口

(18)单击 Mesh 和 OK 按钮,关闭 Mesh－2D 窗口,如图 6.49 所示。

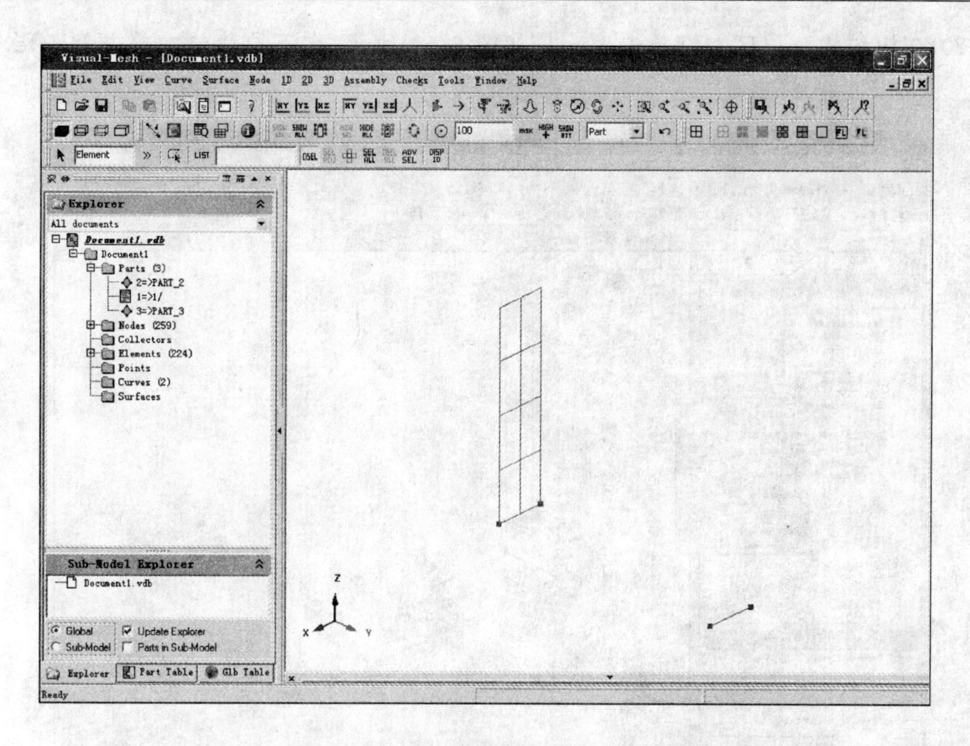

图 6.49　生成面网格窗口

(19)按照同样的方法，将第 1 条直线沿 Y 向拉伸 0.04 形成面网格，将第 2 条直线沿 Z 向拉伸 0.008 形成面网格，面网格如图 6.50 所示。

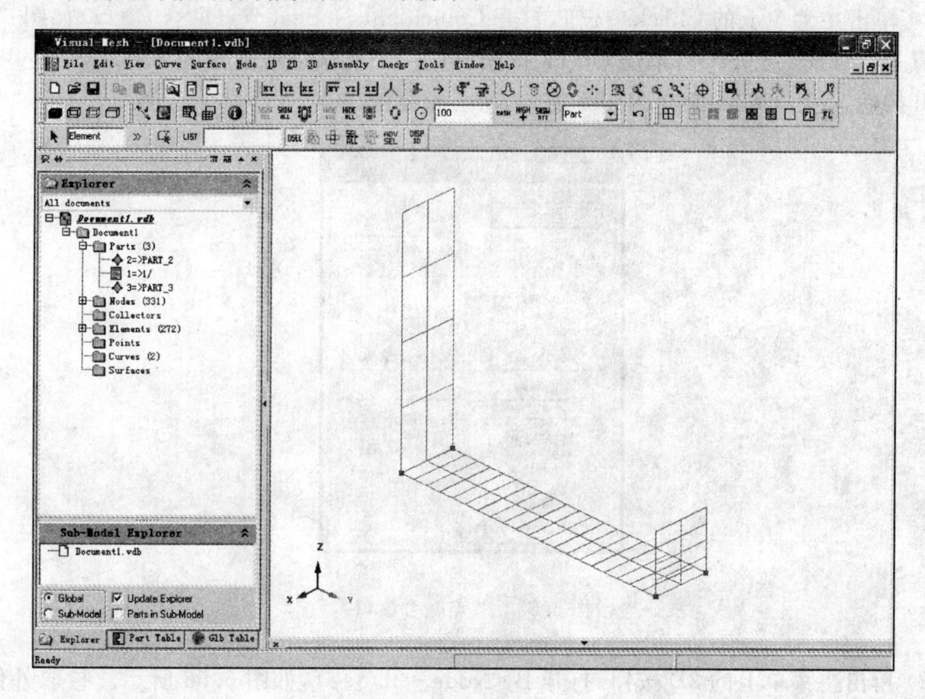

图 6.50　最终面网格

(20)在树结构菜单区右键单击 Part1，如图 6.51 所示，在下拉菜单中单击 Delete，删除直线。

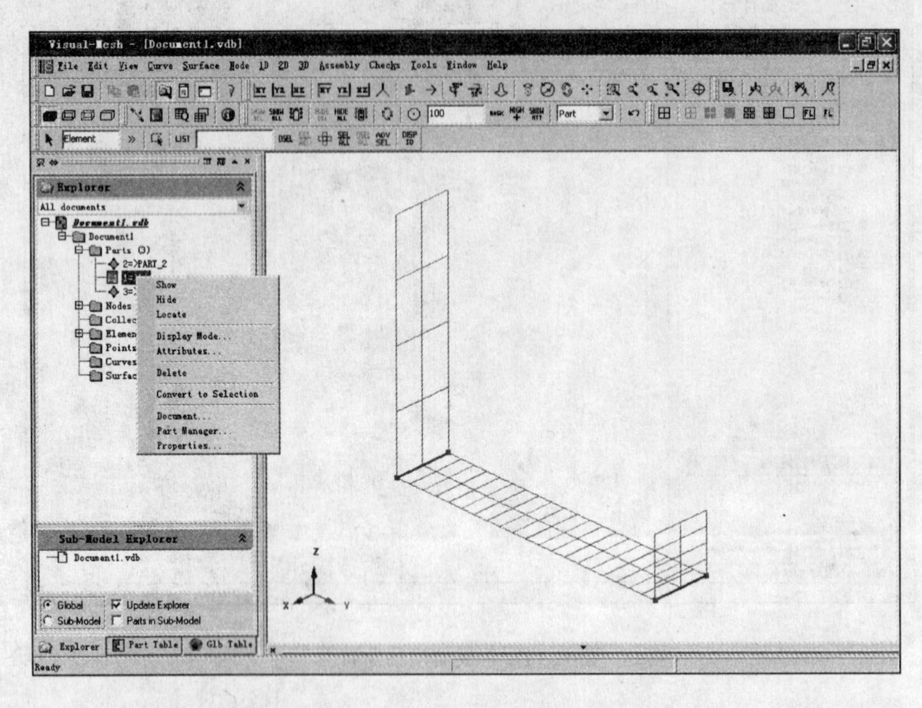

图 6.51　删除直线窗口

(21) 单击主菜单上的 Checks 按钮，打开 Coincident Nodes(节点融合)窗口，如图 6.52 所示。设置 Max Gap 为 0.001，单击 Check 按钮，单击 Fuse Nodes 下方的 Select Nodes 按钮和 Fuse All 按钮，关闭 Coincident Nodes 窗口，融合重复的节点。

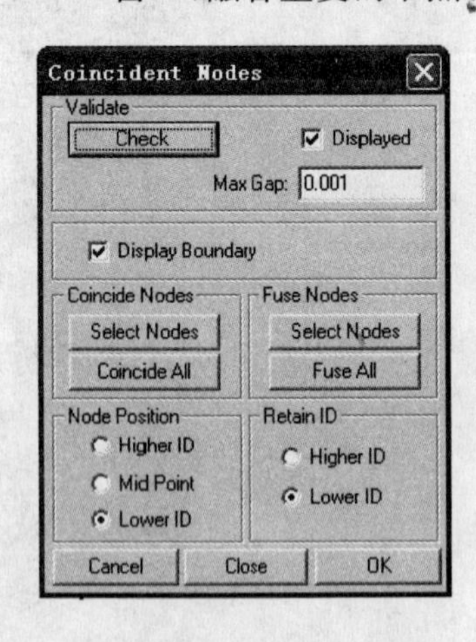

图 6.52　节点融合窗口

(22) 单击主菜单上的 2D 按钮，打开 By Node - 2D 窗口，如图 6.53 所示。拾取外侧 4 个节点，生成梯形单元。

(23) 单击主菜单上的 2D 按钮，打开 Remesh 窗口，单击 Remesh Elements，拾取刚创建的梯形单元，之后单击鼠标中键，弹出 Mesh－2D 窗口，如图 6.54 所示，并设置梯形单元各边的种子点数。

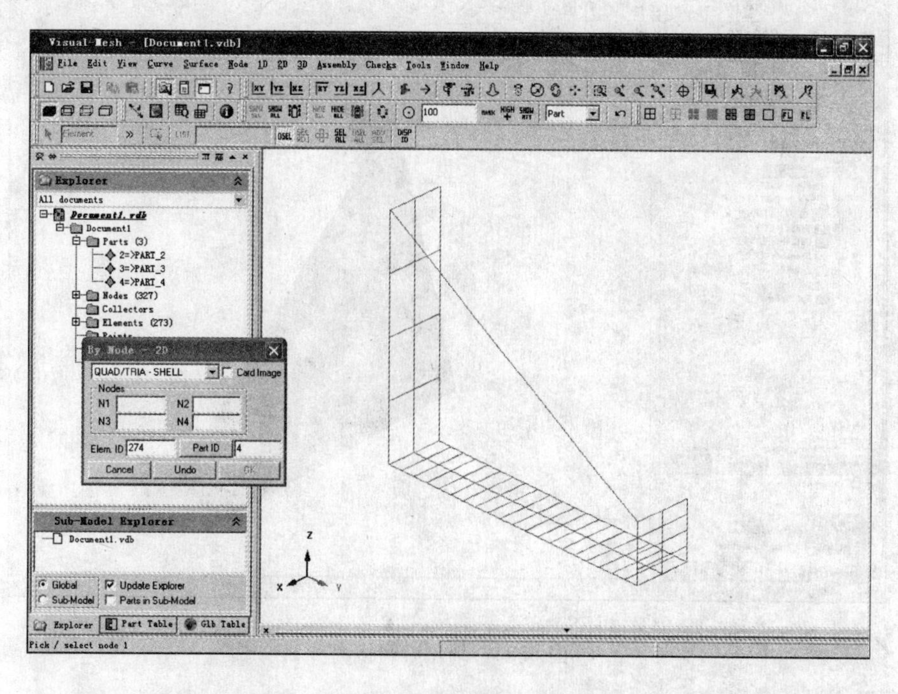

图 6.53　由节点直接生成梯形单元

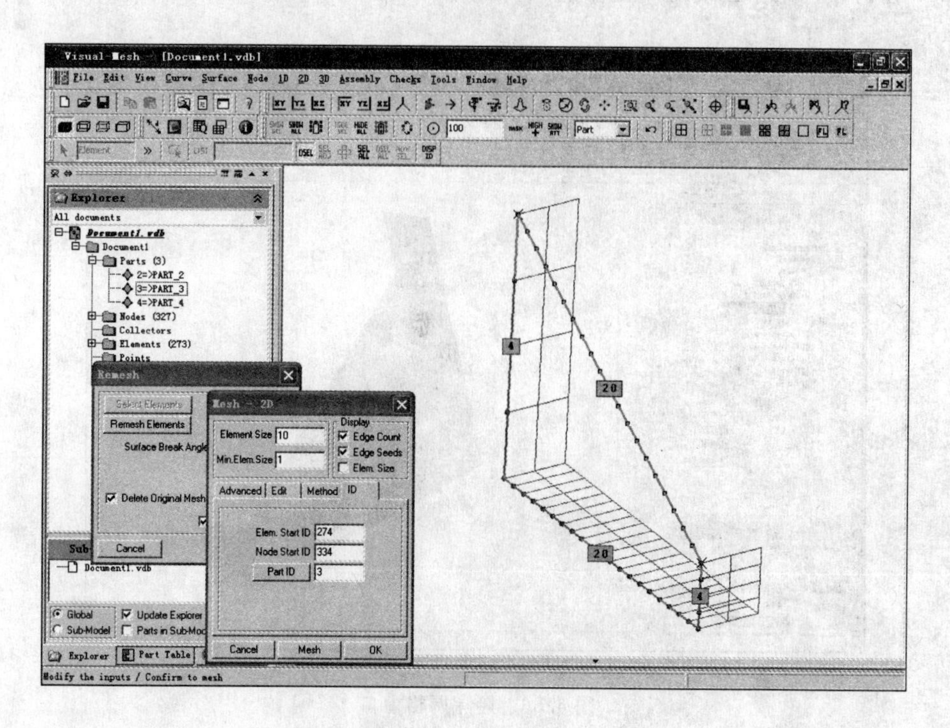

图 6.54　网格细化窗口

(24) 单击 Mesh 和 OK 按钮，关闭 Remesh 窗口，形成网格如图 6.55 所示。

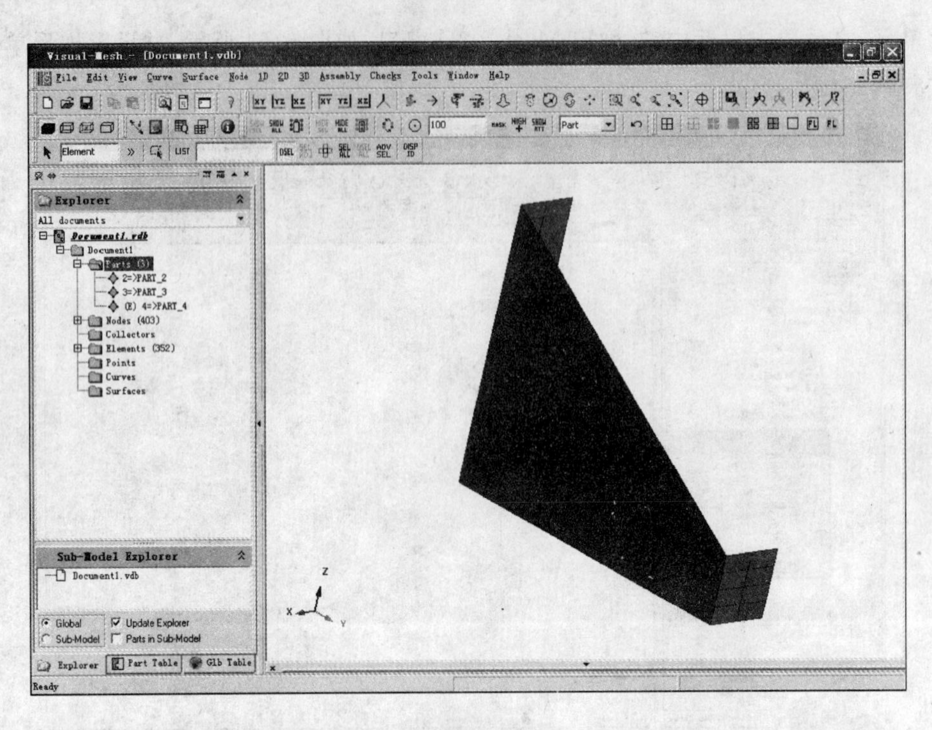

图 6.55　细化后网格图

(25) 在树结构菜单区右键单击 Part4，如图 6.56 所示，在下拉菜单中单击 Delete，删除原梯形单元。

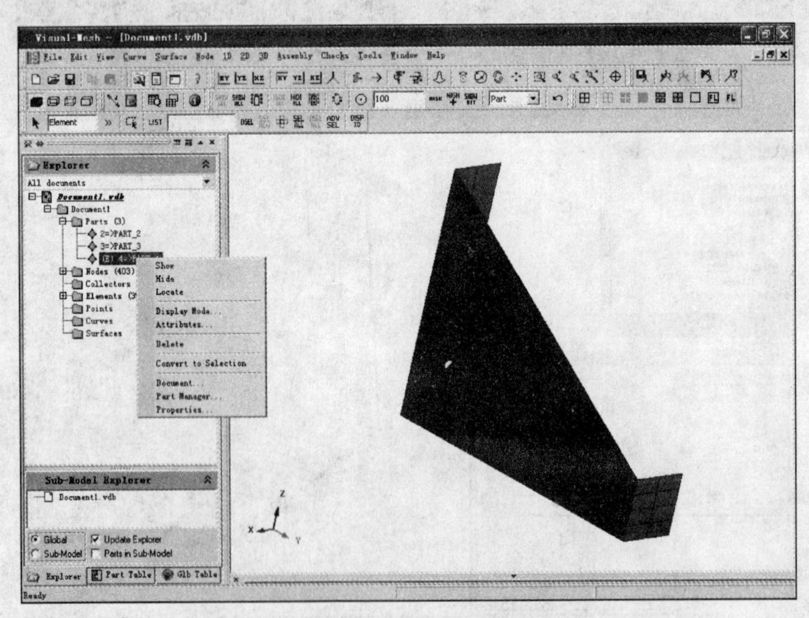

图 6.56　删除网格窗口

(26) 单击主菜单上的 2D 按钮，打开 Transform - 2D 窗口，选中 Mirror，单击 Define Plane，选择 Global Axis 及 X 轴方向，单击 Copy 按钮，如图 6.57 所示。

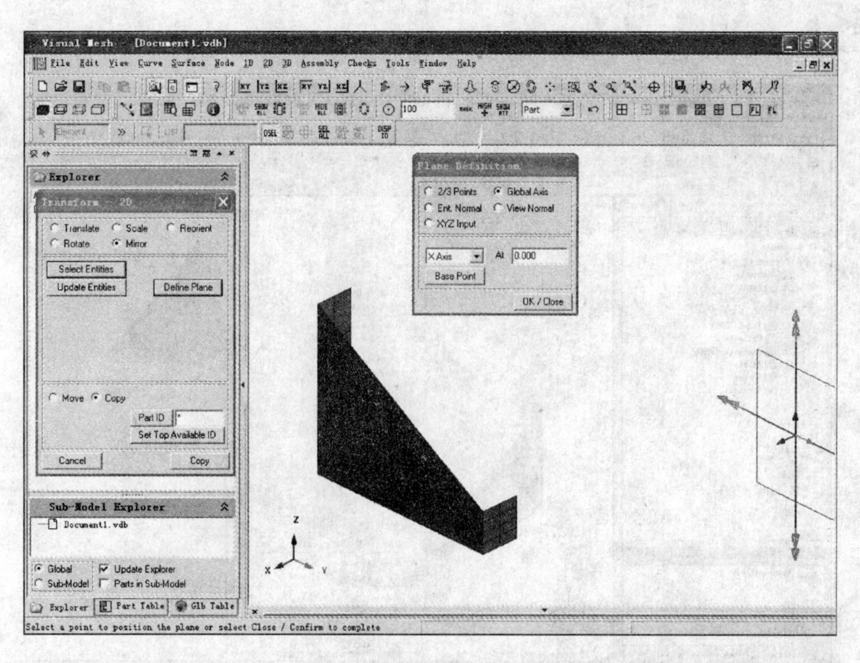

图 6.57　面网格镜像设置窗口

(27)单击 OK/Close 按钮，关闭 Plane Definition 窗口，单击 Select Entities 按钮，在图形显示区拖动鼠标左键画出四边形，选择所有平面网格。之后单击鼠标中键，再单击 Copy 按钮，关闭 Transform - 2D 窗口，形成保险杠骨架有限元网格，如图 6.58 所示。

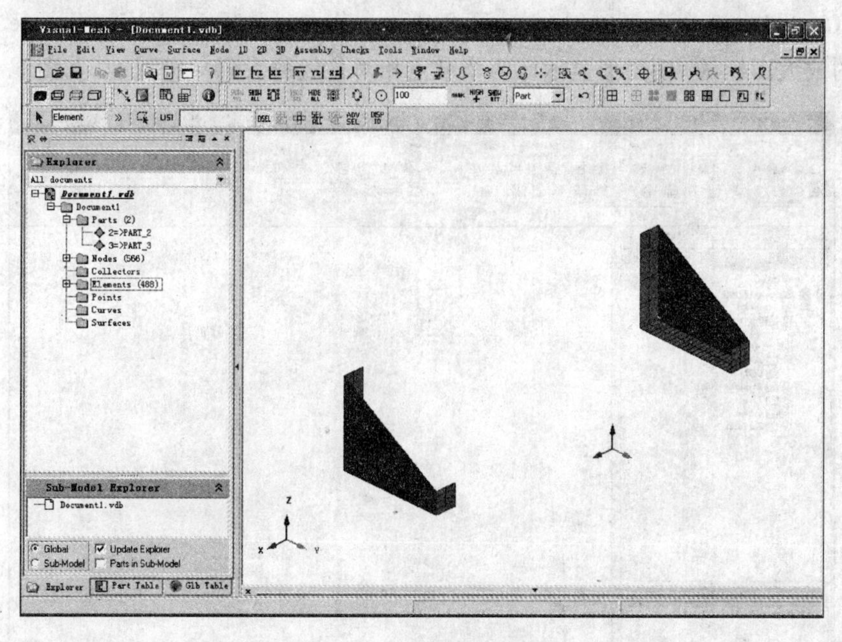

图 6.58　保险杠骨架有限元网格

(28)单击工具栏实体选择选项中的 按钮，并选择 Part，在图形显示区单击支座，再单击鼠标右键，弹出下拉菜单，如图 6.59 所示。在下拉菜单中选择 Hide Selected，则支座被隐藏起来,单击工具栏上的人按钮。

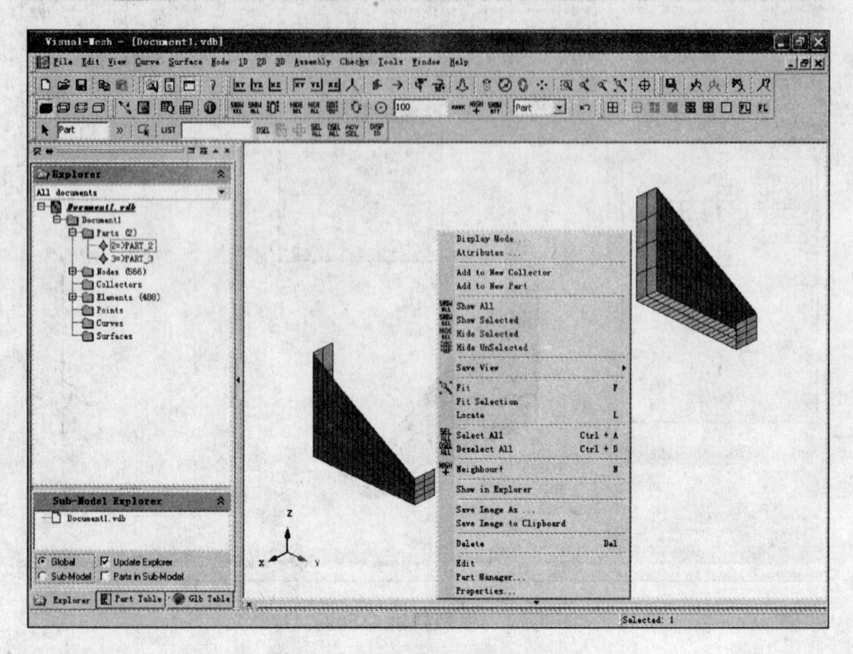

图 6.59　隐藏骨架网格操作窗口

(29)单击主菜单上的 Node 按钮,打开 By XYZ, Locate 窗口。依次在 X,Y,Z 中输入 0.084,−0.008,0,单击 create node,创建第 1 个节点。设定(X,Y,Z)为(0.084,0,0),(0.084,0,0.008),(0.084,−0.008,0.008),创建第 2,3,4 个节点。关闭 By XYZ, Locate 窗口,单击工具栏上的放大图标,使图形显示区两个节点相对位置放大到一定程度,如图 6.60 所示。

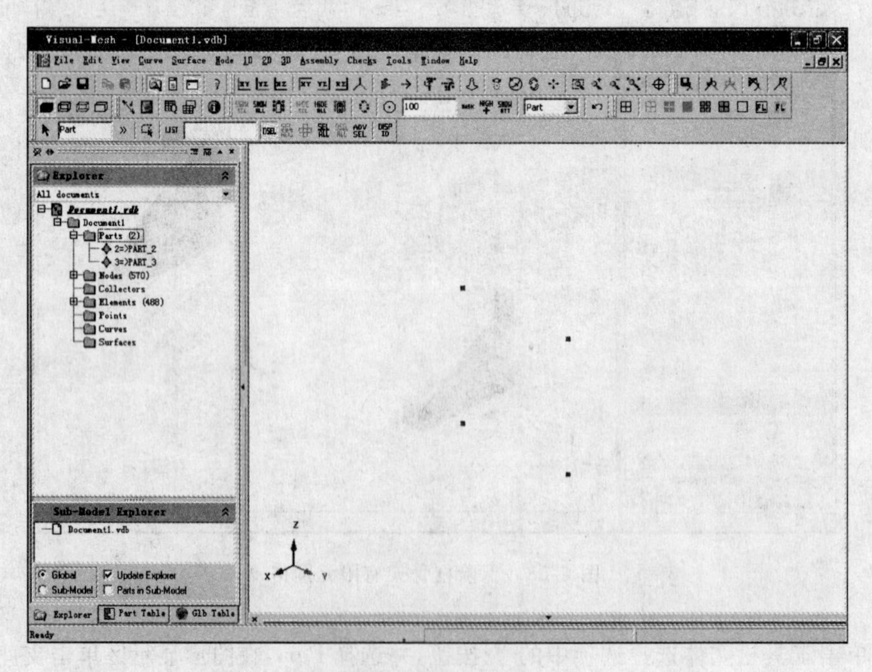

图 6.60　定义 4 节点窗口

(30)单击主菜单上的 Curve 按钮，打开 Sketch 窗口，在图形显示区单击节点 1 和节点 2，单击 OK，创建第 1 条直线，再按相同的方法由节点 2 和节点 3，节点 3 和节点 4，节点 4 和节点 1 创建第 2,3,4 条直线，关闭 Sketch 窗口，如图 6.61 所示。

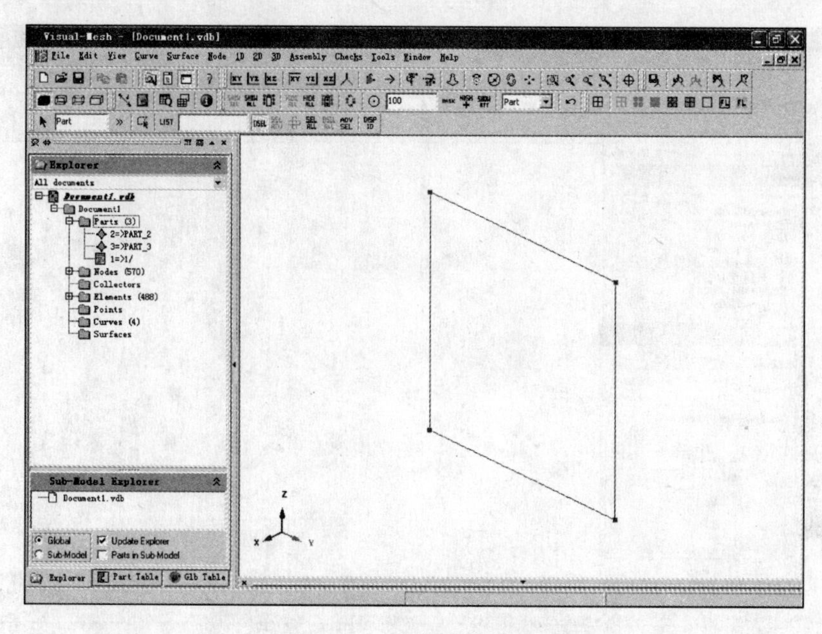

图 6.61　定义直线窗口

(31)单击主菜单上的 Surface 按钮，打开 Sweep 窗口。在 Select Curves 上方的下拉列表中选择 Multiple Curves，在 Distance 中输入 0.168，在图形显示区单击第 1 条直线，并按下鼠标中键，弹出 Vector Definition 窗口，选择 Global Axis 及 X 轴负方向，如图 6.62 所示。

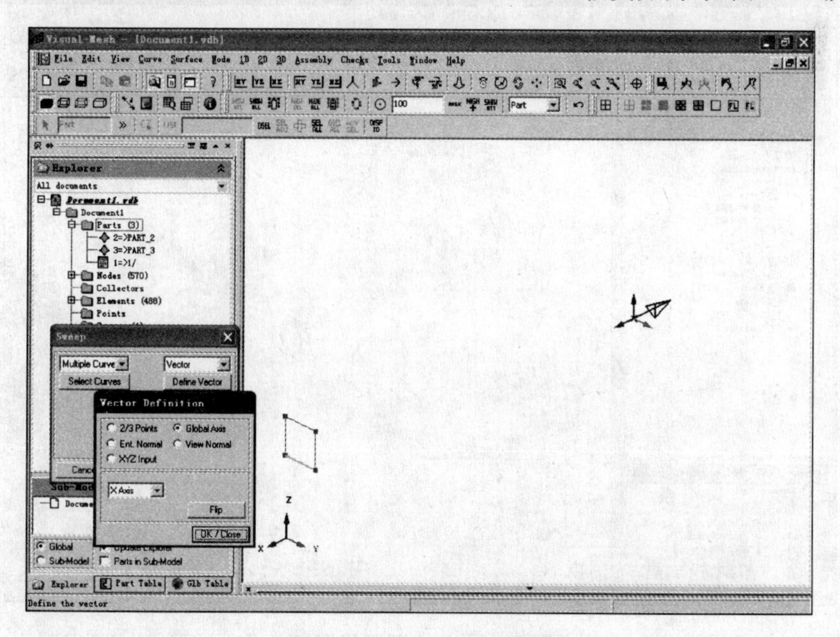

图 6.62　直线拉伸设置窗口

(32)单击 OK/Close 按钮,关闭 Vector Definition 窗口。单击 Sweep 窗口中的 Mesh 按钮,打开 Mesh - 2D 窗口,单击选中 Display 下的 Edge Count,图形显示区显示拉伸形成的面各边网格划分种子点数,设置 ID 选项中的 Part ID 为 4,如图 6.63 所示。

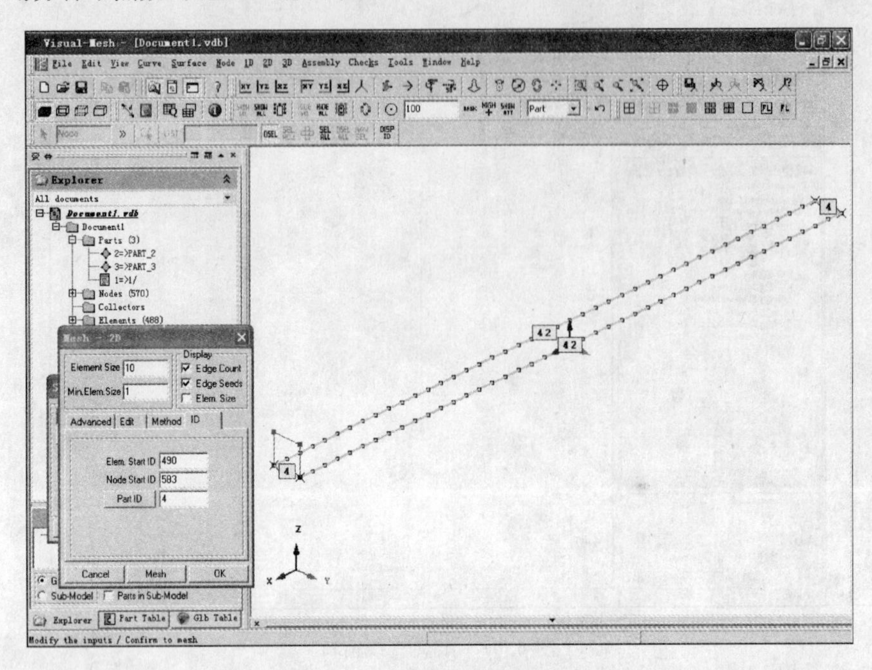

图 6.63　网格密度设置窗口

(33)单击 Mesh 和 OK 按钮,关闭 Mesh - 2D 窗口,如图 6.64 所示。

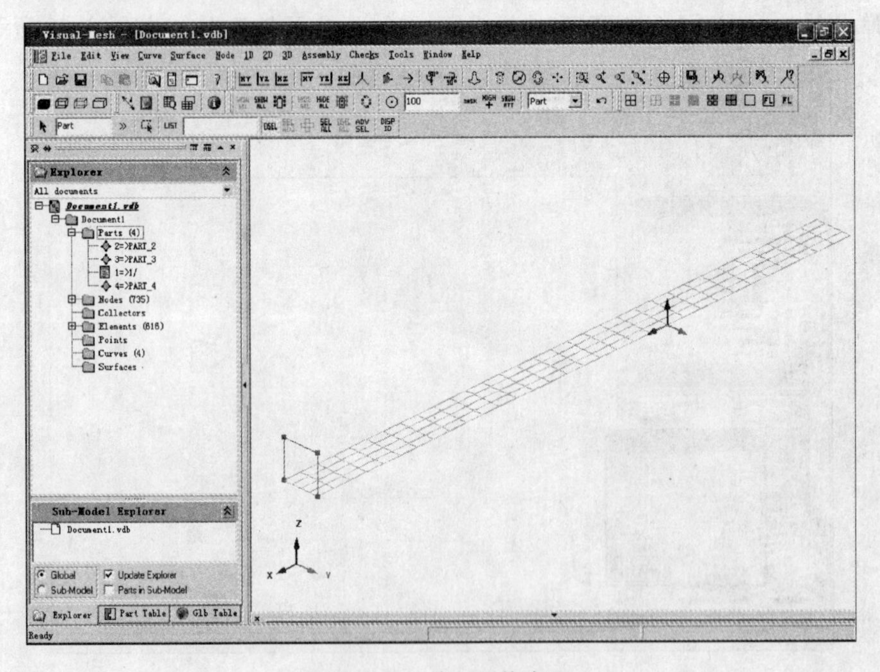

图 6.64　生成面网格窗口

(34)按照同样的方法,将剩下的 3 条直线拉伸形成面网格,最终面网格如图 6.65 所示。

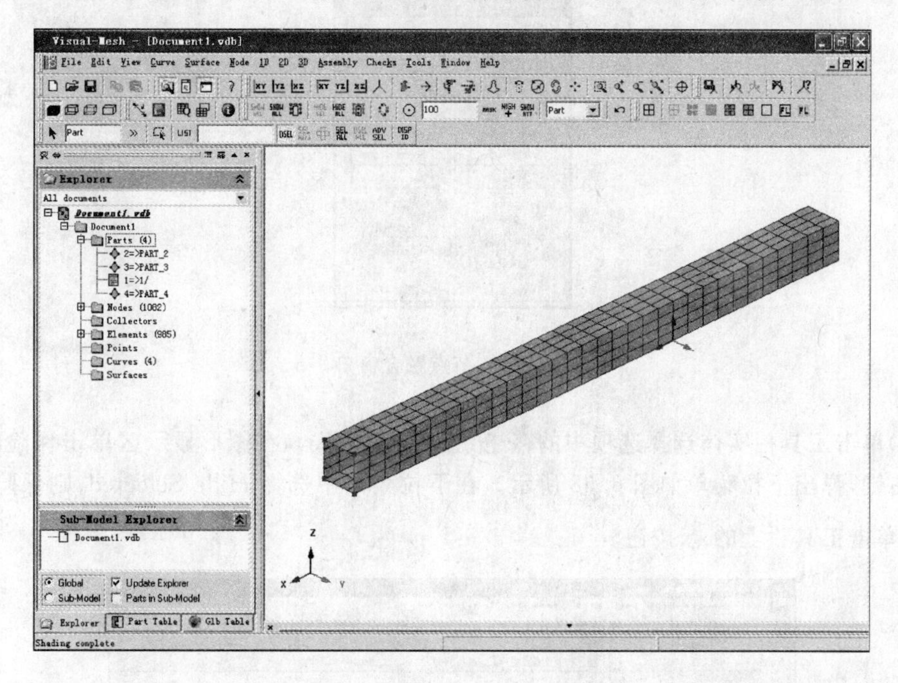

图 6.65　最终面网格

(35)在树结构菜单区右键单击,如图 6.66 所示,在下拉菜单中单击 Delete 删除直线。

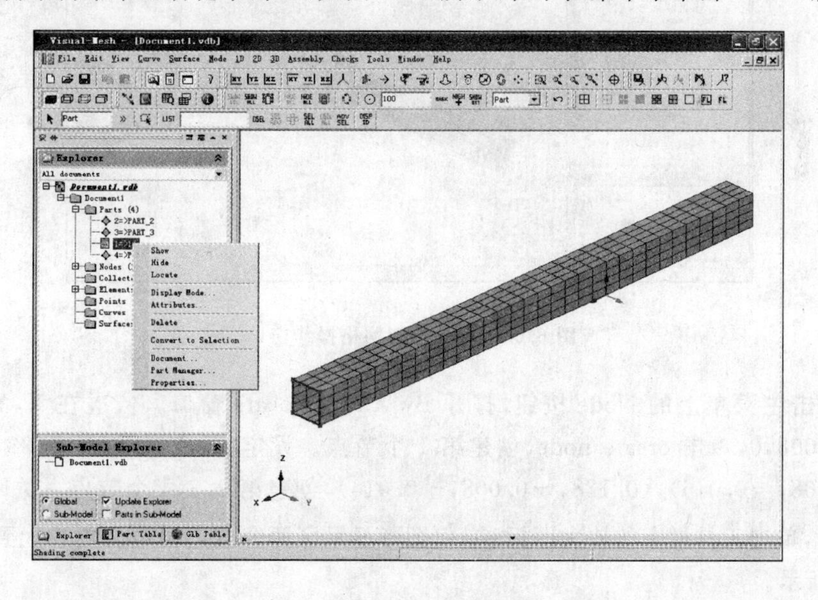

图 6.66　直线删除窗口

(36) 单击主菜单上的 Checks 按钮,打开 Coincident Nodes(节点融合)窗口,如图 6.67 所示。设置 Max Gap 为 0.001,单击 Check 按钮,单击 Fuse Nodes 下方的 Select Nodes 按钮和 Fuse All 按钮,关闭 Coincident Nodes 窗口,融合重复的节点。

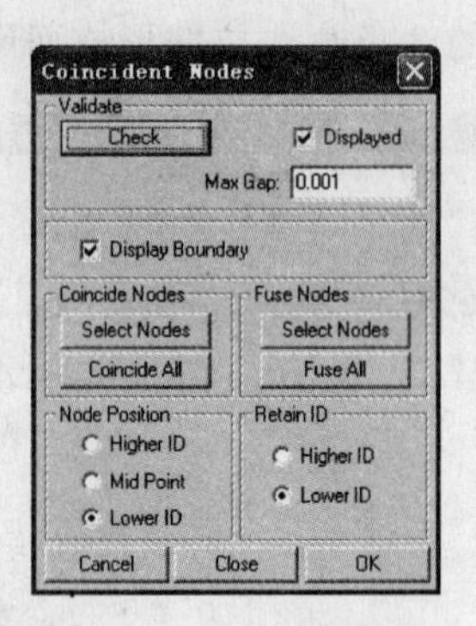

图 6.67　节点融合窗口

(37)单击工具栏实体选择选项中的按钮,并选择 Part,在图形显示区单击保险杠,再单击鼠标右键,弹出下拉菜单如图 6.68 所示。在下拉菜单中选择 Hide Selected,则保险杠被隐藏起来,单击工具栏上的按钮。

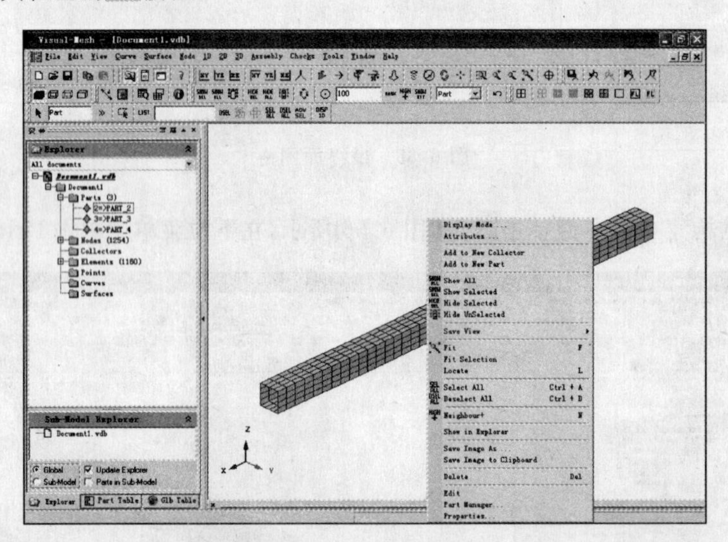

图 6.68　隐藏骨架网格操作窗口

(38)单击主菜单上的 Node 按钮,打开 By XYZ, Locate 窗口。依次在 X,Y,Z 中输入 0.128,−0.008,0,单击 create node,创建第 1 个节点。设定(X,Y,Z)为(0.128,0.008,0),(0.128,0.008,−0.016),(0.128,−0.008,−0.016),创建第 2,3,4 个节点。关闭 By XYZ, Locate 窗口,单击工具栏上的放大图标,使图形显示区两个节点相对位置放大到一定程度,如图 6.69 所示。

(39)单击主菜单上的 2D 按钮,打开 By Node - 2D 窗口,在 Part ID 中输入 5,如图 6.70 所示。拾取外侧 4 个节点,生成四边形单元。

(40)单击主菜单上的 2D 按钮,打开 Remesh 窗口,单击 Remesh Elements,拾取刚创建的梯形单元。之后单击鼠标中键,弹出 Mesh - 2D 窗口,如图 6.71 所示,并设置四边形单元各边的种子点数。

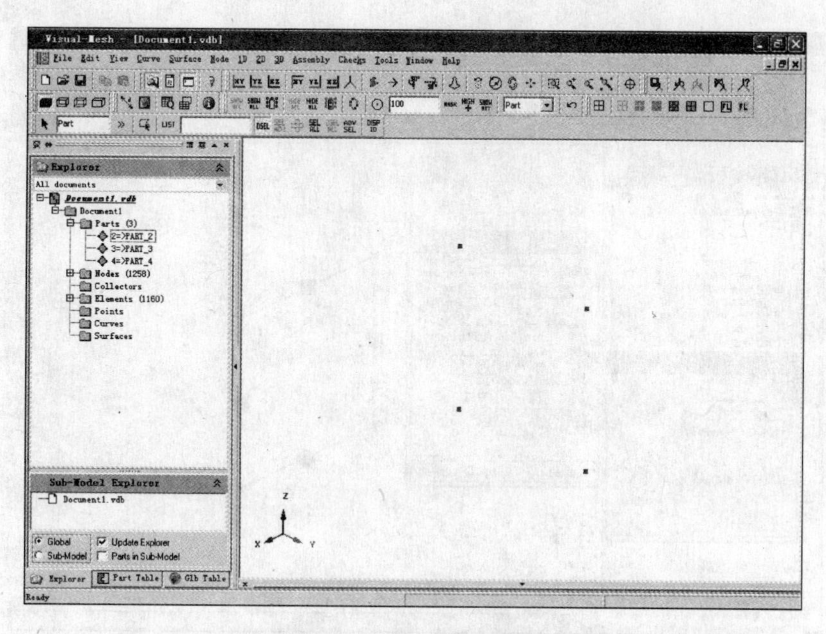

图 6.69　定义 4 节点窗口

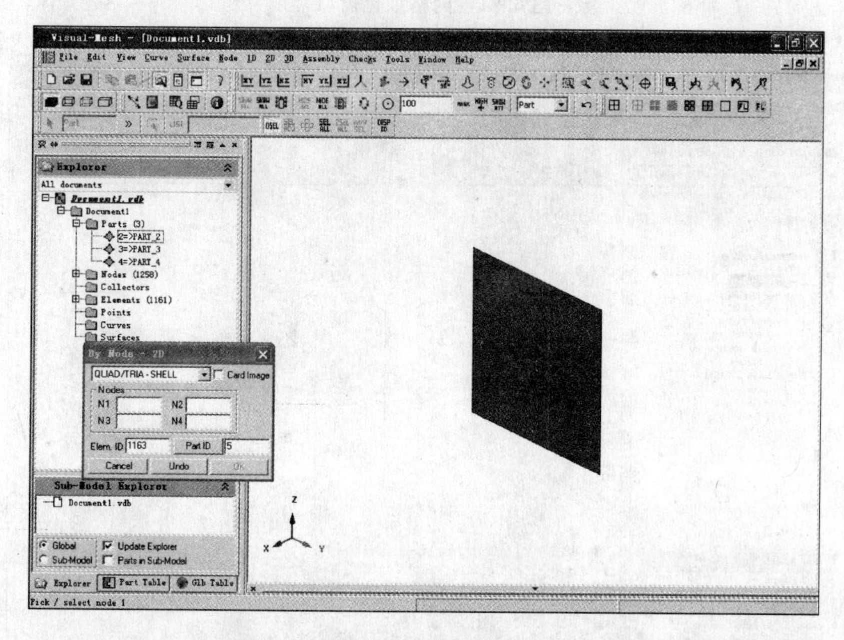

图 6.70　由节点直接生成四边形单元

(41) 单击 Mesh 和 OK，关闭 Remesh 窗口，形成网格如图 6.72 所示。

(42)单击主菜单上的 3D 按钮，打开 Sweep－3D 窗口。在 Define Vector 按钮上方的下拉列表中选择 Vector，在 Distance 中输入 0.256，单击 Select Faces 按钮，在图形显示区拖动鼠标左键画出四边形，选择所有平面网格。之后单击鼠标中键，弹出 Vector Definition 窗口，选择 Global Axis 和 X Axis 及 Flip，使平面网格拉伸方向沿 X 轴负方向，如图 6.73 所示。单击 OK/Close 按钮，关闭 Vector Definition 窗口。

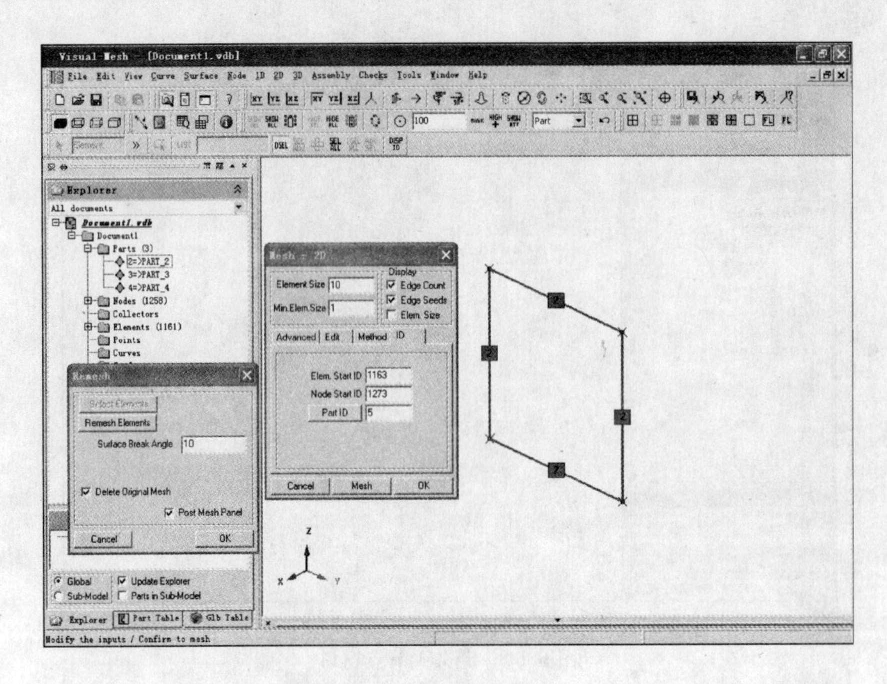

图 6.71　网格细化窗口

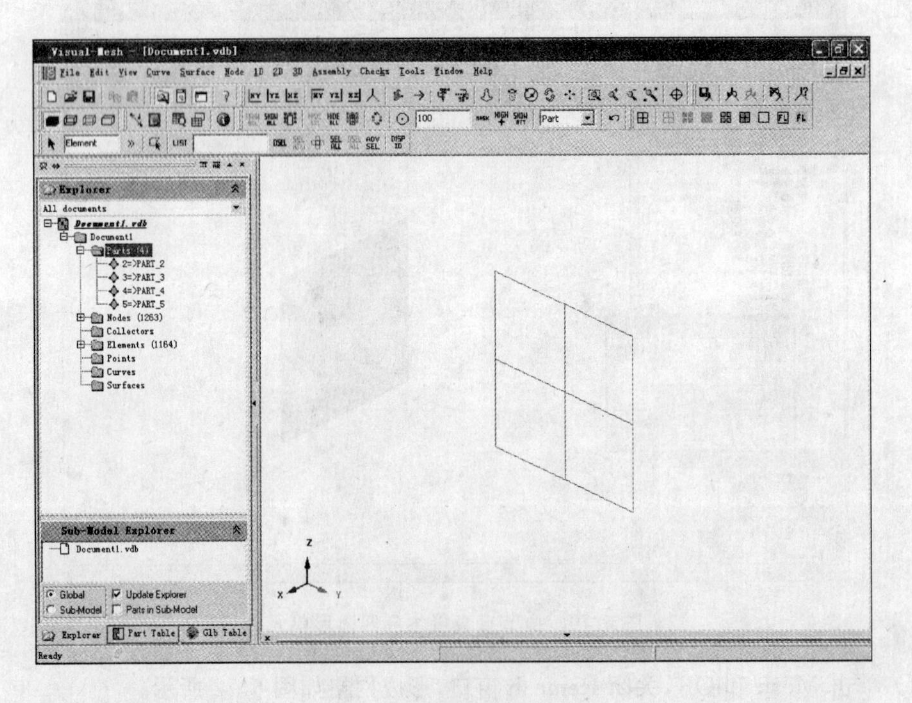

图 6.72　细化后网格图

(43)单击 Sweep - 3D 窗口上的 Mesh 按钮，打开 Mesh - 3D 窗口，如图 6.74 所示。软件默认沿伸长方向将 0.256m 分成 32 份，这里采用默认设置，单击 Mesh 按钮和 OK 按钮，关闭 Sweep - 3D 窗口。

(44)单击工具栏上的按钮及按钮，形成杆 A 的三维有限元网格，如图 6.75 所示。

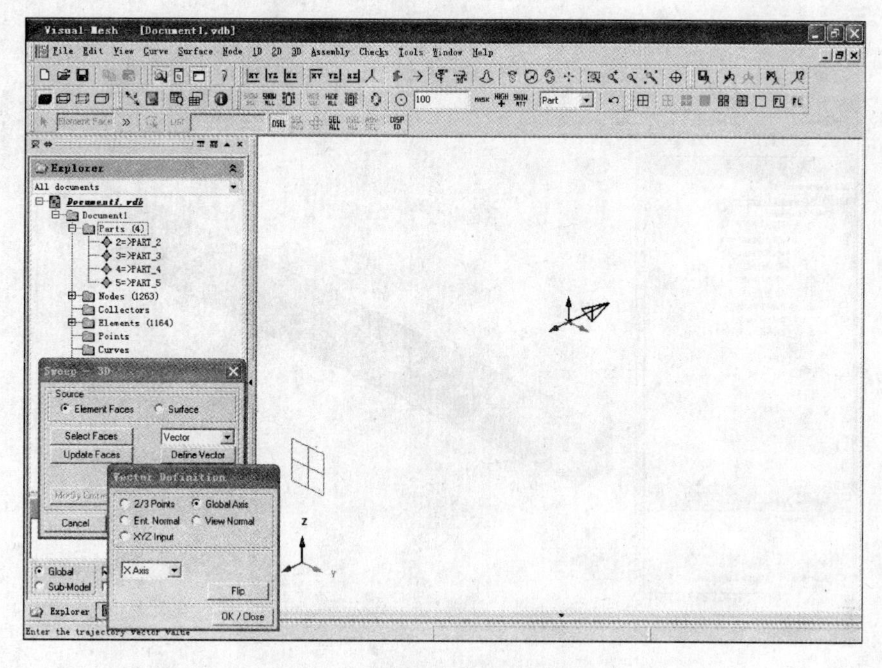

图 6.73　面网格拉伸定义窗口

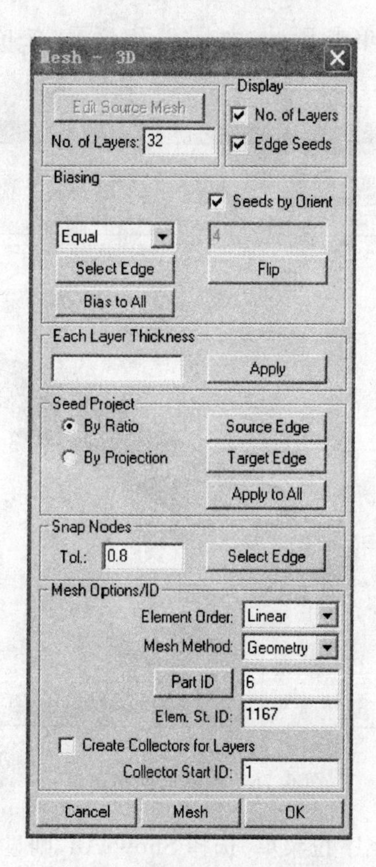

图 6.74　网格密度设置窗口

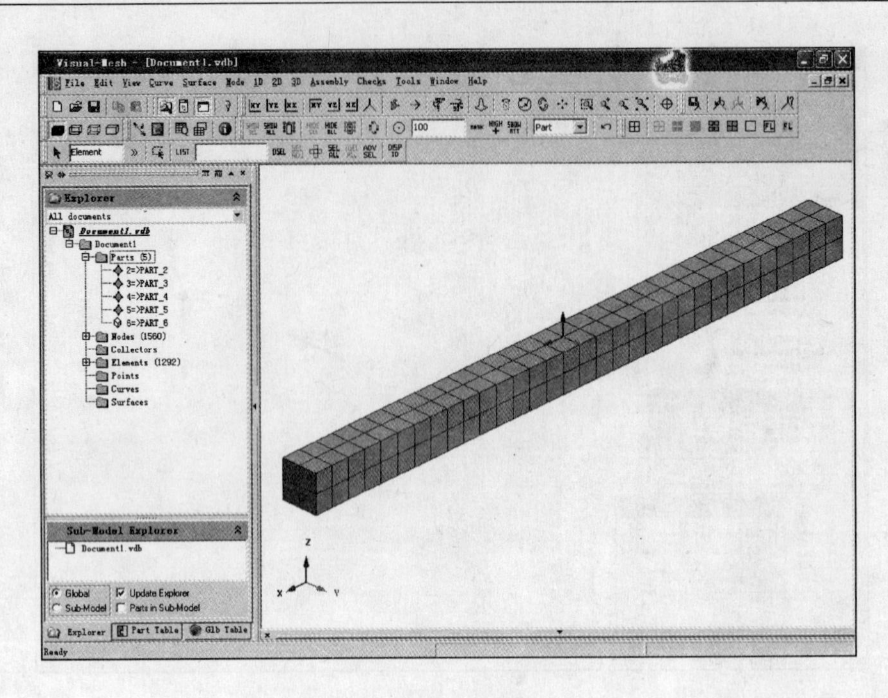

图 6.75　撞击体有限元网格

(45) 在树结构菜单区右键单击 Part5，如图 6.76 所示，在下拉菜单中单击 Delete，删除原平面网格。

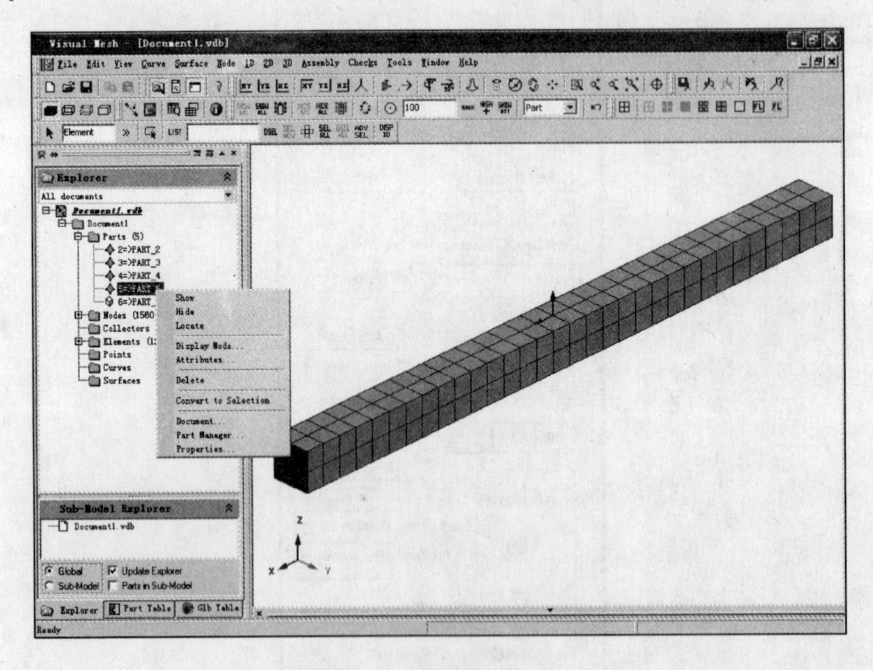

图 6.76　删除面网格窗口

(46) 单击图形显示区，弹出下拉菜单，选择 Show All，则显示所有有限元模型，如图 6.77 所示。

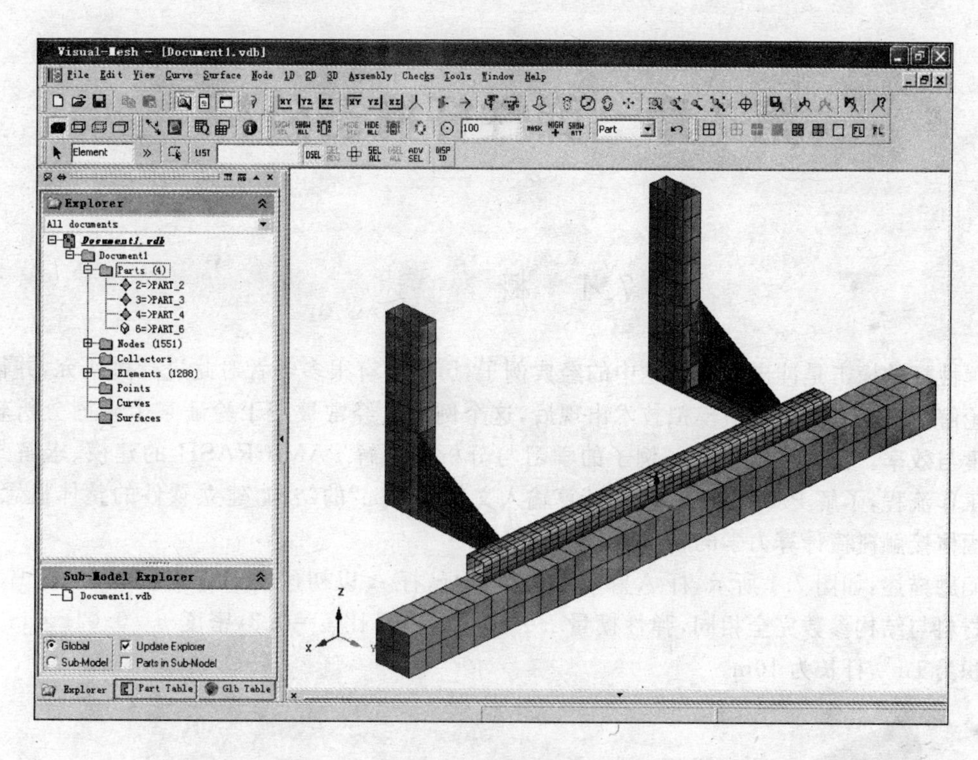

图 6.77　整体有限元模型

(47) 隐藏撞击体,单击主菜单上的 Checks 按钮,打开 Coincident Nodes 窗口,设置 Max Gap 为 0.001,单击 Check 按钮,单击 Fuse Nodes 下方的 Select Nodes 按钮和 Fuse All 按钮,关闭 Coincident Nodes 窗口,融合重复的节点,目的是将保险杠、骨架及支座三者处理成共节点连接。

(48) 单击主菜单上的 File 按钮,打开 Export 窗口,定义网格数据文件名称为 car-fender-mesh.pc,单击 OK 按钮保存到预先创建的工作目录中。

第 7 章　弹性杆撞击分析

7.1 概　　述

弹性杆的撞击是冲击碰撞问题中的经典例子，历史上有很多学者对此进行过研究，并得到了理论解析解。有限元数值模拟技术出现后，这个例子又经常被用于验证某个碰撞分析软件的精度与效率。读者可以从这一例子的学习与分析中了解 PAM-CRASH 的建模、求解与后处理工作流程，了解 PAM-CRASH 的计算输入文件“ *. pc”的结构，建立软件的整体概念，形成对固体接触碰撞计算力学的初步印象。

问题描述：如图 7.1 所示，杆 A 和杆 B 为弹性杆，杆 A 以初速度 1m/s 撞向静止杆 B。两杆的材料与结构参数完全相同，弹性模量 $E=100\text{Pa}$，泊松比 $\mu=0.3$，密度 $\rho=0.01\text{kg/m}^3$，杆截面积为 1m^2，杆长为 10m。

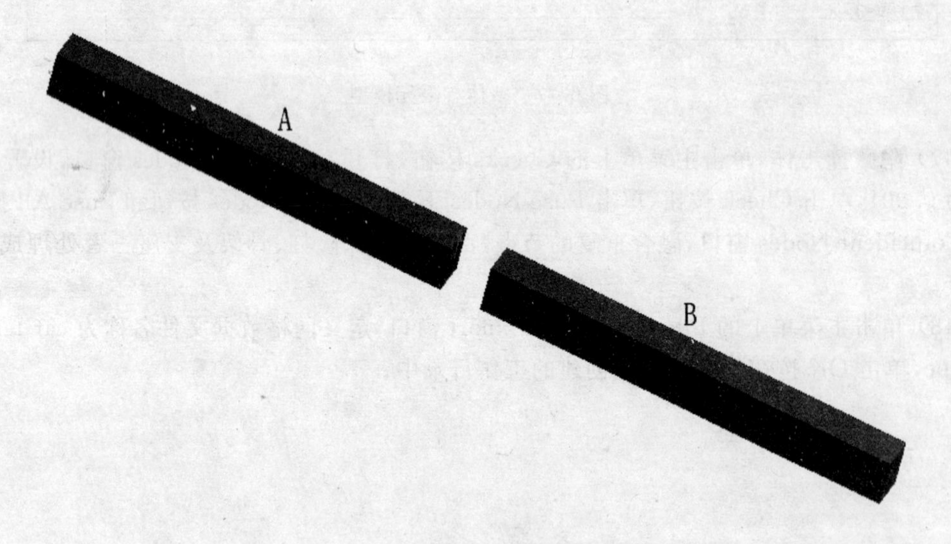

图 7.1　两个弹性杆撞击

7.2 建 模 过 程

7.2.1 Visual-Mesh 网格生成

首先在图形窗口里创建一条线，然后将线拉伸成面网格，再将面网格拉伸形成体网格，最后利用复制操作形成两个体网格。步骤如下：

(1) 在硬盘上创建名称为 bars-impact 的工作目录。

(2)打开 Visual-Mesh 界面，单击主菜单上的 File 按钮，打开 New 窗口，设置长度、质量、时间和温度4个物理量的单位为国际单位制，如图7.2所示。单击OK按钮关闭对话框。

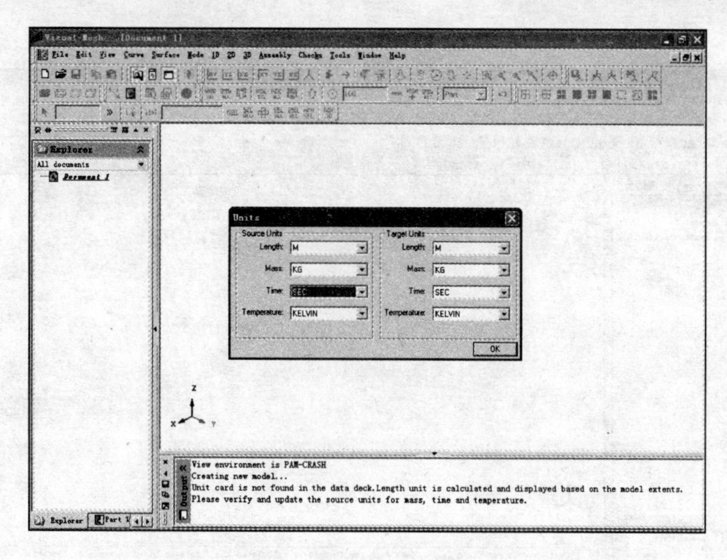

图7.2　单位设置窗口

(3)单击主菜单上的Node按钮，打开By XYZ, Locate窗口。依次在X,Y,Z中输入0.5, 0.5,0,单击create node创建第1个节点。在X,Y,Z中再次输入0.5,－0.5,0,单击create node创建第2个节点。关闭By XYZ, Locate窗口，单击工具栏上的放大图标，使图形显示区两个节点相对位置放大到一定程度，如图7.3所示。

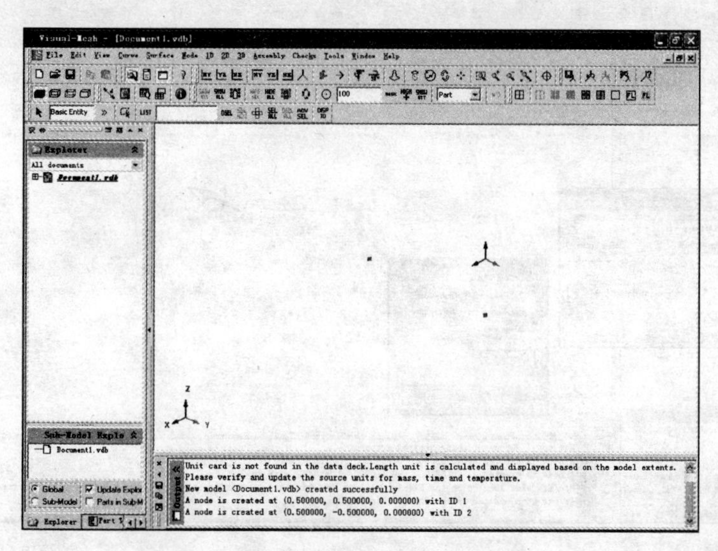

图7.3　定义两节点窗口

(4)单击主菜单上的Curve按钮，打开Sketch窗口，在图形显示区单击节点1和节点2，单击Sketch窗口上的OK按钮，形成一条直线，关闭Sketch窗口，如图7.4所示。

(5)单击主菜单上的Surface按钮，打开Sweep窗口。在Select Curves上方的下拉列表中选择Multiple Curves，在Distance中输入1，在图形显示区单击直线，并按下鼠标中键，弹出

Vector Definition 窗口。选择 Global Axis，单击 Flip 按钮，使直线拉伸方向沿 X 轴负方向，如图 7.5 所示。

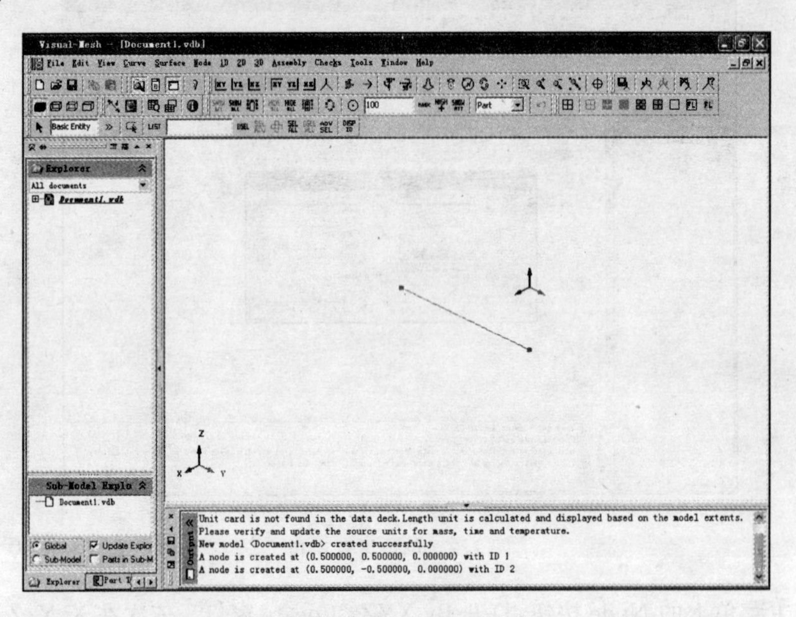

图 7.4　定义直线窗口

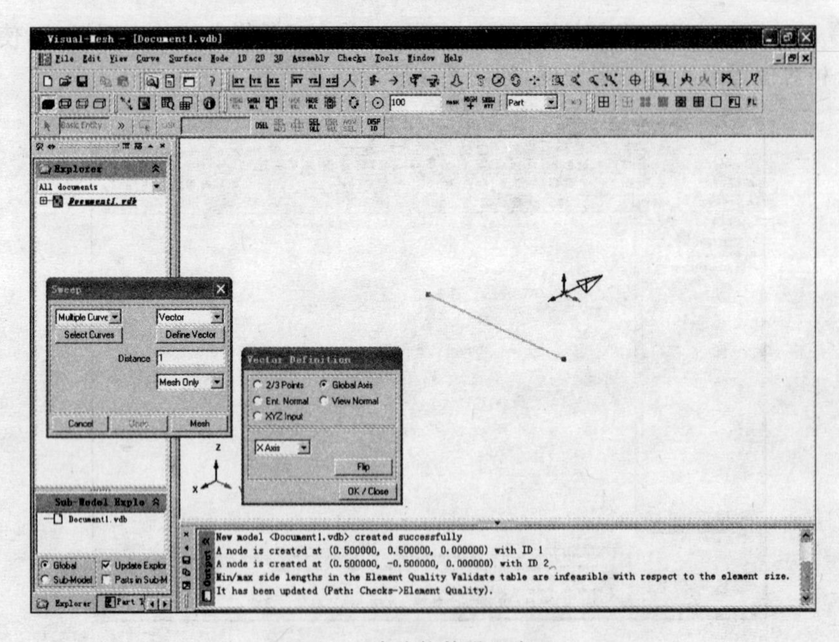

图 7.5　直线拉伸设置窗口

(6)单击 OK/Close 按钮，关闭 Vector Definition 窗口，单击 Sweep 窗口中的 Mesh 按钮，打开 Mesh - 2D 窗口，在 Element Size 中输入单元边长为 0.1，如图 7.6 所示。

(7)单击 Mesh 和 OK 按钮，关闭 Mesh - 2D 窗口，再关闭 Sweep 窗口，生成面网格，如图 7.7 所示。

(8)在树结构菜单区右键单击 Part1，如图 7.8 所示，在下拉菜单中单击 Delete 删除直线。

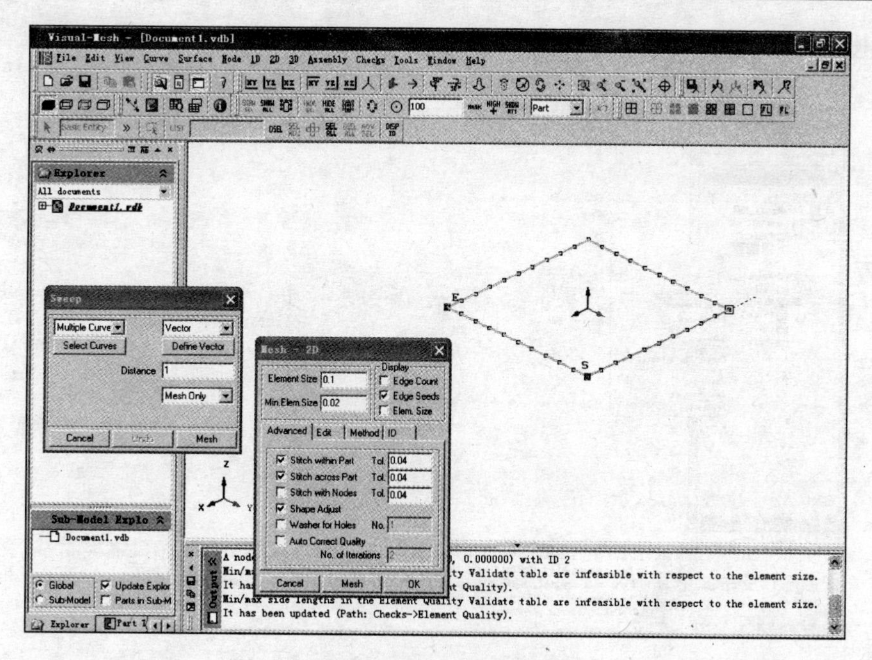

图 7.6 网格密度设置窗口

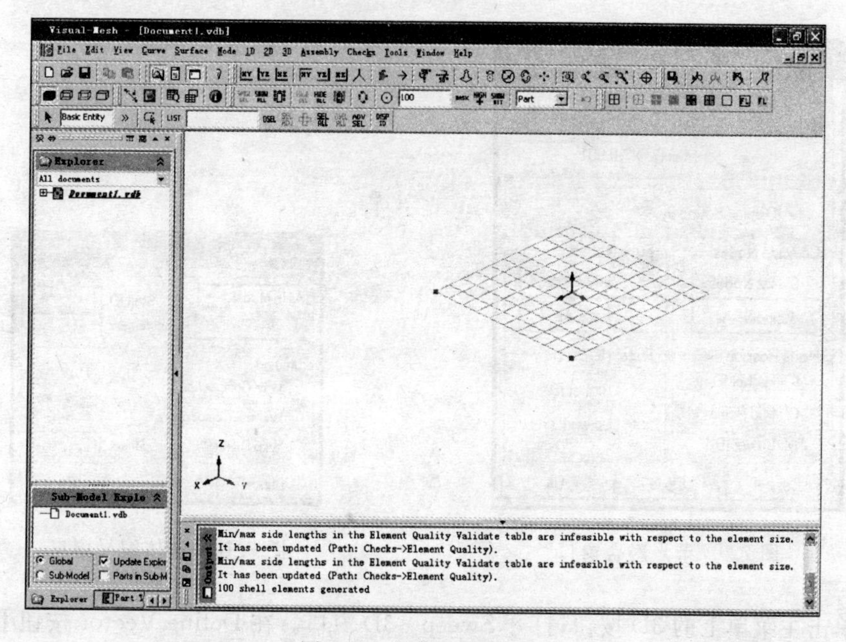

图 7.7 生成面网格窗口

(9) 单击主菜单上的 Checks 按钮，打开 Coincident Nodes 窗口，如图 7.9 所示。设置 Max Gap 为 0.001，单击 Check 按钮，单击 Fuse Nodes 下方的 Select Nodes 按钮和 Fuse All 按钮，关闭 Coincident Nodes 窗口，融合重复的节点。单击主菜单上的 Assembly 按钮，打开 Renumber By Entities 窗口，在 Update Entities 按钮上方的下拉列表中选择 All In Model，如图 7.10 所示。单击 OK 按钮，关闭 Renumber By Entities 窗口，对节点、单元和部件重新编号。

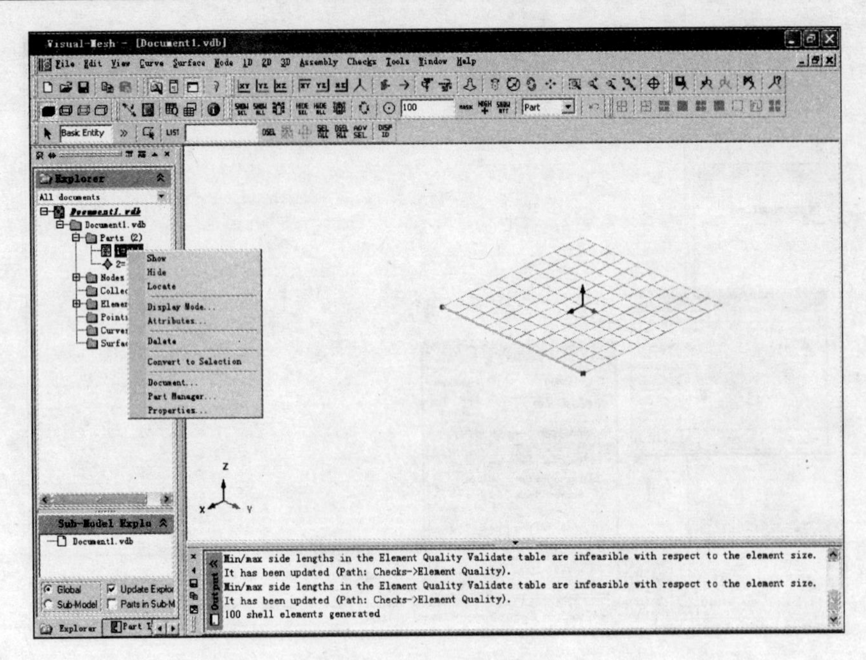

图 7.8　删除直线窗口

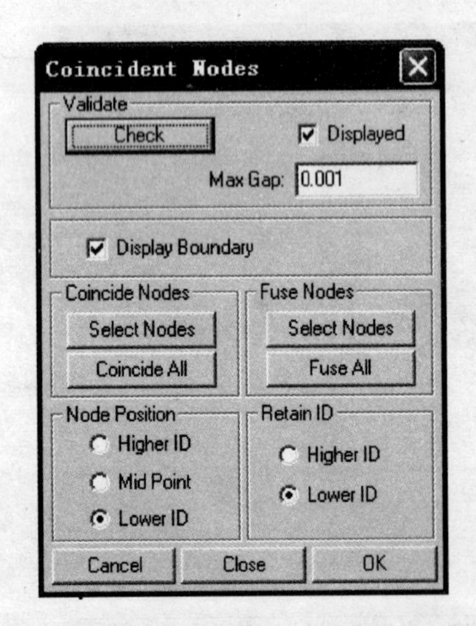

图 7.9　节点融合窗口

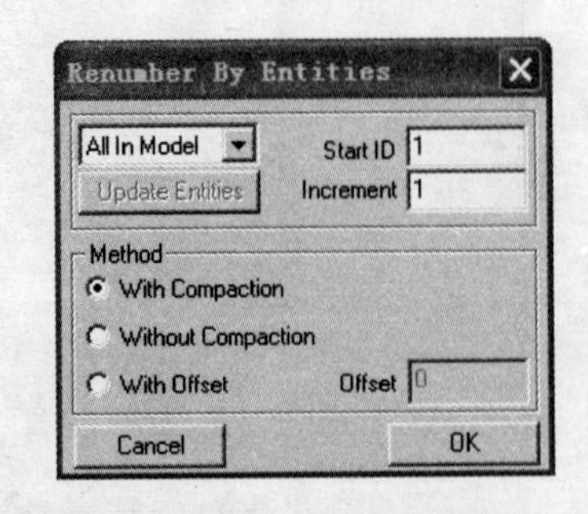

图 7.10　实体编号窗口

(10)单击主菜单上的 3D 按钮,打开 Sweep - 3D 窗口。在 Define Vector 按钮上方的下拉列表中选择 Vector,在 Distance 中输入 10,单击 Select Faces 按钮,在图形显示区拖动鼠标左键画出四边形,选择所有平面网格。之后单击鼠标中键,弹出 Vector Definition 窗口,选择 Global Axis 和 Z Axis,使平面网格拉伸方向沿 Z 轴,如图 7.11 所示。单击 OK/Close 按钮,关闭 Vector Definition 窗口。

(11)单击 Sweep - 3D 窗口上的 Mesh 按钮,打开 Mesh - 3D 窗口,如图 7.12 所示。软件默认沿伸长方向将 10m 分成 100 份,这里采用默认设置,单击 Mesh 按钮和 OK 按钮,关闭 Sweep - 3D 窗口。

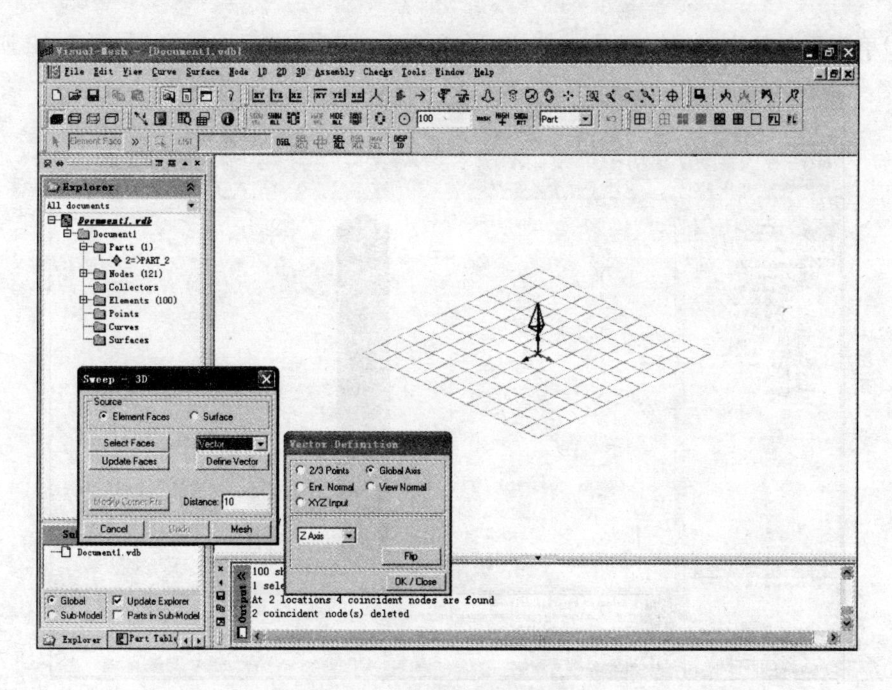

图 7.11　面网格拉伸定义窗口

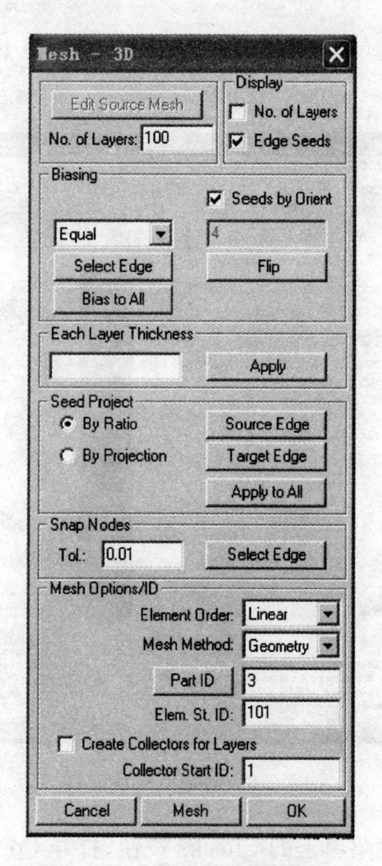

图 7.12　网格密度设置窗口

(12)单击工具栏上的按钮及按钮,形成杆 A 的三维有限元网格,如图 7.13 所示。

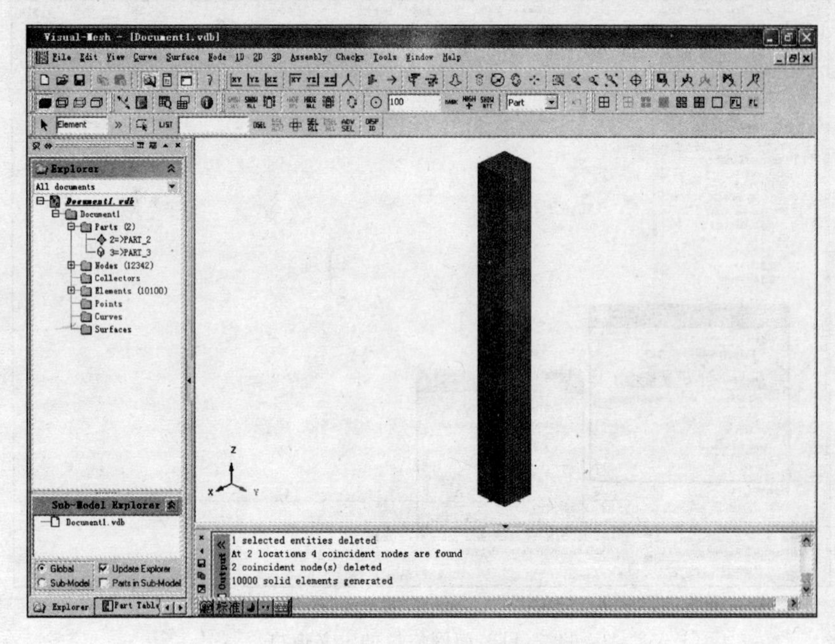

图 7.13 杆 A 有限元网格

(13) 在树结构菜单区右键单击 Part2,如图 7.14 所示,在下拉菜单中单击 Delete,删除原平面网格。

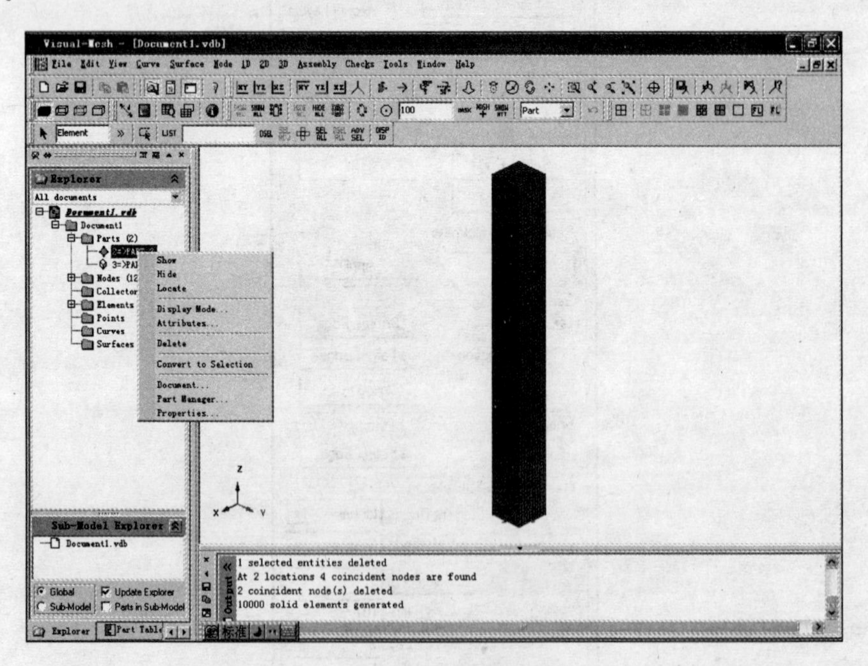

图 7.14 删除面网格窗口

(14) 重复步骤(9),单击主菜单上的 Checks 按钮,打开 Coincident Nodes 窗口,设置 Max Gap 为 0.001,单击 Check 按钮,单击 Fuse Nodes 下方的 Select Nodes 按钮和 Fuse All 按钮,

关闭 Coincident Nodes 窗口，融合重复的节点。单击主菜单上的 Assembly 按钮，打开 Renumber By Entities 窗口，在 Update Entities 按钮上方的下拉列表中选择 All In Model，单击 OK 按钮，关闭 Renumber By Entities 窗口，对节点、单元和部件重新编号。

(15) 单击主菜单上的 3D 按钮，打开 Transform - 3D 窗口，在 dz 中输入 −11，选择 Copy 选项，单击 Set Top Available ID 按钮，如图 7.15 所示。单击 Select Entities 按钮，在图形显示区拖动鼠标左键画出四边形，选择所有六面体网格。单击 Update Entities 按钮和 Copy 按钮，关闭 Transform - 3D 窗口，生成杆 A 和杆 B 有限元网格，如图 7.16 所示。

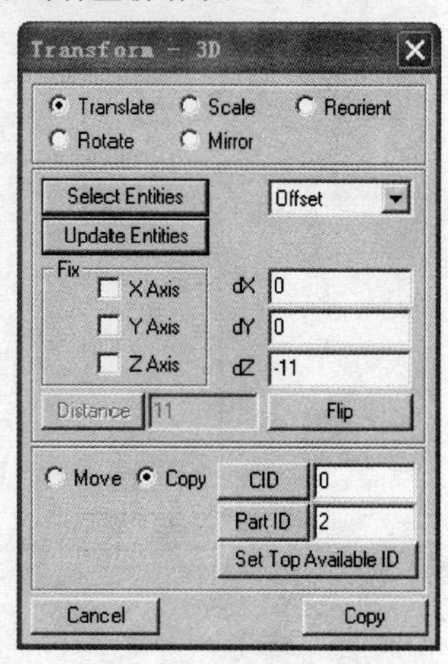

图 7.15　网格复制设置窗口

(16) 重复步骤(8)，单击主菜单上的 Checks 按钮，打开 Coincident Nodes 窗口，设置 Max Gap 为 0.001。单击 Check 按钮，单击 Fuse Nodes 下方的 Select Nodes 按钮和 Fuse All 按钮，关闭 Coincident Nodes 窗口，融合重复的节点。单击主菜单上的 Assembly 按钮，打开 Renumber By Entities 窗口，在 Update Entities 按钮上方的下拉列表中选择 All In Model，单击 OK 按钮，关闭 Renumber By Entities 窗口，对节点、单元和部件重新编号。

(17) 单击主菜单上的 File 按钮，打开 Export 窗口，定义网格数据文件名称为 bars-impact-mesh. pc，单击 OK 按钮保存到预先创建的工作目录中。

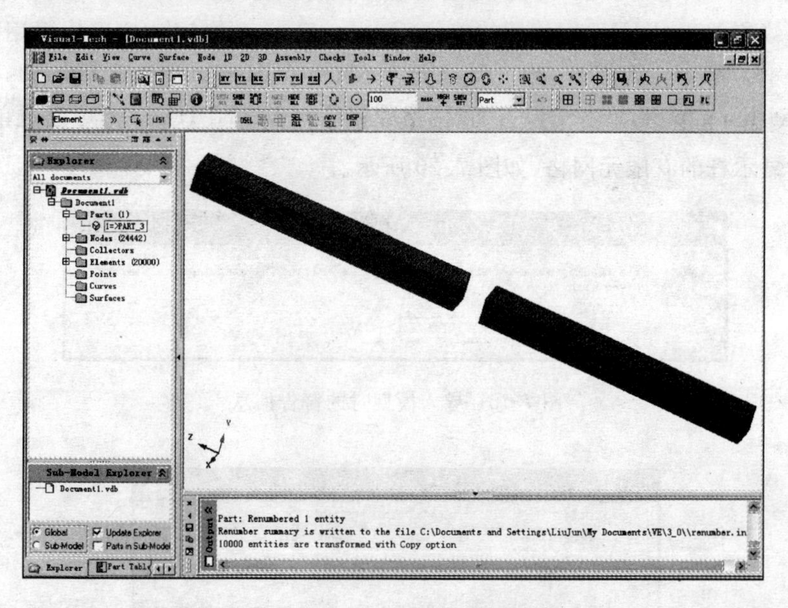

图 7.16　杆 A 和杆 B 有限元网格模型

7.2.2　Visual-HVI 前处理

(18)打开 Visual-HVI 界面，单击主菜单上的 File 按钮，打开 New 窗口，设置长度、质量、时间和温度 4 个物理量的单位为国际单位制,如图 7.17 所示。单击 OK 按钮关闭对话框。

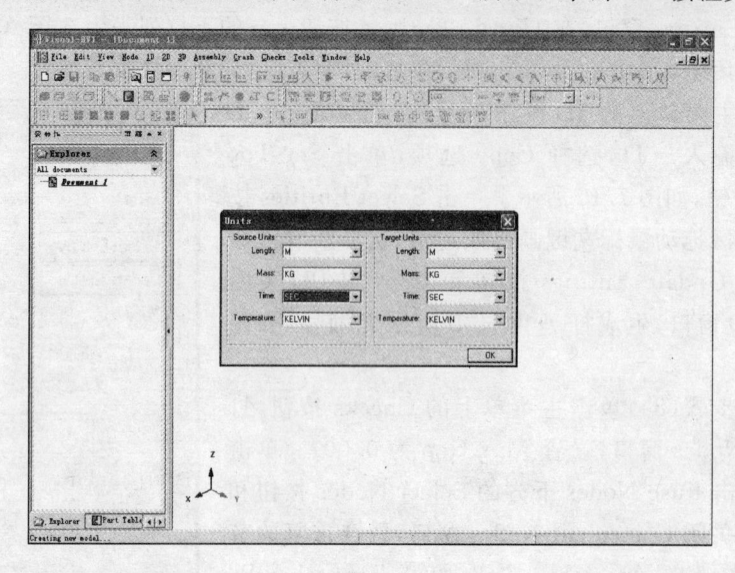

图 7.17　HVI 中单位设置窗口

(19)单击主菜单上的 File 按钮,并单击 Append,弹出 Open 窗口,选择工作目录 bars-impact 下的网格数据文件 bars-impact. pc。单击 Open 按钮,由于导入的文件只是网格数据,所以打开时会有警告信息,如图 7.18 所示。单击“是”,查看警告信息,单击“否”,越过查看,此警告不影响分析,所以这里单击“否”。之后出现单位转换窗口,即 Visual-Mesh 中使用的单位(Source Units)和 Visual-HVI 中使用的单位(Target Units)的转化,这里均采用国际单位制,如图 7.19 所示。单击 OK 按钮,出现导入选项窗口,在 Renumbering Options 选项中选择 Auto offset with a gap of,单击 OK 按钮,网格数据导入 Visual-HVI 中,可通过单击快捷菜单上的按钮,显示杆的有限元网格,如图 7.20 所示。。

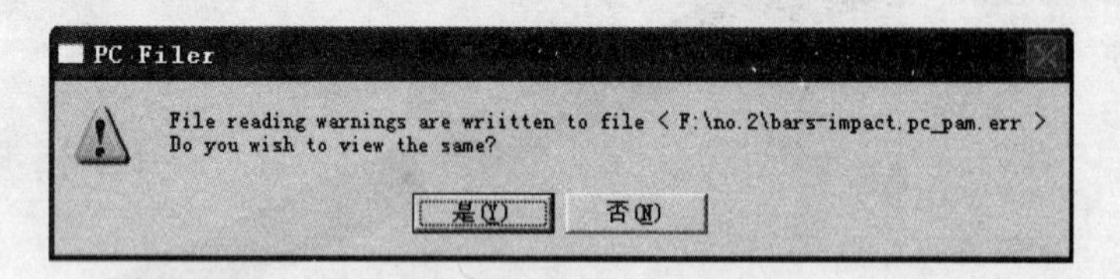

图 7.18　导入模型时的警告信息

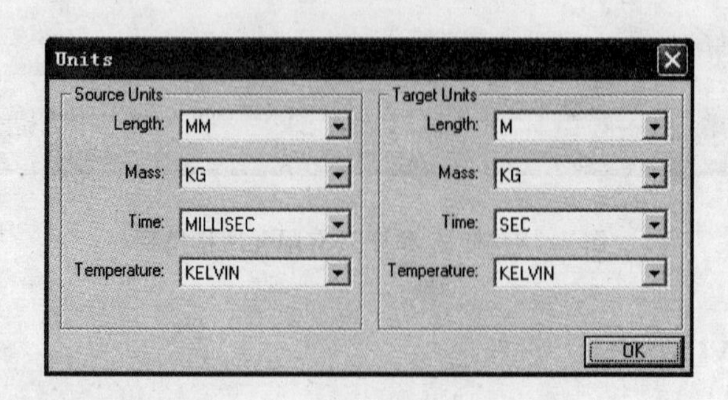

图 7.19　导入模型时单位转换

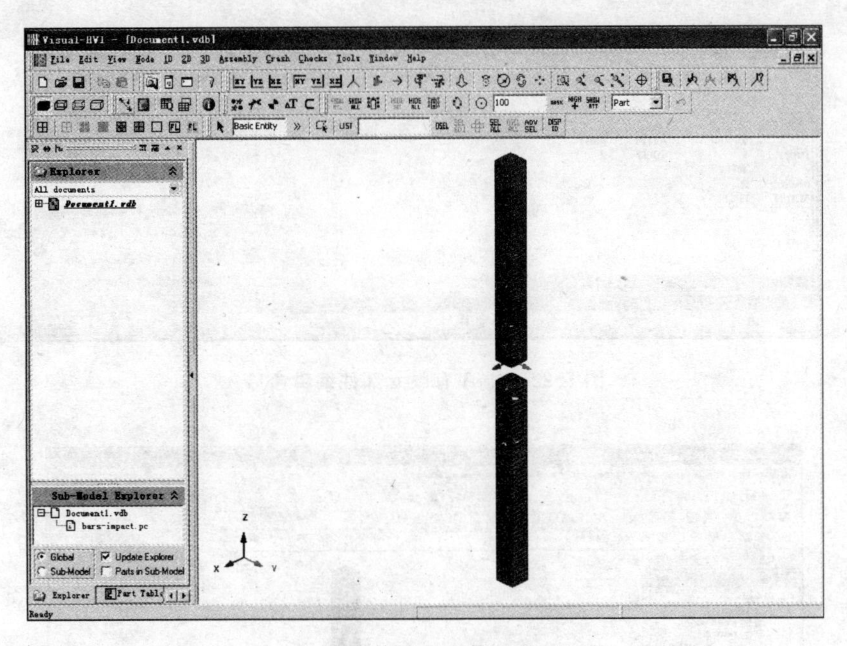

图 7.20　导入 HVI 后的有限元网格

(20)在树结构菜单中右键单击 1=>PART_3,弹出窗口如图 7.21 所示。选择 Edit 并单击,打开 Part Creation 窗口,在 NAME 中输入 A,即设置第一个 Part 的名称为 A,如图 7.22 所示。单击 OK 按钮,再单击 Close 按钮,关闭 Part Creation 窗口。

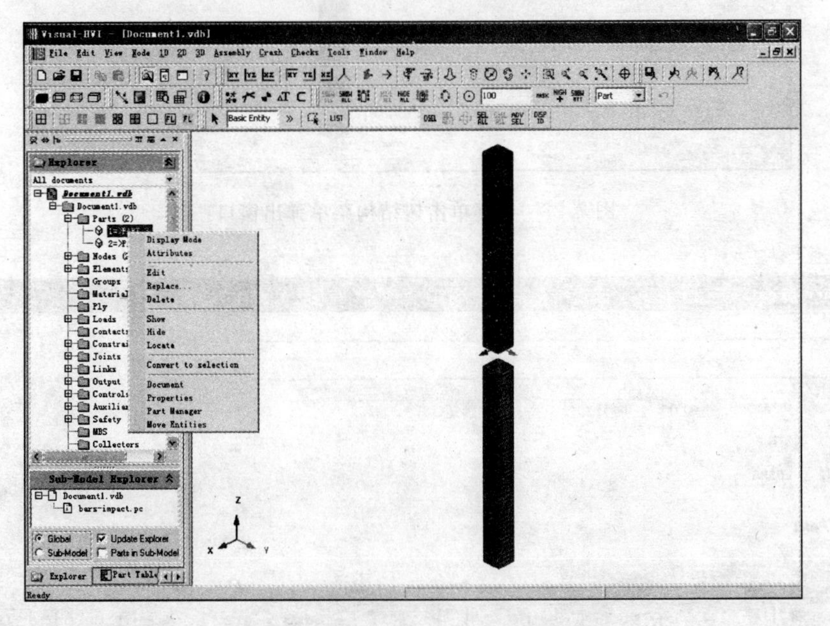

图 7.21　右键单击树结构菜单弹出窗口

(21)在树结构菜单中右键单击 2=>PART_2,如图 7.23 所示。选择 Edit 并单击,打开 Part Creation 窗口,在 NAME 中输入 B,即设置第二个 Part 的名称为 B,如图 7.24 所示。单击 OK 按钮,再单击 Close 按钮,关闭 Part Creation 窗口。

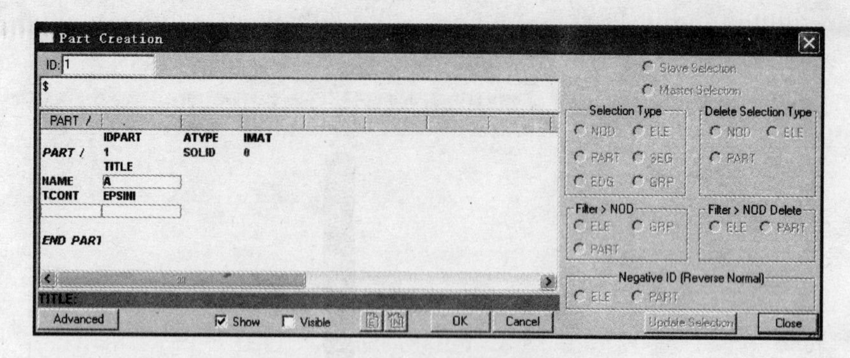

图 7.22 杆 A 有限元部件编辑窗口

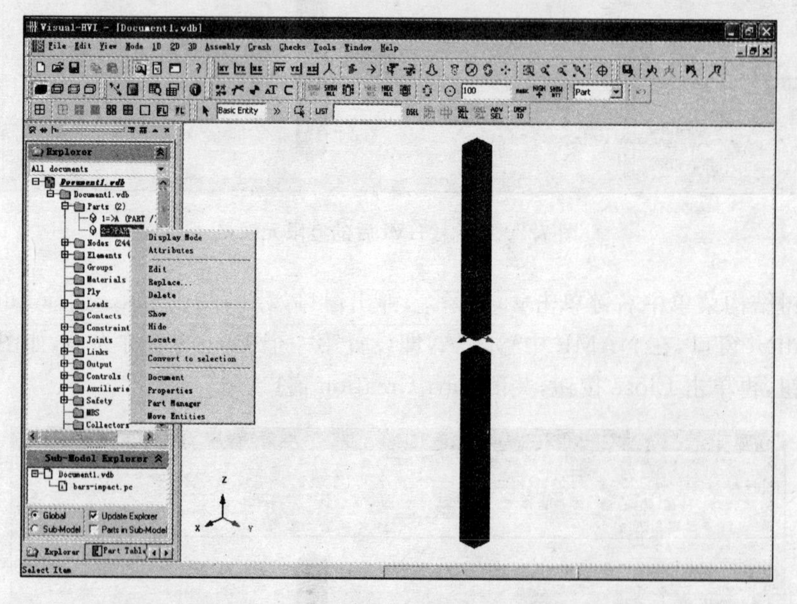

图 7.23 右键单击树结构菜单弹出窗口

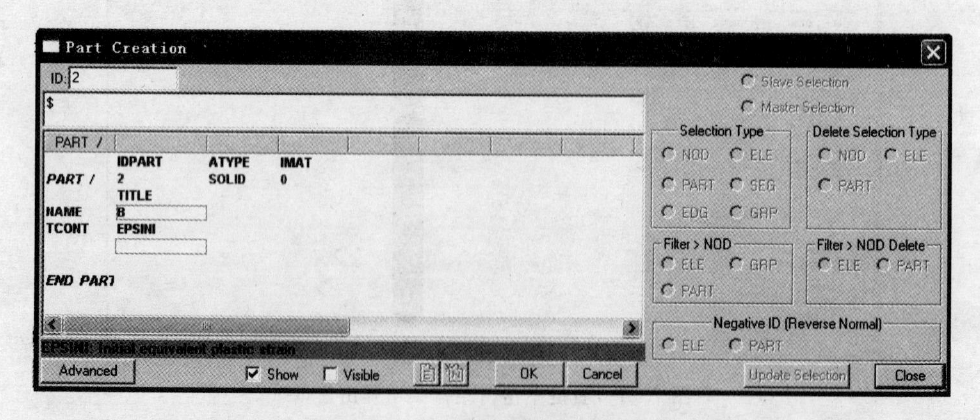

图 7.24 杆 B 有限元部件编辑窗口

(22)从树结构菜单 Nodes 和 Elements 中可以看出模型共有 24442 个节点和 20000 个单元。

(23)在树结构菜单中右键单击 Materials，弹出窗口如图 7.25 所示。选择 Materials Editor 并单击，打开 Materials Editor 窗口，在 Element Type 中选择 Solid，在 Type 的下拉列表中选择 1 - ELASTIC_PLASTIC_SOLID，在 RHO 中输入杆密度 0.01，在 NAME 中输入 A_mat。根据公式

$$G = \frac{E}{2(1+\mu)} \quad 和 \quad K = \frac{E}{3(1-2\mu)}$$

将 $E = 100\text{Pa}$，$\mu = 0.3$ 转化成 $G = 38.46\text{Pa}$，$K = 83.33\text{Pa}$，分别输入 G 和 K 中，在 SIGMA_Y 中输入1E40，如图 7.26 所示。输入1E40表示材料屈服应力无限大，撞击过程中处于弹性阶段。单击 OK 按钮，再单击 Close 按钮，关闭 Materials Editor 窗口。

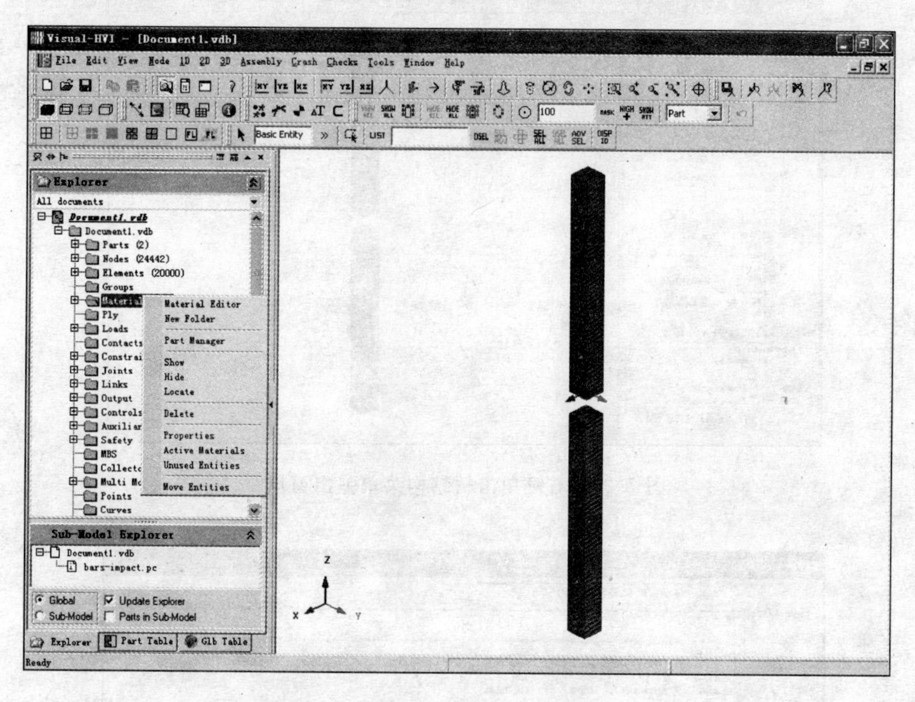

图 7.25　右键单击树结构菜单弹出窗口

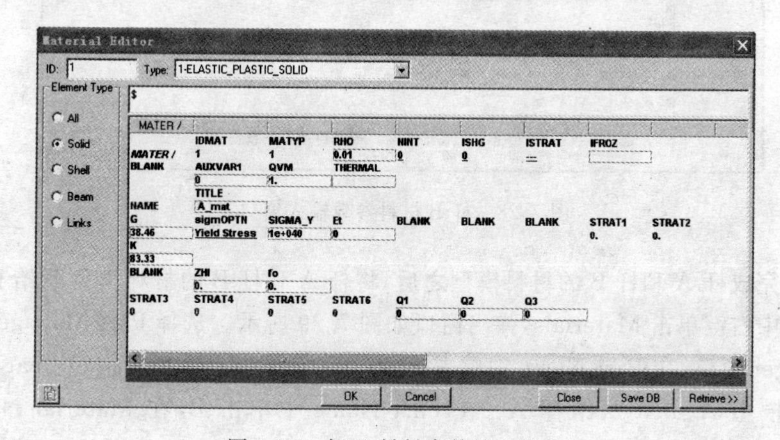

图 7.26　杆 A 材料参数输入窗口

(24)在树结构菜单中右键单击 Materials,弹出窗口如图 7.27 所示。选择 Materials Editor 并单击,打开 Materials Editor 窗口,在 Element Type 中选择 Solid,在 Type 的下拉列表中选择 1-ELASTIC_PLASTIC_SOLID,在 RHO 中输入杆密度 0.01,在 NAME 中输入 B_mat,将 $G=38.46\text{Pa}$,$K=83.33\text{Pa}$ 分别输入 G 和 K 中,在 SIGMA_Y 中输入 1E40,如图 7.28所示。输入 1E40 表示材料屈服应力无限大,撞击过程中处于弹性阶段。单击 OK 按钮,再单击 Close 按钮,关闭 Materials Editor 窗口。

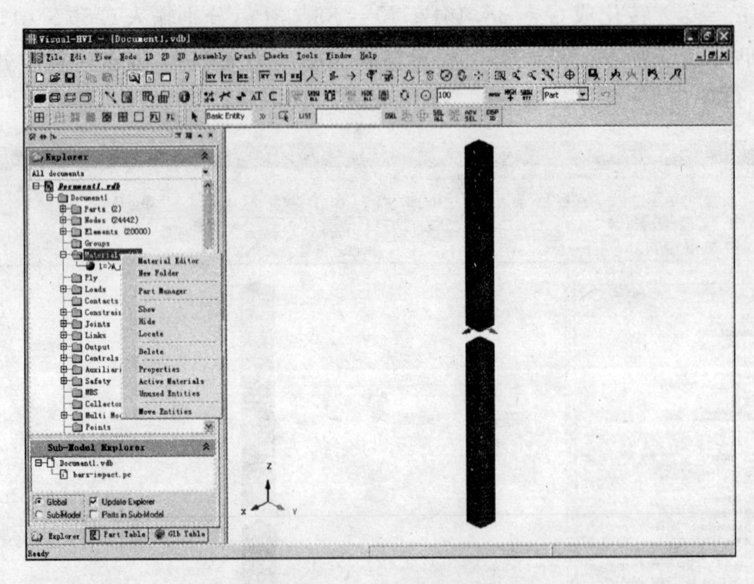

图 7.27 右键单击树结构菜单弹出窗口

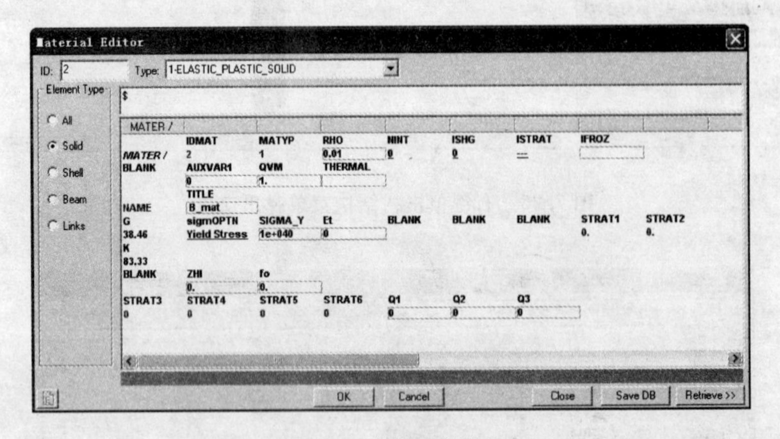

图 7.28 杆 B 材料参数输入窗口

(25)创建完成杆 A 和杆 B 的材料模型之后,将杆 A 和杆 B 的材料模型赋给有限元网格。在树结构菜单中右键单击 Materials,弹出窗口如图 7.29 所示。选择 Part Manager 并单击,打开 Part Manager 窗口,在 Part Name 中单击 A,在 Material Name 中单击 A_mat,再单击⇐按钮,则将材料模型 A_mat 赋给杆 A。在 Part Name 中单击 B,在 Material Name 中单击 B_mat,再单击⇐按钮,则将材料模型 B_mat 赋给杆 B,如图 7.30 所示。单击 Close 按钮,关闭 Part Manager 窗口。

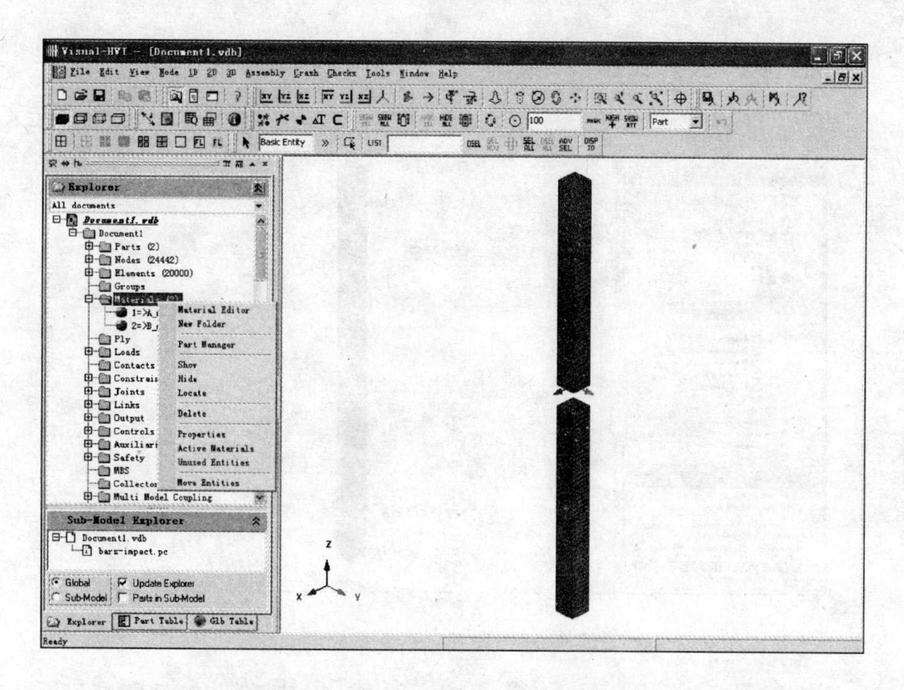

图 7.29　右键单击树结构菜单弹出窗口

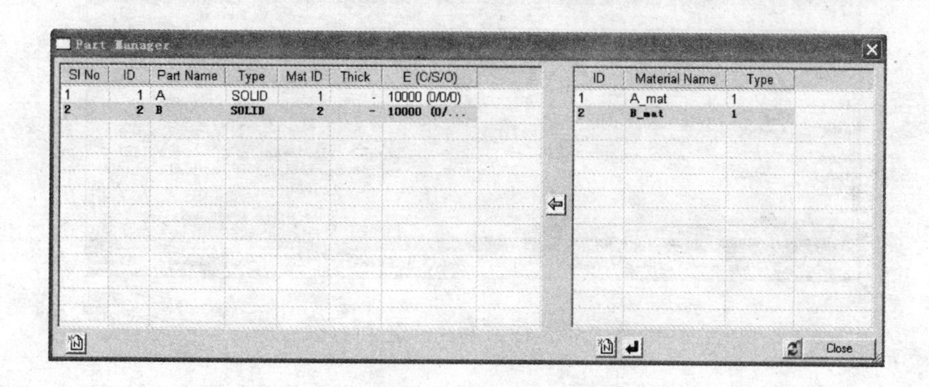

图 7.30　有限元网格赋材料属性窗口

(26)在树结构菜单中右键单击 Initial Velocity，弹出菜单如图 7.31 所示。选择 New 并单击，打开 Initial Velocity Creation 窗口，在 NAME 中输入 A_velocity，如图 7.32 所示。在 Selection Type 中选择 PART，之后在图形显示区拾取杆 A，单击 Update Selection 按钮，之后在 VELZ0 中输入－1，即定义杆 A 在 Z 负向的速度。单击 OK 按钮和 Close 按钮，关闭 Initial Velocity Creation 窗口。

(27)在树结构菜单中右键单击 Contacts，弹出窗口如图 7.33 所示。选择 New 并单击，打开 Contact Creation 窗口，在 Type 下拉列表中选择 34 号接触类型，在 NAME 中输入 bar-bar，在 hcont 中输入 0.05，在 SLFACM 中输入 0.1，如图 7.34 所示。在 Selection Type 中选择 PART，在图形显示区拾取杆 B，单击 Update Selection 按钮，选中 Master Selection，在图形显示区拾取杆 A，单击 Update Selection 按钮。单击 OK 按钮和 Close 按钮，关闭 Contact Creation 窗口。

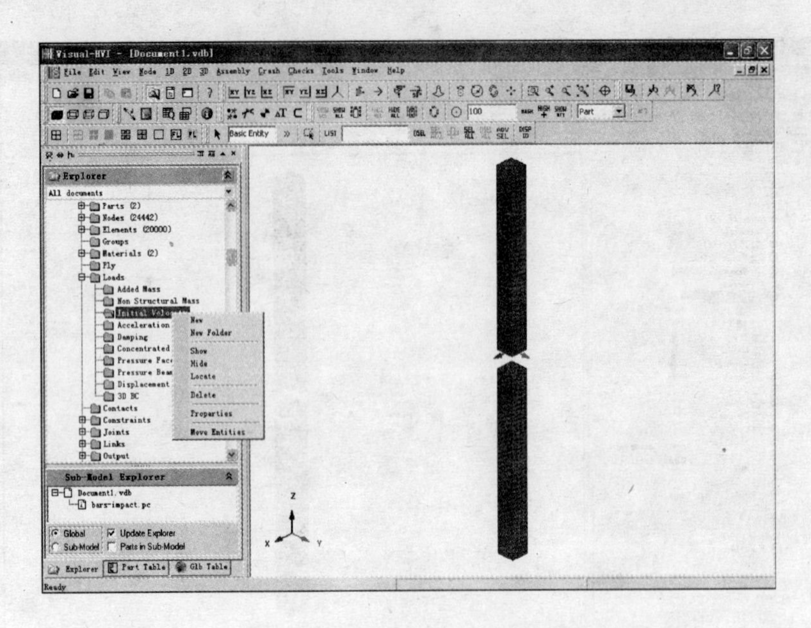

图 7.31　右键单击树结构菜单弹出窗口

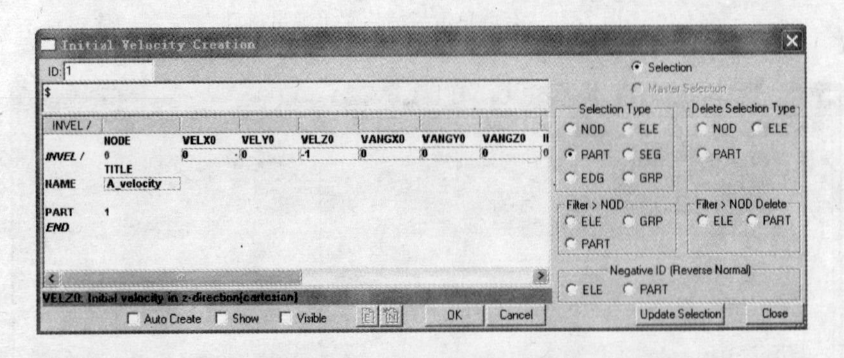

图 7.32　杆 A 初速度定义窗口

(28)在树结构菜单中右键单击 Node Time History,弹出菜单如图 7.35 所示。选择 New 并单击,打开 Node Time History Creation 窗口,在 NAME 中输入 center-point,在 Selection Type 中选择 NODE,然后在图形显示区拾取杆 A 和杆 B 接触面中心的节点 61 和 18382,单击 Update Selection 按钮,如图 7.36 所示。单击 OK 按钮和 Close 按钮,关闭 Node Time History Creation 窗口。

(29)在树结构菜单中右键单击 Element Time History,弹出菜单如图 7.37 所示。选择 New 并单击,打开 Element Time History Creation 窗口,在 NAME 中输入 center-element,在 Selection Type 中选择 ELEMENT,然后在图形显示区拾取杆 A 和杆 B 接触面中心的单元 4401 和 14500,单击 Update Selection 按钮,如图 7.38 所示。单击 OK 按钮和 Close 按钮,关闭 Element Time History Creation 窗口。

(30) 在树结构菜单中右键单击 UNIT,选择 Edit 并单击,打开 Control Cards Creation 窗口,如图 7.39 所示,用户可以查看物理量单位是否正确。单击 OK 按钮和 Close 按钮,关闭 Control Cards Creation 窗口。

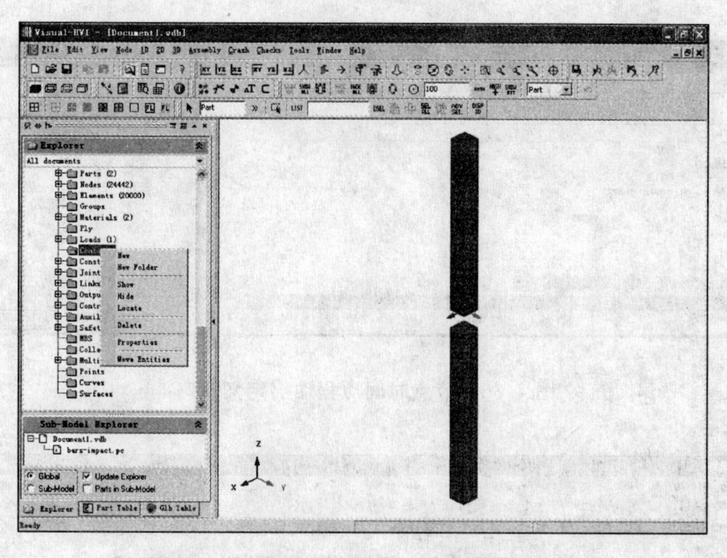

图 7.33　右键单击树结构菜单弹出窗口

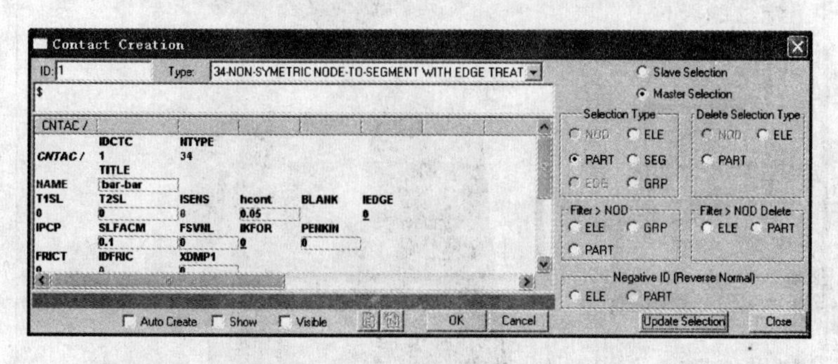

图 7.34　杆 A 与杆 B 接触定义窗口

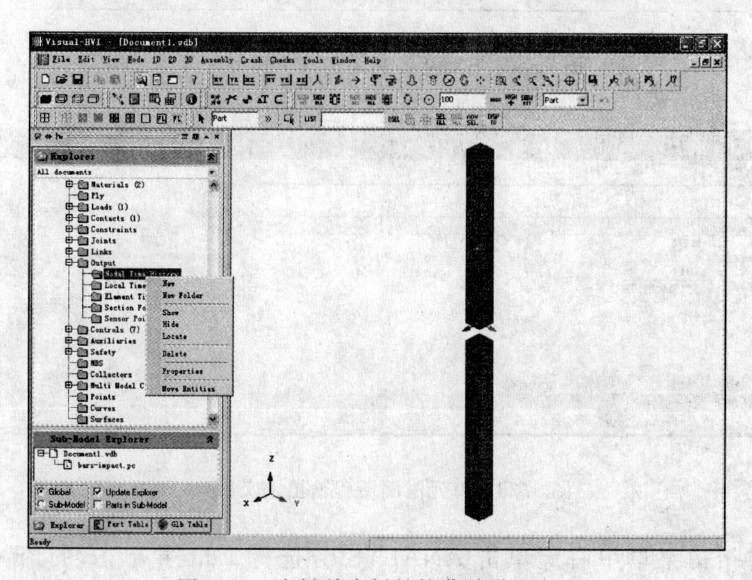

图 7.35　右键单击树结构菜单弹出窗口

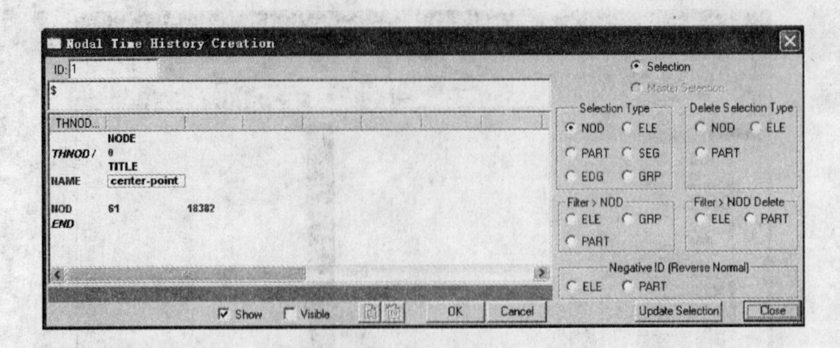

图 7.36　节点时间历程输出定义窗口

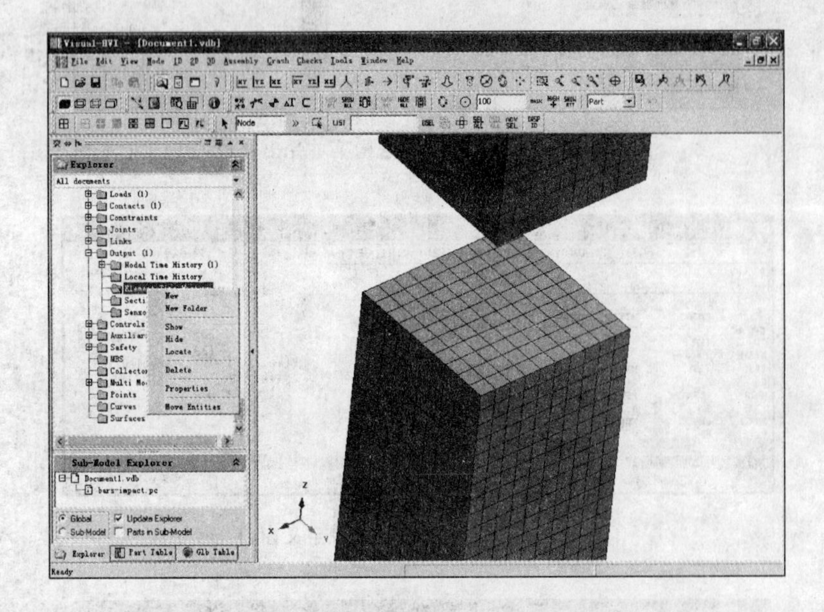

图 7.37　右键单击树结构菜单弹出窗口

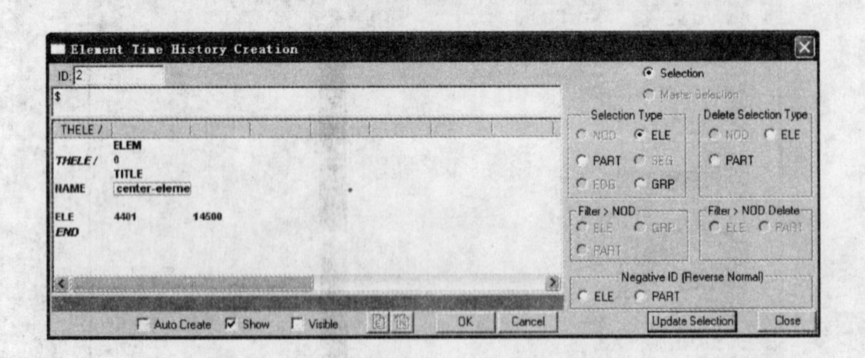

图 7.38　单元时间历程输出定义窗口

(31) 在树结构菜单中右键单击 ANALYSIS，选择 Edit 并单击，打开 Control Cards Creation 窗口，如图 7.40 所示，选择显式求解 EXPLICIT。单击 OK 按钮和 Close 按钮，关闭 Control Cards Creation 窗口。

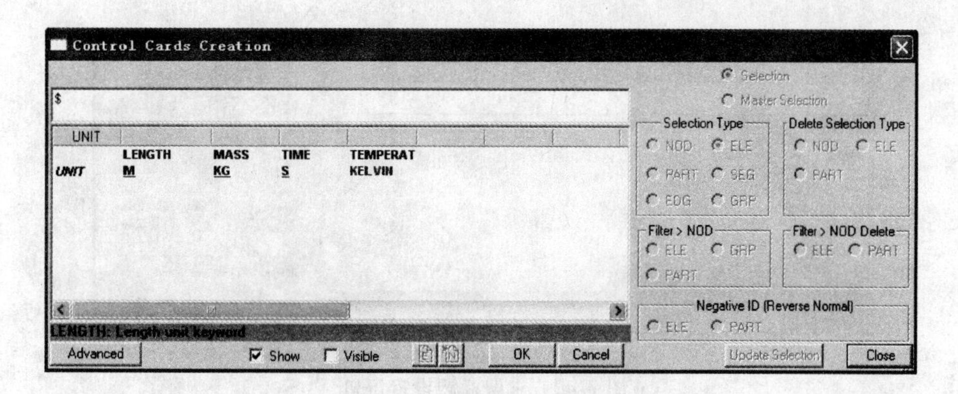

图 7.39　求解单位设置窗口

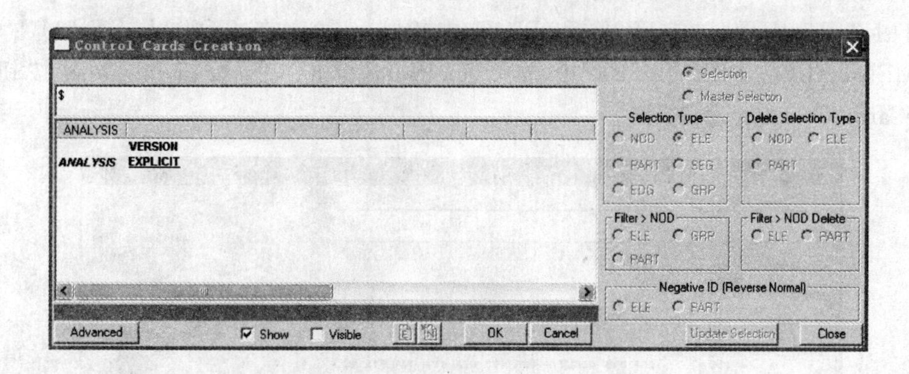

图 7.40　分析方式设置窗口

(32) 在树结构菜单中右键单击 SOLVER，选择 Edit 并单击，打开 Control Cards Creation 窗口，如图 7.41 所示，选择 CRASH 求解器。单击 OK 按钮和 Close 按钮，关闭 Control Cards Creation 窗口。

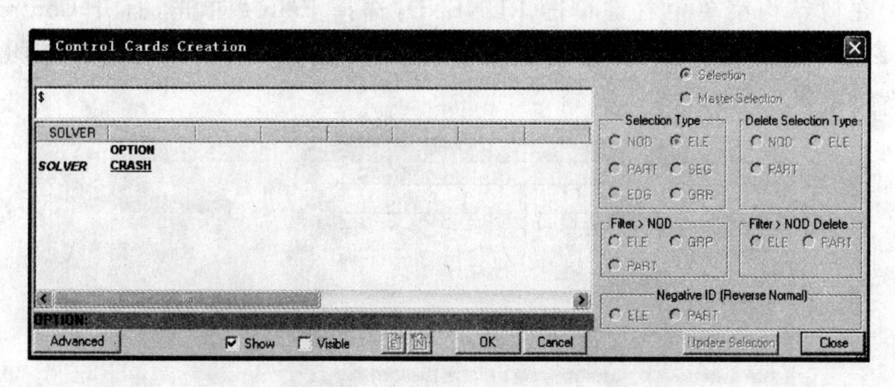

图 7.41　求解类型设置窗口

(33) 在树结构菜单中右键单击 TITLE，选择 Edit 并单击，打开 Control Cards Creation 窗口，如图 7.42 所示，设定求解标题为 bar-impact. pc。单击 OK 按钮和 Close 按钮，关闭 Control Cards Creation 窗口。

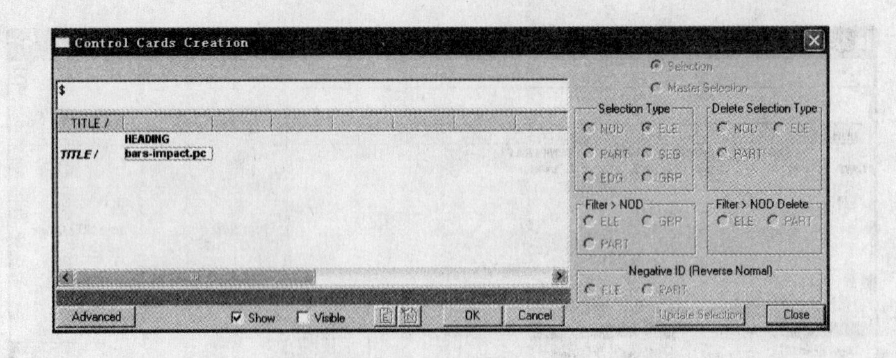

图 7.42　求解标题设置窗口

(34) 在树结构菜单中右键单击 OCTRL，选择 Edit 并单击，打开 Control Cards Creation 窗口，如图 7.43 所示。在 TIOD 和 PIOD 中输入 0.01，在 TOTAL STRAIN 中选择 INCREMENTAL，在 PREFILTER 中选择 TYPE0。单击 OK 按钮和 Close 按钮，关闭 Control Cards Creation 窗口。

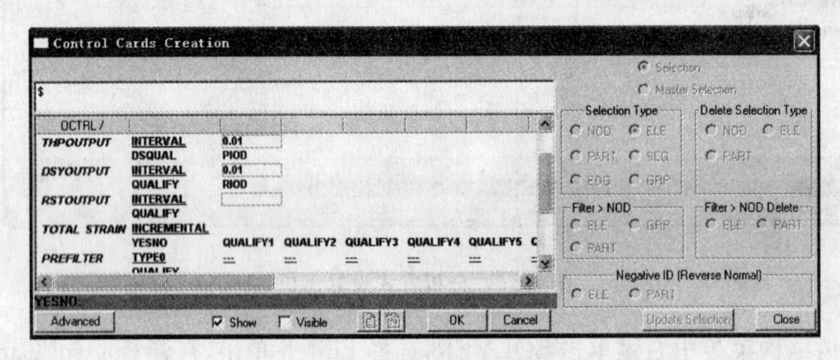

图 7.43　求解输出设置窗口

(35) 在树结构菜单中右键单击 RUNEND，选择 Edit 并单击，打开 Control Cards Creation 窗口，如图 7.44 所示，在 TIO2 中输入 3。单击 OK 按钮和 Close 按钮，关闭 Control Cards Creation 窗口。

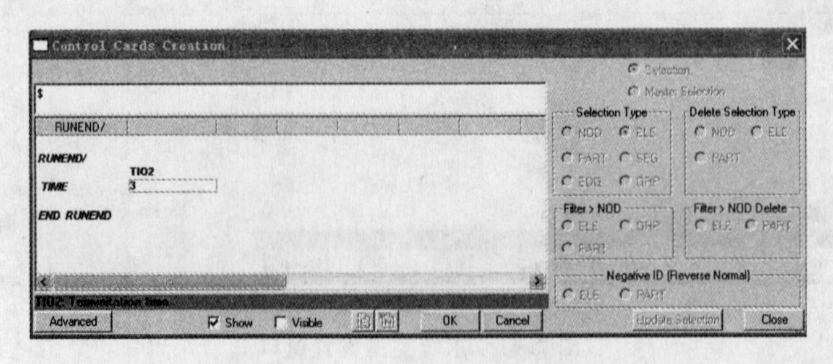

图 7.44　求解时间设置窗口

(36) 单击主菜单上的 File 按钮，打开 Export 窗口，定义弹性杆撞击计算文件名称为 bars-impact-model.pc，单击 OK 按钮保存到预先创建的工作目录中。

7.3 PAM-CRASH 计算输入文件

```
$$$$$$$$$$$$$$$$$$$$$$$$$$$$$$$$$$$$$$$$$$$$$$$$$$$$$$$$$$$$$$$$$$$$$$
$$                              求解控制                                $$
$$$$$$$$$$$$$$$$$$$$$$$$$$$$$$$$$$$$$$$$$$$$$$$$$$$$$$$$$$$$$$$$$$$$$$
INPUTVERSION 2006
ANALYSIS EXPLICIT
SOLVER      CRASH
UNIT             M          KG              S    KELVIN
TITLE /   bars-impact. pc
OCTRL /
 THPOUTPUT INTERVAL          0.01
 DSYOUTPUT INTERVAL          0.01
 RSTOUTPUT INTERVAL
 TOTAL_STRAIN INCREMENTAL
 PREFILTER TYPE0
END_OCTRL
RUNEND/
 TIME          3.
END_RUNEND
$$$$$$$$$$$$$$$$$$$$$$$$$$$$$$$$$$$$$$$$$$$$$$$$$$$$$$$$$$$$$$$$$$$$$$
$$                              节点数据                                $$
$$$$$$$$$$$$$$$$$$$$$$$$$$$$$$$$$$$$$$$$$$$$$$$$$$$$$$$$$$$$$$$$$$$$$$
$ #         NODEID         XCOORD          YCOORD          ZCOORD
NODE   /     1               0.5             0.5              0.
NODE   /     2               0.5             0.4              0.
......................................................................
NODE   /    24441          -0.5            -0.5             -1.1
NODE   /    24442          -0.5            -0.5             -1.
$$$$$$$$$$$$$$$$$$$$$$$$$$$$$$$$$$$$$$$$$$$$$$$$$$$$$$$$$$$$$$$$$$$$$$
$$                              单元数据                                $$
$$$$$$$$$$$$$$$$$$$$$$$$$$$$$$$$$$$$$$$$$$$$$$$$$$$$$$$$$$$$$$$$$$$$$$
$#              M   IPART   BLANK   BLANK   BLANK
SOLID /         1       1
$#         BLANK        N1        N2       N3       N4      N5      N6      N7      N8
                        122       123      124      125     1       2       3       4
```

```
SOLID /          2          1
                          243      244      245      246      122      123      124      125
```

```
SOLID /     20000       2
                    23230    23331    24442    24341    23229    23330    24441    24340
$$$$$$$$$$$$$$$$$$$$$$$$$$$$$$$$$$$$$$$$$$$$$$$$$$$$$$$$$$$$$$$$$$$$$$$$$$$$$$$$$
$$                                  部件数据                                     $$
$$$$$$$$$$$$$$$$$$$$$$$$$$$$$$$$$$$$$$$$$$$$$$$$$$$$$$$$$$$$$$$$$$$$$$$$$$$$$$$$$
$ #          IDPART    ATYPE     IMAT
PART   /          1    SOLID        1
NAME A




END_PART
$ #          IDPART    ATYPE     IMAT
PART   /          2    SOLID        2
NAME B




END_PART
$$$$$$$$$$$$$$$$$$$$$$$$$$$$$$$$$$$$$$$$$$$$$$$$$$$$$$$$$$$$$$$$$$$$$$$$$$$$$$$$$
$$                                材料模型数据                                   $$
$$$$$$$$$$$$$$$$$$$$$$$$$$$$$$$$$$$$$$$$$$$$$$$$$$$$$$$$$$$$$$$$$$$$$$$$$$$$$$$$$

$---5---10----5---20----5---30----5---40----5---50----5---60----5---70----5---80
$#          IDMAT   MATYP                RHO    NINT    ISHG  ISTRAT   IFROZ
MATER /         1       1               0.01       0       0       0       0
$# BLANK AUXVAR1                                               QVM THERMAL
                0                                               1.       0
$#                                                                     TITLE
NAME A_mat
$#          G     SIGMA_Y         Et      BLANK      BLANK      BLANK     STRAT1     STRAT2
        38.46     1e+040          0.                                       0.          0.
$#          K
        83.33


$#                                                     BLANK        ZHI          fo
                                                                     0.          0.
$#    STRAT3     STRAT4     STRAT5     STRAT6         Q1         Q2         Q3
          0.         0.         0.         0.         0.         0.         0.
```

```
$---5---10----5---20----5---30----5---40----5---50----5---60----5---70----5---80
$#          IDMAT   MATYP              RHO      NINT       ISHG   ISTRAT    IFROZ
MATER /         2       1             0.01         0          0        0        0
$# BLANK AUXVAR1                                                  QVM THERMAL
                0                                                  1.       0
$#                                                                            TITLE
NAME B_mat
$#          G   SIGMA_Y          Et      BLANK      BLANK      BLANK    STRAT1    STRAT2
        38.46    1e+040          0.                                        0.        0.
$#          K
        83.33

$#                                                         BLANK       ZHI        fo
                                                                        0.        0.
$#   STRAT3      STRAT4      STRAT5      STRAT6         Q1        Q2       Q3
         0.          0.          0.          0.         0.        0.       0.
$$$$$$$$$$$$$$$$$$$$$$$$$$$$$$$$$$$$$$$$$$$$$$$$$$$$$$$$$$$$$$$$$$$$$$$$$$$$$$$$
$$                                  接触定义                                    $$
$$$$$$$$$$$$$$$$$$$$$$$$$$$$$$$$$$$$$$$$$$$$$$$$$$$$$$$$$$$$$$$$$$$$$$$$$$$$$$$$
$#          IDCTC    NTYPE
CNTAC /         1       34
NAME bar-bar
$#     T1SL        T2SL       ISENS     hcont                BLANK       IEDGE
          0.          0.          0      0.05                                 0
$#PCP     SLFACM       FSVNLIKFOR    PENKIN
              0.1              0.     0             0.
$#   FRICT    IDFRIC      XDMP1
        0.        0          0.
$#EMOIERODILEAKIAC32
      0         0      0


        PART            2
        END
        PART            1
        END
$$$$$$$$$$$$$$$$$$$$$$$$$$$$$$$$$$$$$$$$$$$$$$$$$$$$$$$$$$$$$$$$$$$$$$$$$$$$$$$$
$$                                  初速度定义                                  $$
$$$$$$$$$$$$$$$$$$$$$$$$$$$$$$$$$$$$$$$$$$$$$$$$$$$$$$$$$$$$$$$$$$$$$$$$$$$$$$$$
$#          NODE VELX0  VELY0  VELZ0  VANGX0  VANGY0  VANGZ0  IFRAM IRIGB
INVEL /        0     0.     0.    -1.      0.      0.      0.      0     0
NAME A_velocity
             PART         1
```

```
        END
$$$$$$$$$$$$$$$$$$$$$$$$$$$$$$$$$$$$$$$$$$$$$$$$$$$$$$$$$$$$$$$$$$$$$$
$$                              输出定义                             $$
$$$$$$$$$$$$$$$$$$$$$$$$$$$$$$$$$$$$$$$$$$$$$$$$$$$$$$$$$$$$$$$$$$$$$$
$#          NODE
THNOD /         0
NAME center-point
      NOD        61       18382
      END
$#          ELEM
THELE /         0
NAME center-element
      ELE      4401       14500
      END
$$$$$$$$$$$$$$$$$$$$$$$$$$$$$$$$$$$$$$$$$$$$$$$$$$$$$$$$$$$$$$$$$$$$$$
$$                           END OF DATA                             $$
$$$$$$$$$$$$$$$$$$$$$$$$$$$$$$$$$$$$$$$$$$$$$$$$$$$$$$$$$$$$$$$$$$$$$$
```

7.4 求　　解

打开 PAM-CRASH 2006.0 Solvers 界面，如图 7.45 所示。选择弹性杆撞击计算文件 bars-impact-model. pc，单击 Launch 按钮开始计算。图 7.46 给出计算过程的一些信息，当计算正常结束后，会出现如图 7.47 所示的窗口。

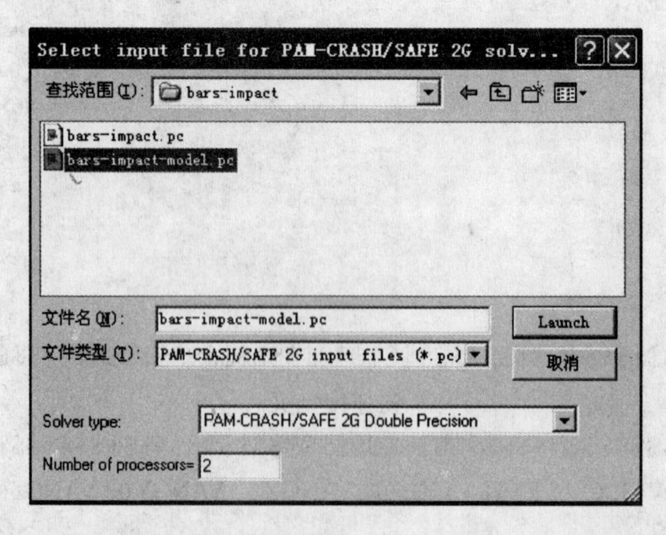

图 7.45　PAM-CRASH 2006.0 Solvers 窗口

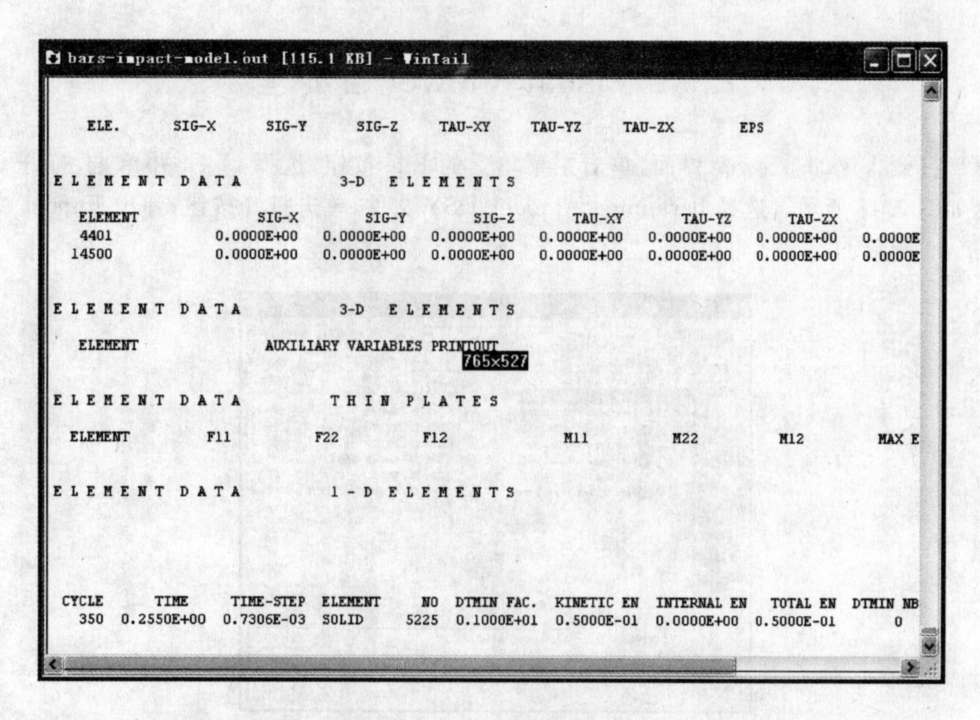

图 7.46　计算过程信息窗口

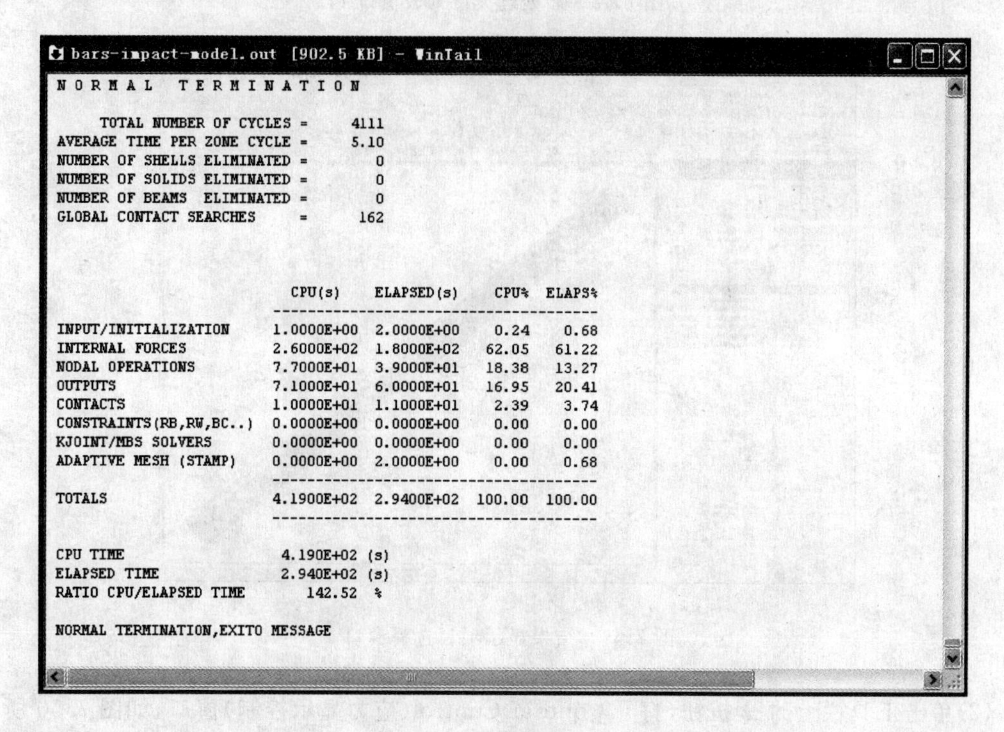

图 7.47　计算结束窗口

7.5 Visual-Viewer 后处理

(1)打开 Visual-Viewer 界面，单击主菜单上的 File 按钮，选择 Open 并单击，打开 Open 窗口，如图 7.48 所示。选择 bars-impact-model.DSY 文件，单击打开按钮，弹出 Import 窗口，如图 7.49 所示。

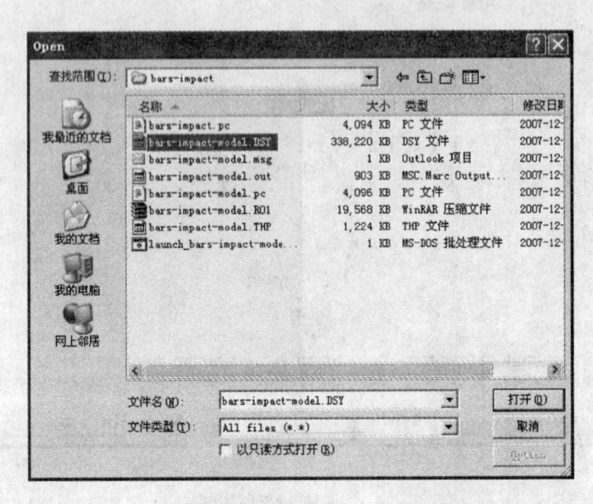

图 7.48 后处理文件列表窗口

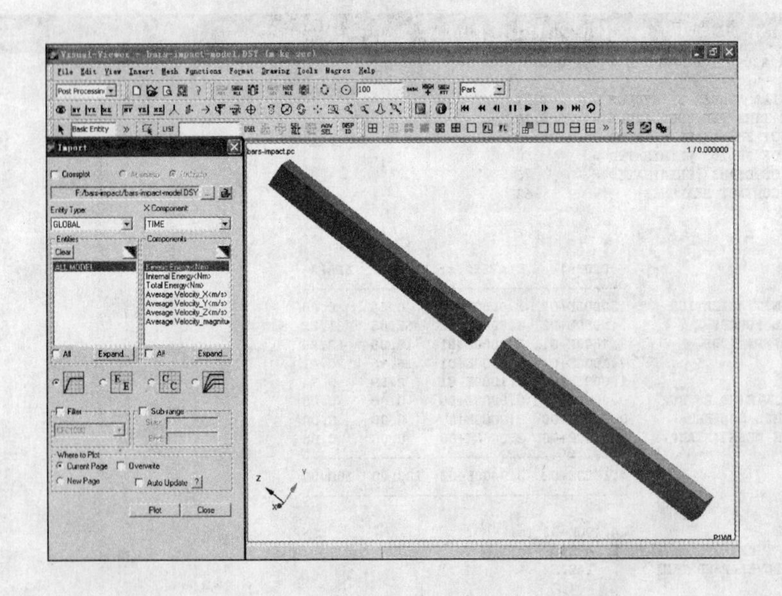

图 7.49 结果显示项目选择窗口

(2)单击工具栏上的按钮，打开 Contour Control(应力显示控制)窗口，如图 7.50 所示。在 Display Types 中选择 Node，在 Entity Types 的下拉列表中选择 SOLID，在 SOLID 下方选择 Stress_Vonmises，单击 Apply 按钮，单击 Close 按钮，关闭 Contour Control 窗口。

(3)单击上的图标可进行动画演示，单击其中按钮显示撞击过程不同时刻两杆的 Vonmises 应力云图，可以看到压力波在杆中的传播，如图 7.51 所示。

(4) 单击主菜单上的 File 按钮，选择 Open 并单击，打开 Open 窗口。选择 bars-impact-model. THP 文件，单击打开按钮，弹出 Import 窗口，如图 7.52 所示。

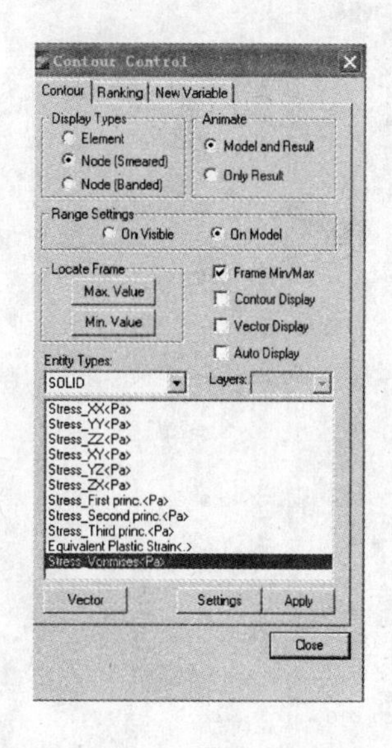

图 7.50　应力显示控制窗口

在 Entity Types 的下拉列表中选择 NODE，在 Entities 的下方选择杆 A 撞击面中心节点 61 和杆 B 撞击面中心节点 18382，在 Components 的下方选择 Displacement_magnitude，单击 Plot 按钮，则可以得到杆 A 撞击面中心节点 61 和杆 B 撞击面中心节点 18382 在撞击过程中的位移时间曲线，如图 7.53所示。

在 Components 下方选择 Velocity_magnitude，单击 Plot 按钮，则可以得到杆 A 撞击面中心节点 61 和杆 B 撞击面中心节点 18382 在撞击过程中的速度时间曲线，如图 7.54 所示。

在 Entity Types 的下拉列表中选择 CONTACT，在 Entities 的下方选择 bar-bar，在 Components 的下方选择 Contact_Force_magnitude，单击 Plot 按钮，则可以得到撞击力时间曲线，如图 7.55 所示。

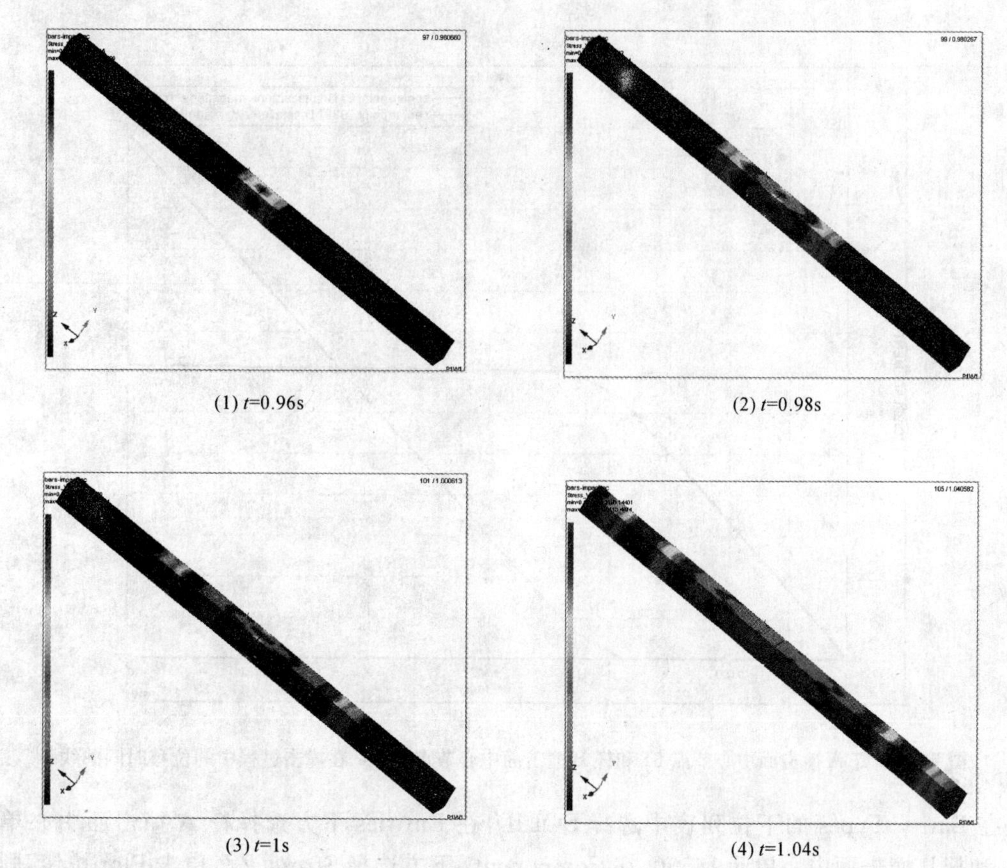

(1) t=0.96s　(2) t=0.98s

(3) t=1s　(4) t=1.04s

图 7.51　撞击过程不同时刻杆的 Vonmises 应力云图

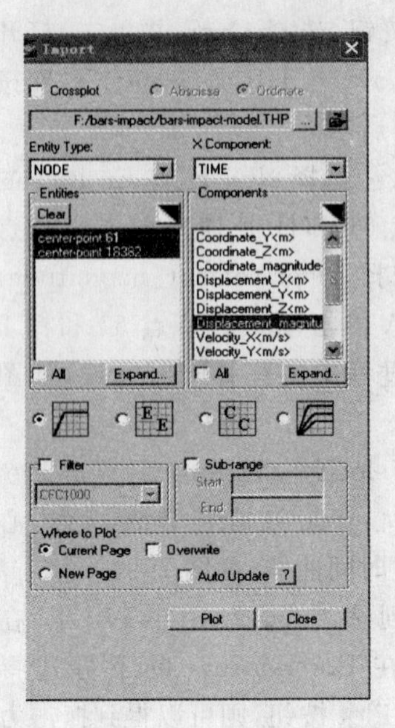

图 7.52　时间历程曲线显示控制窗口

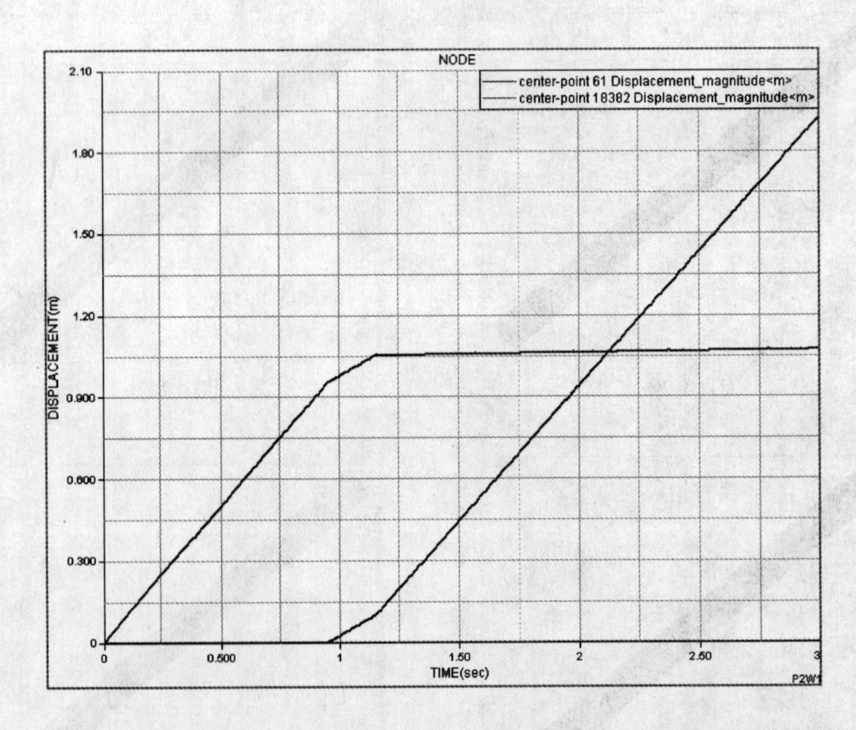

图 7.53　杆 A 撞击面中心节点 61 和杆 B 撞击面中心节点 18382 在撞击过程中的位移时间曲线

在 Entity Types 的下拉列表中选择 SOLID，在 Entities 下方选择杆 A 撞击面中心单元 4401 和杆 B 撞击面中心单元 14500，在 Components 下方选择 Stress_ZZ，单击 Plot 按钮，则可以得到杆 A 撞击面中心单元 4401 和杆 B 撞击面中心单元 14500 在撞击过程中的 Z 向应力时间曲线，如图 7.56 所示，二者是重合的。单击 Close 按钮，关闭 Contour Control 窗口。

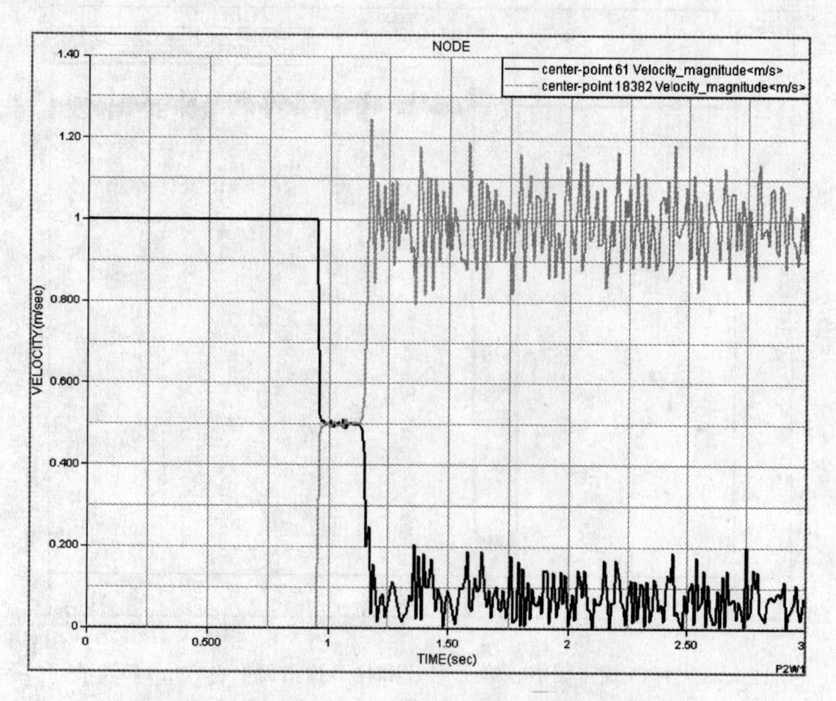

图 7.54　杆 A 撞击面中心节点 61 和杆 B 撞击面中心节点 18382 在撞击过程中的速度时间曲线

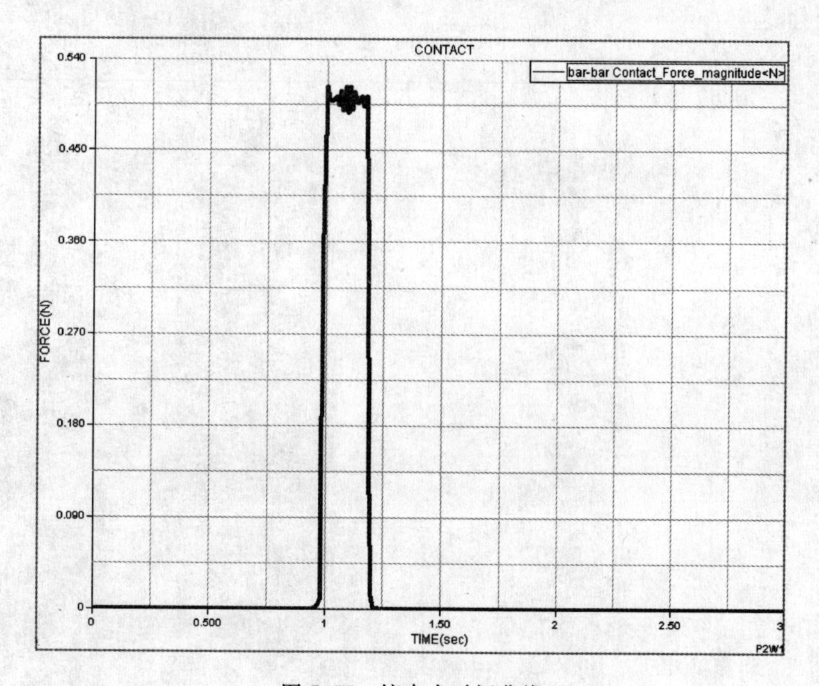

图 7.55　撞击力时间曲线

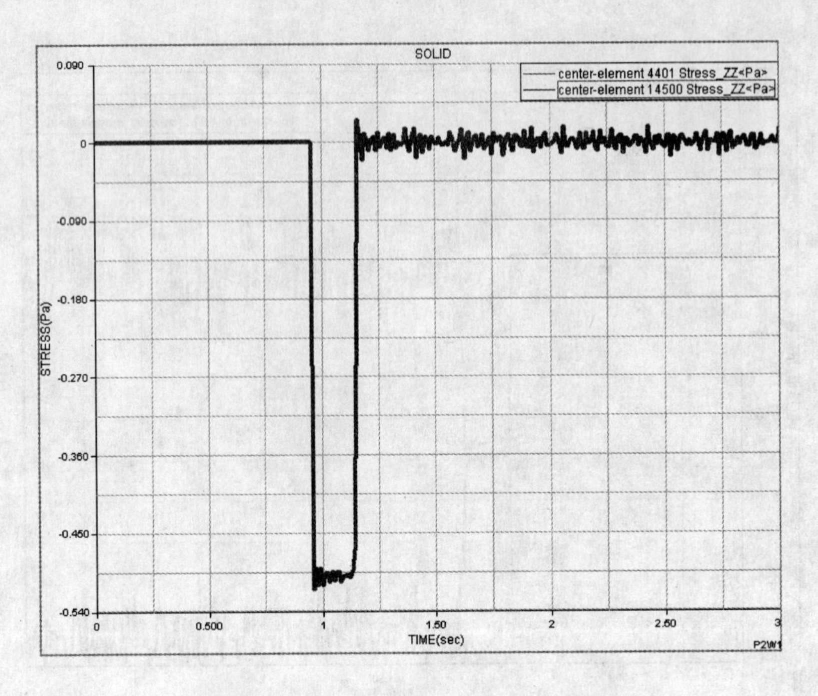

图 7.56　杆 A 撞击面中心单元 4401 和杆 B 撞击面中心单元 14500 在撞击过程中的 Z 向应力时间曲线

第 8 章　子弹侵彻靶板分析

8.1　概　　述

弹体对目标的侵彻是军工领域、防护工程领域一个重要的研究课题，而进行侵彻的原型试验需要消耗大量的人力、物力和财力。在适量试验的基础上基于 PAM-CRASH 进行数值模拟，是对侵彻原型试验的重要补充。本章主要介绍子弹侵彻金属靶板的分析。

问题描述：如图 8.1 所示，一个长圆柱形金属子弹，半径为 0.05m，长度为 0.2 m。金属靶板尺寸为 1m×1m×0.08m。子弹以 600m/s 的速度垂直撞击金属靶板中心。子弹和金属靶板材料参数如表 8-1 所示。

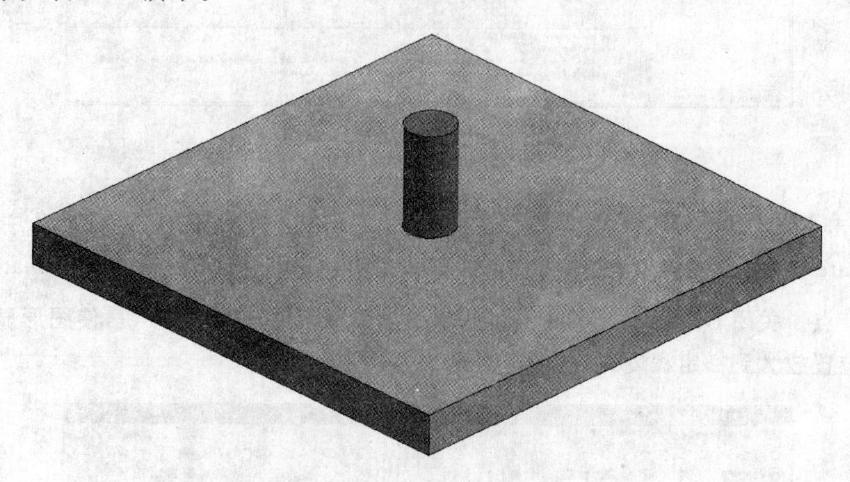

图 8.1　子弹侵彻金属靶板

表 8-1　子弹与靶板材料参数

参数	弹性模量/Pa	泊松比	密度/(kg·m^{-3})	屈服应力/Pa	切线模量/Pa	失效应变
子弹(钢)	210E9	0.3	7850	1034E6	2435E6	0.25
靶板(铝)	72E9	0.3	2700	345E6	690E6	0.17

8.2　建 模 过 程

8.2.1　Visual-Mesh 网格生成

首先在图形窗口里创建圆面网格，然后将其拉伸成体网格，形成子弹有限元模型。再在图形窗口里创建正方形面网格，然后将其拉伸成体网格，形成金属靶板有限元模型。步骤如下：

(1) 在硬盘上创建名称为 penetration 的工作目录。

(2)打开 Visual-Mesh 界面,单击主菜单上的 File 按钮,打开 New 窗口,设置长度、质量、时间和温度 4 个物理量的单位为国际单位制,如图 8.2 所示。单击 OK 按钮,关闭对话框。

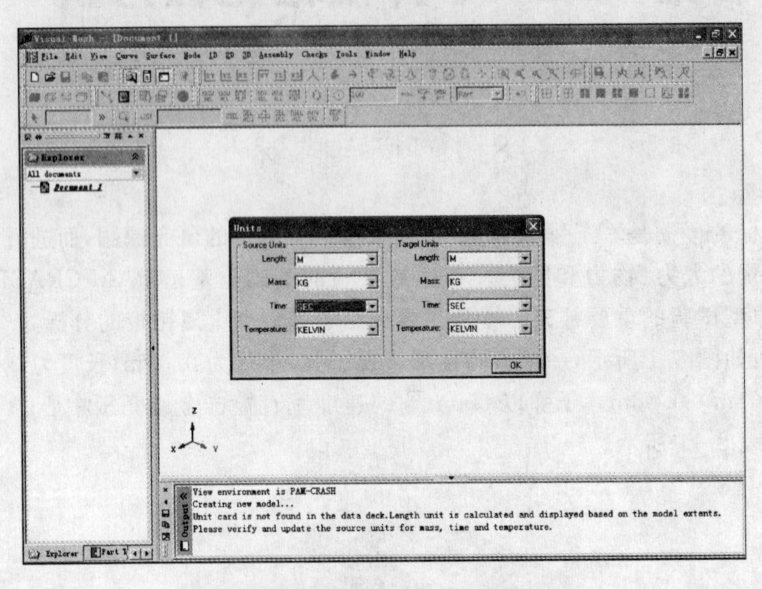

图 8.2　单位设置窗口

(3)单击主菜单上的 Node 按钮,打开 By XYZ, Locate 窗口。依次在 X,Y,Z 中输入 0,0,0,单击 create node,创建第 1 个节点。在 X,Y,Z 中再次输入 0.05,0,0,单击 create node,创建第 2 个节点。关闭 By XYZ, Locate 窗口,单击工具栏上的和按钮,使图形显示区两个节点相对位置放大到一定程度,如图 8.3 所示。

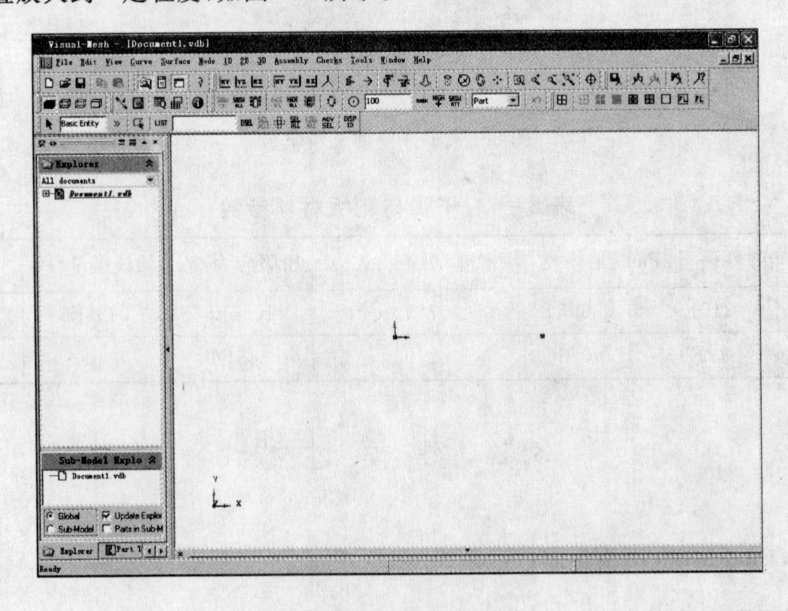

图 8.3　定义两节点窗口

(4)单击主菜单上的 Curve 按钮,打开 Sketch 窗口,在图形显示区单击节点 1 和节点 2,单击 Sketch 窗口上的 OK 按钮,形成一条直线,关闭 Sketch 窗口,如图 8.4 所示。

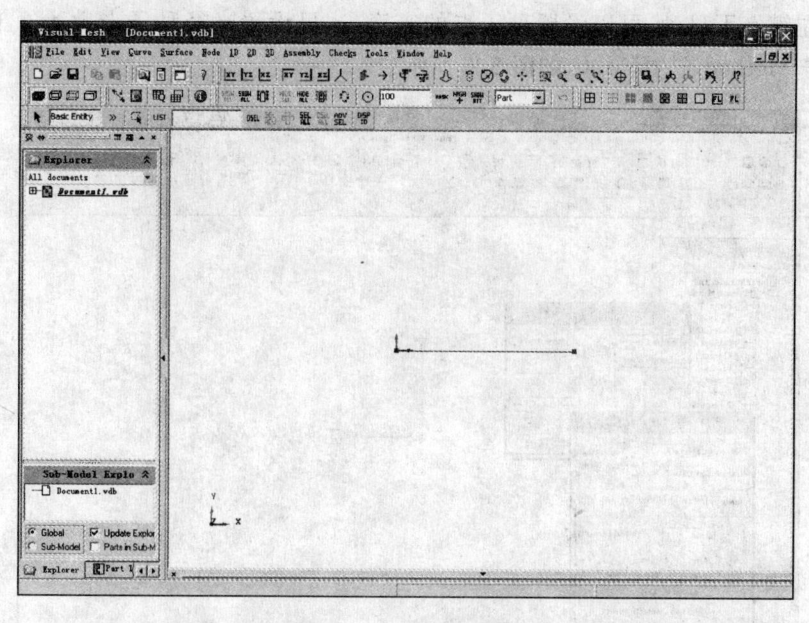

图 8.4　定义直线窗口

(5)单击主菜单上的 Surface 按钮,打开 Revolve 窗口。在 Select Curves 上方的下拉列表中选择 Multiple Curves,在 Angle 中输入 90,在图形显示区单击直线,并按下鼠标中键,弹出 Vector Definition 窗口。选择 Global Axis,并选择 Z 轴,使直线绕 Z 轴旋转 90°,如图 8.5 所示。

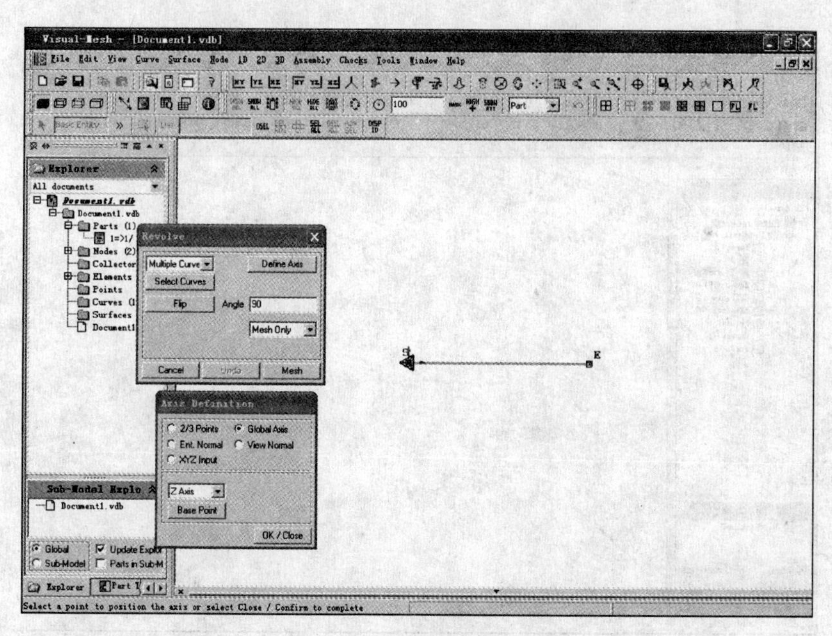

图 8.5　直线旋转设置窗口

(6)单击 OK/Close 按钮,关闭 Vector Definition 窗口。单击 Revolve 窗口中的 Mesh 按钮,打开 Mesh-2D 窗口。在 Display 下方选择 Edge Count,标明指向半径和圆弧上的数字,并按住鼠标左键上下移动,可以设置种子点的密度,这里设置半径种子点数为 2,圆弧种子点数为 5。单击 Method,选择 Map,如图 8.6 所示。

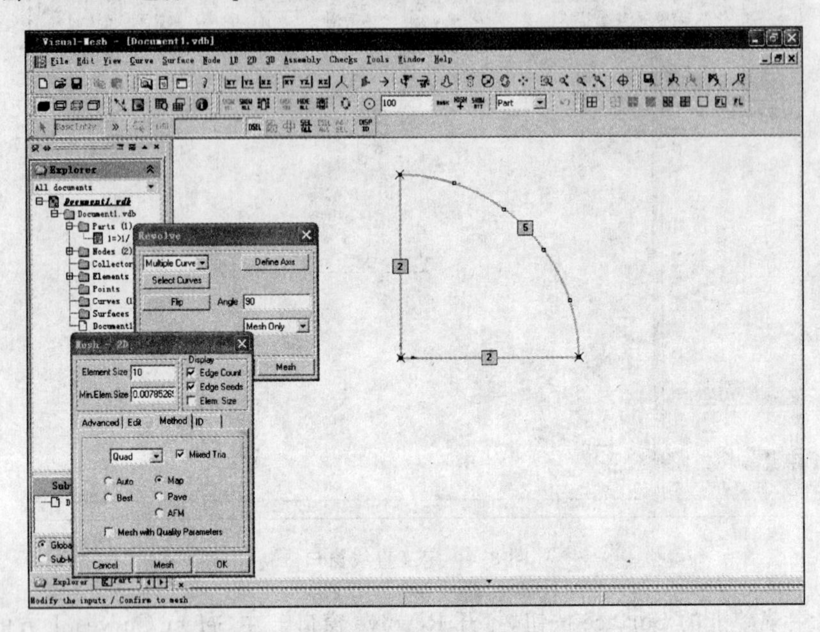

图 8.6 网格密度设置窗口

(7)单击 Mesh 和 OK 按钮,关闭 Mesh-2D 窗口,再关闭 Revolve 窗口,生成面网格,如图 8.7 所示。

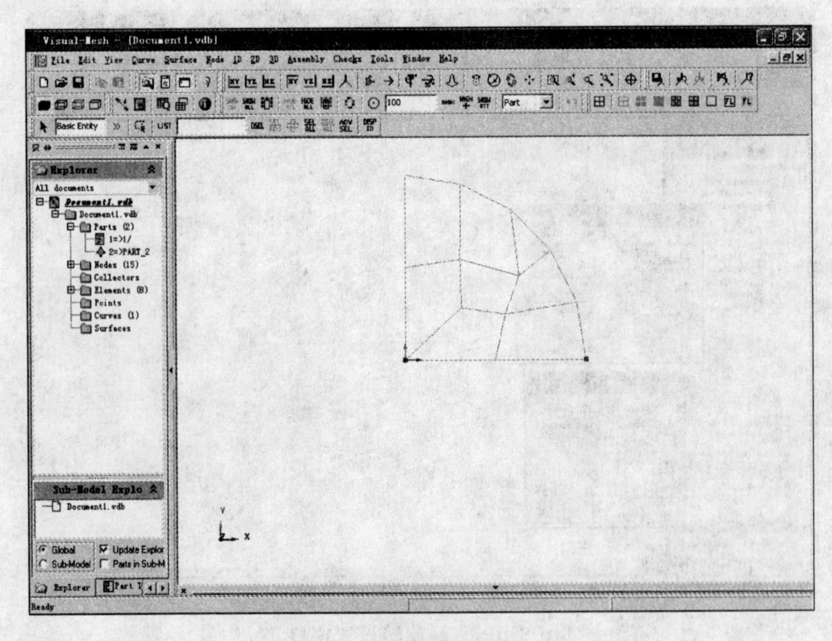

图 8.7 生成面网格窗口

(8)在树结构菜单区用鼠标右键单击 Part1，如图 8.8 所示，在下拉菜单中单击 Delete 删除直线。

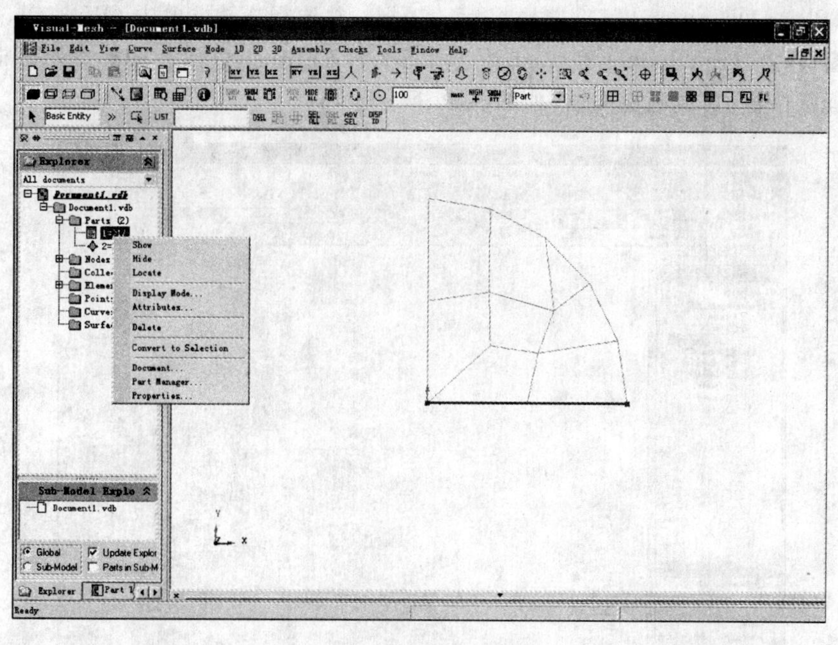

图 8.8　直线删除窗口

(9) 单击主菜单上的 Checks 按钮，打开 Coincident Nodes(节点融合)窗口，如图 8.9 所示。设置 Max Gap 为 0.001，单击 Check 按钮，单击 Fuse Nodes 下方的 Select Nodes 按钮和 Fuse All 按钮，关闭 Coincident Nodes 窗口，融合重复的节点。单击主菜单上的 Assembly 按钮，打开 Renumber By Entities 窗口，在 Update Entities 按钮上方的下拉列表中选择 All In Model，如图 8.10 所示。单击 OK 按钮，关闭 Renumber By Entities 窗口，对节点、单元和部件重新编号。

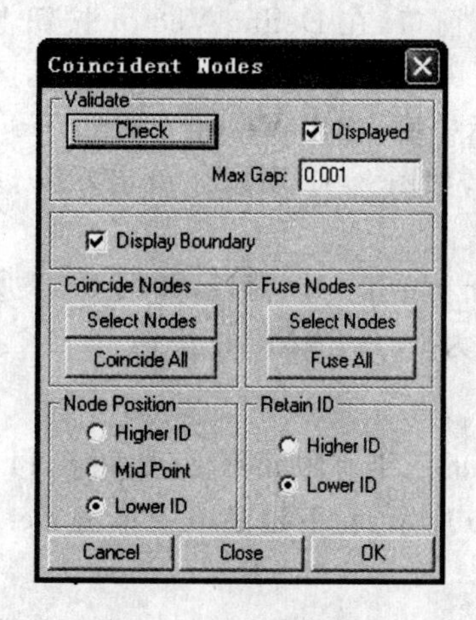

图 8.9　节点融合窗口

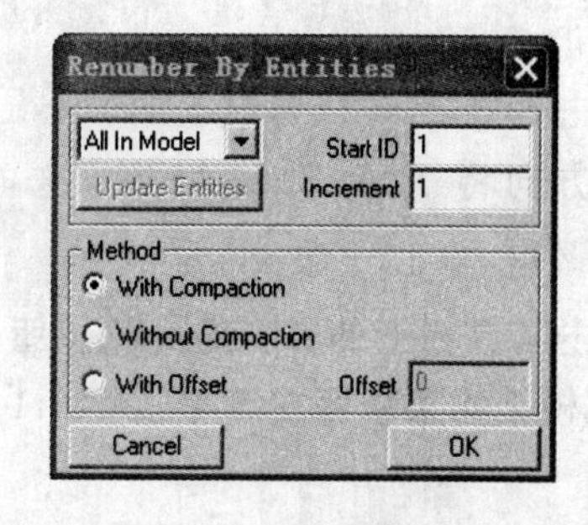

图 8.10　实体编号窗口

(10)单击主菜单上的 2D，在下拉菜单中选择 Transform，打开 Transform - 2D 窗口。选择 Mirror，单击 Define Plane，弹出 Plane Definition 窗口，选择 Global Axis，并选择 X 轴，单击

OK 按钮,关闭 Plane Definition 窗口。在 Transform - 2D 窗口中选择 Select Entities 和 Copy,之后在图形显示区框选所有面单元,单击鼠标中键,形成半圆面网格。单击 Define Plane,弹出 Plane Definition 窗口,选择 Global Axis,并选择 Y 轴,单击 OK 按钮,关闭 Plane Definition 窗口,在 Transform - 2D 窗口中选择 Select Entities,之后在图形显示区框选所有面单元,单击鼠标中键,形成圆面网格,如图 8.11 所示。

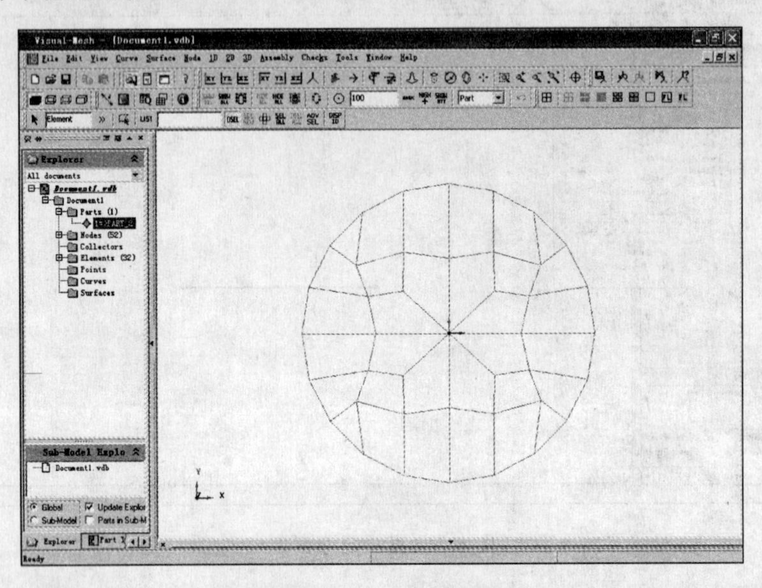

图 8.11　生成面网格窗口

(11) 单击主菜单上的 Checks 按钮,打开 Coincident Nodes 窗口,设置 Max Gap 为 0.001,单击 Check 按钮,单击 Fuse Nodes 下方的 Select Nodes 按钮和 Fuse All 按钮,关闭 Coincident Nodes 窗口,融合重复的节点。单击主菜单上的 Assembly 按钮,打开 Renumber By Entities 窗口,在 Update Entities 按钮上方的下拉列表中选择 All In Model,单击 OK 按钮,关闭 Renumber By Entities 窗口,对节点、单元和部件重新编号。

(12)单击主菜单上的 3D 按钮,打开 Sweep - 3D 窗口,在 Define Vector 按钮上方的下拉列表中选择 Vector,在 Distance 中输入 0. 2,单击 Select Faces 按钮,在图形显示区拖动鼠标左键画出四边形,选择所有平面网格。之后单击鼠标中键,弹出 Vector Definition 窗口,选择 Global Axis 和 Z Axis,使平面网格拉伸方向沿 Z 轴,如图 8.12 所示。单击 OK/Close 按钮,关闭 Vector Definition 窗口。

(13)单击 Sweep - 3D 窗口上的 Mesh 按钮,打开 Mesh - 3D 窗口,如图 8.13 所示。软件默认沿伸长方向将 0.2m 分成 11 份,这里将 11 改为 8,单击 Mesh 按钮和 OK 按钮,关闭 Sweep - 3D 窗口。

(14)单击工具栏上的按钮及按钮,形成子弹的三维有限元网格,如图 8.14 所示。

(15) 在树结构菜单区右键单击 Part1,如图 8.15 所示,在下拉菜单中单击 Delete,删除原平面网格。

(16)单击工具栏实体选择选项中的按钮,并选择 Part,在图形显示区单击子弹,再单击鼠标右键弹出下拉菜单,如图 8.16 所示。在下拉菜单中选择 Hide Selected,则子弹被隐藏起来,单击工具栏上的按钮。

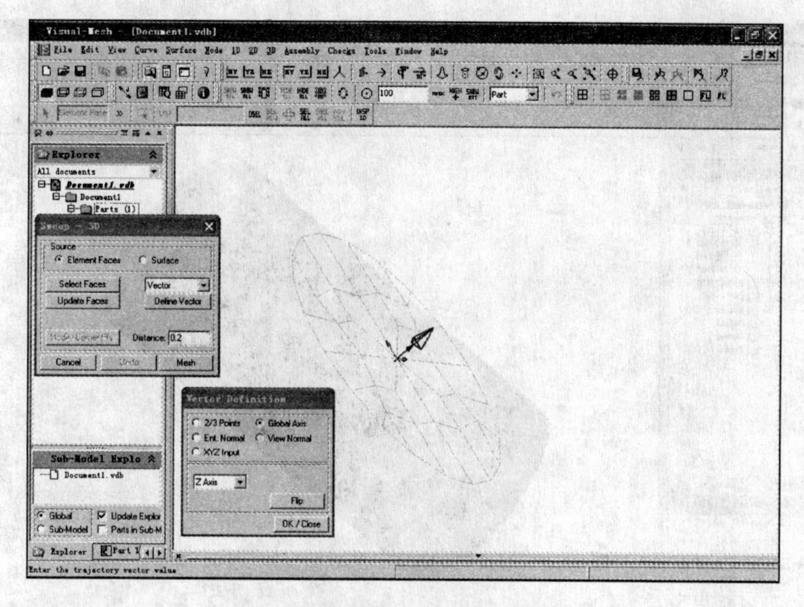

图 8.12　面网格拉伸定义窗口

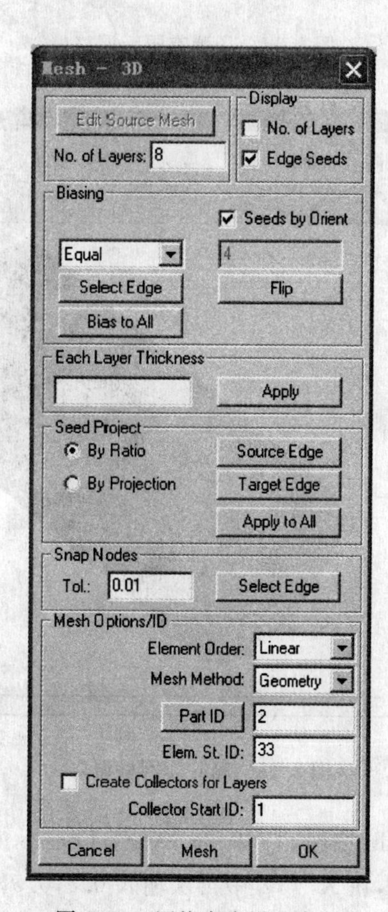

图 8.13　网格密度设置窗口

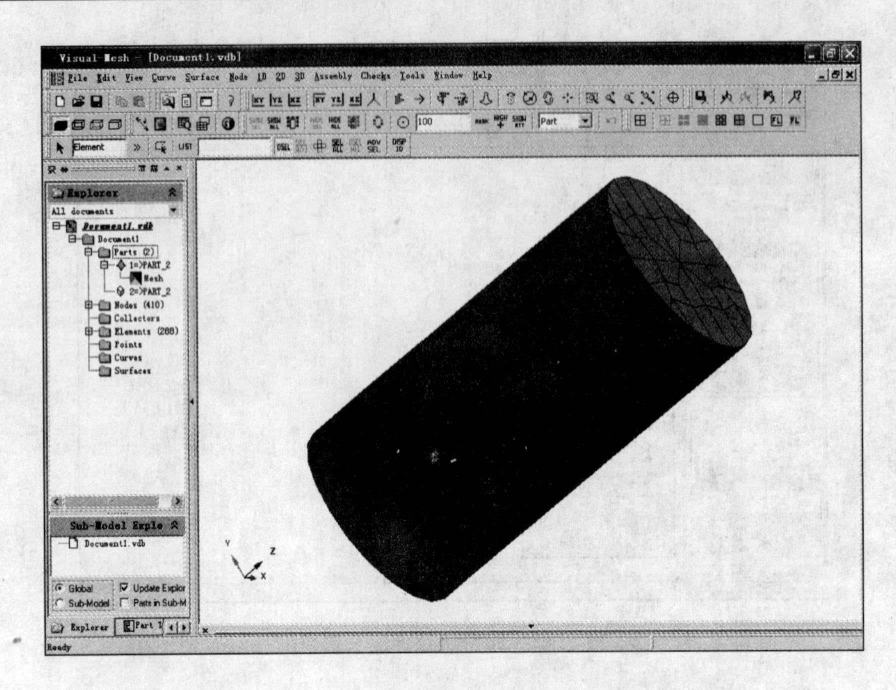

图 8.14　子弹有限元网格

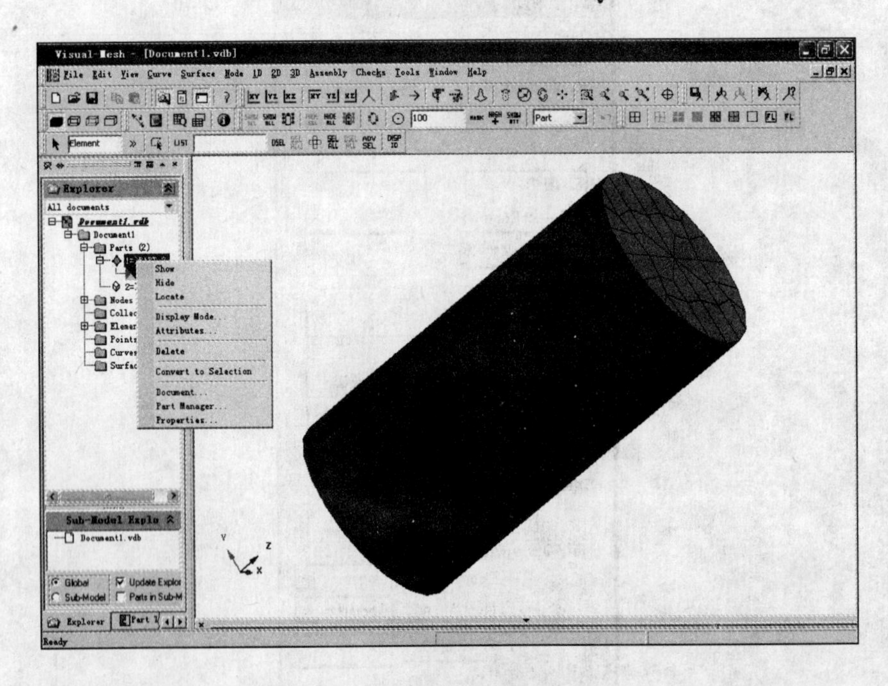

图 8.15　删除面网格窗口

(17)单击主菜单上的 Node 按钮,打开 By XYZ, Locate 窗口。依次在 X,Y,Z 中输入 0.5,−0.5,0,单击 create node,在 X,Y,Z 中再次输入 0.5,0.5,0,单击 create node,创建 2 个节点。关闭 By XYZ, Locate 窗口,单击工具栏上的放大图标,使图形显示区 2 个节点相对位置放大到一定程度,如图 8.17 所示。

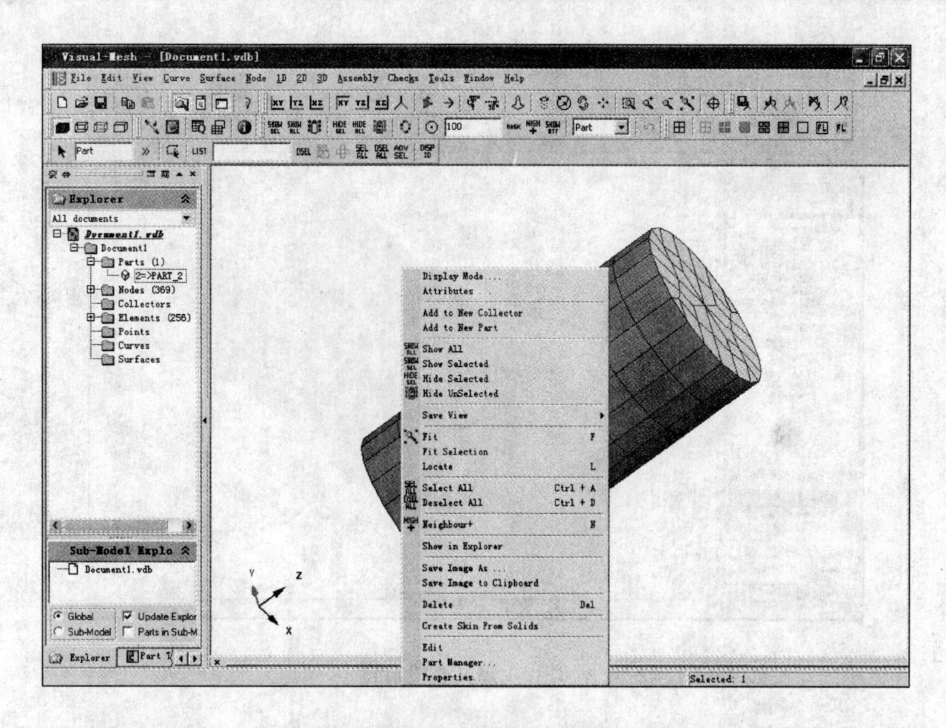

图 8.16　隐藏子弹网格操作窗口

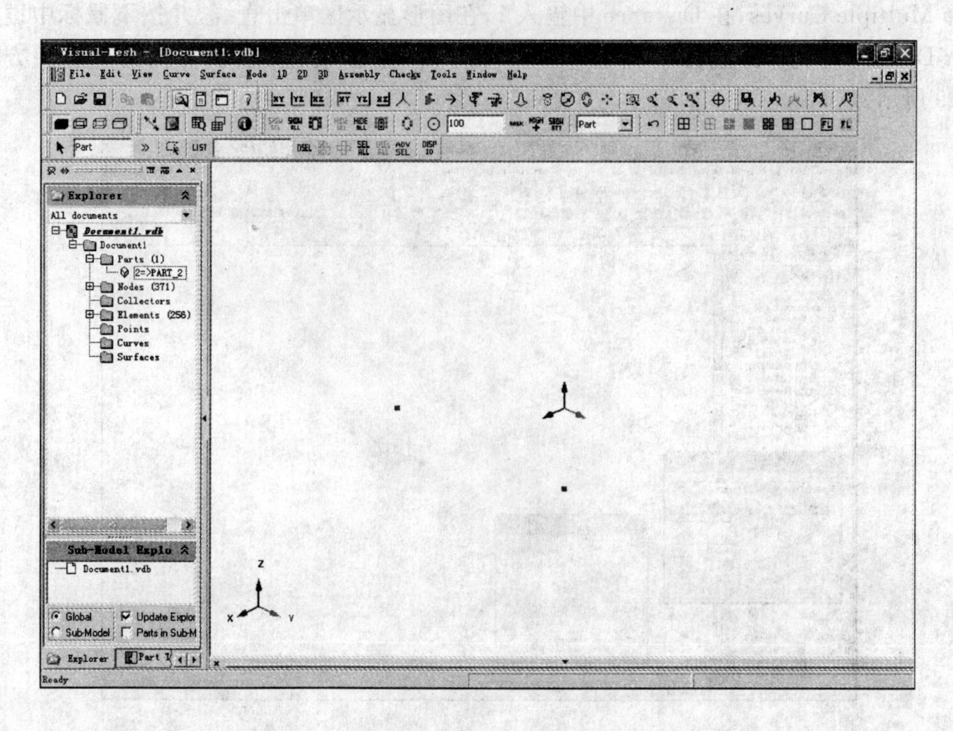

图 8.17　定义 2 节点窗口

(18)单击主菜单上的 Curve 按钮，打开 Sketch 窗口，在图形显示区单击节点 1 和节点 2，单击 Sketch 窗口上的 OK，形成一条直线，关闭 Sketch 窗口，如图 8.18 所示。

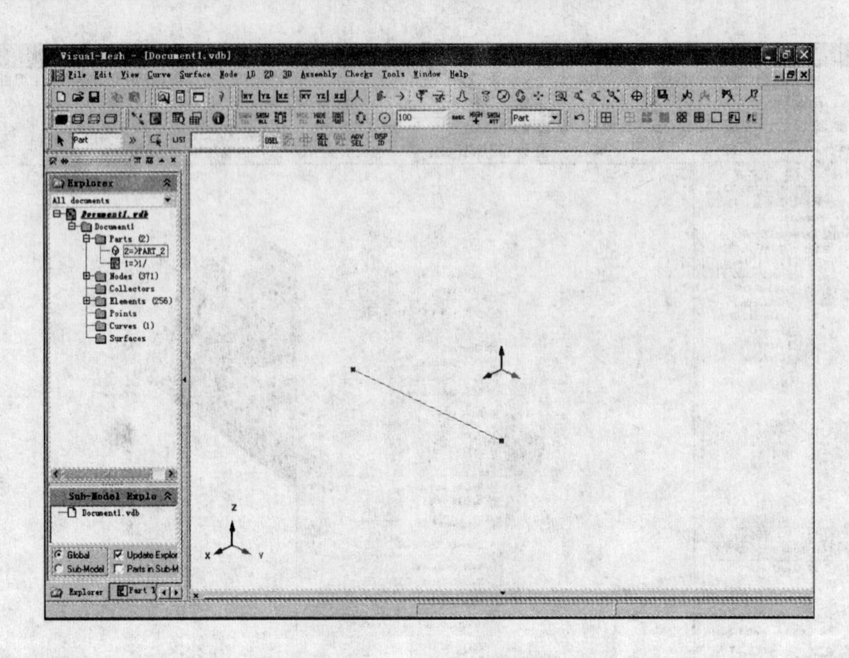

图 8.18　定义直线窗口

(19)单击主菜单上的 Surface 按钮,打开 Sweep 窗口。在 Select Curves 上方的下拉列表中选择 Multiple Curves,在 Distance 中输入 1,在图形显示区单击直线,并按下鼠标中键,弹出 Vector Definition 窗口。选择 Global Axis,单击 Flip 按钮,使直线拉伸方向沿 X 轴负方向,如图 8.19 所示。

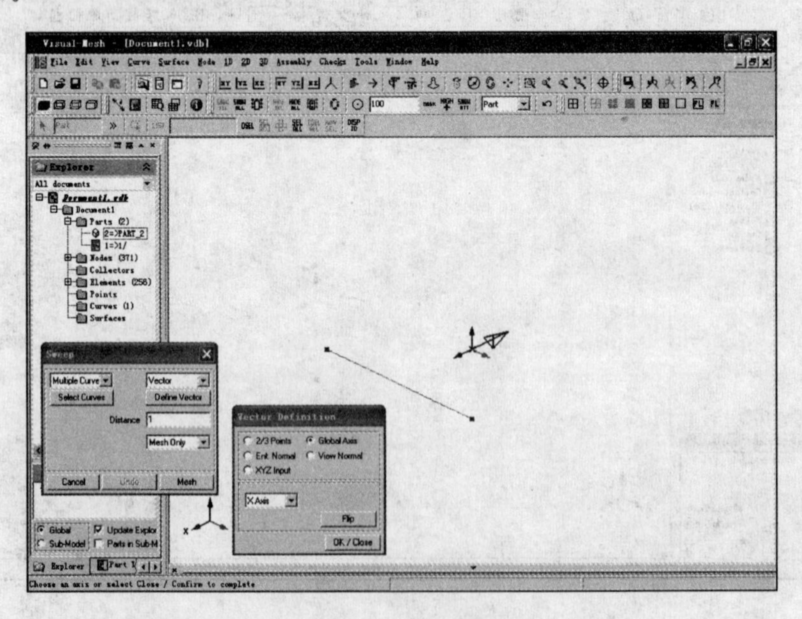

图 8.19　直线拉伸设置窗口

(20)单击 OK/Close 按钮,关闭 Vector Definition 窗口,单击 Sweep 窗口中的 Mesh 按钮,打开 Mesh-2D 窗口,在 Element Size 中输入单元边长为 0.02,如图 8.20 所示。

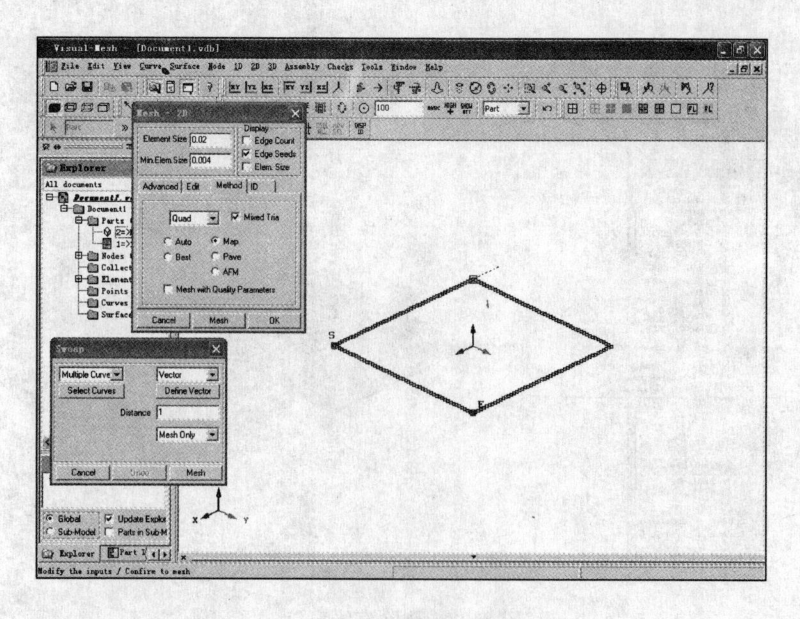

图 8.20　网格密度设置窗口

(21)单击 Mesh 和 OK 按钮，关闭 Mesh－2D 窗口，再关闭 Sweep 窗口，如图 8.21 所示。

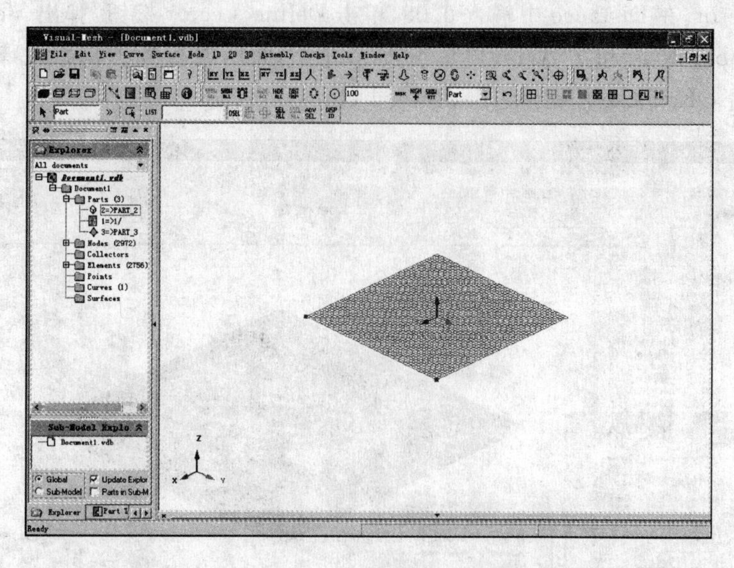

图 8.21　生成面网格窗口

(22)在树结构菜单区右键单击 Part1，如图 8.22 所示，在下拉菜单中单击 Delete 删除直线。

(23) 单击主菜单上的 Checks 按钮，打开 Coincident Nodes 窗口，设置 Max Gap 为 0.001，单击 Check 按钮，单击 Fuse Nodes 下方的 Select Nodes 按钮和 Fuse All 按钮，关闭 Coincident Nodes 窗口，融合重复的节点。单击主菜单上的 Assembly 按钮，打开 Renumber By Entities 窗口，在 Update Entities 按钮上方的下拉列表中选择 All In Model，单击 OK 按钮，关闭 Renumber By Entities 窗口，对节点、单元和部件重新编号。之后重复步骤(16)，隐藏子弹。

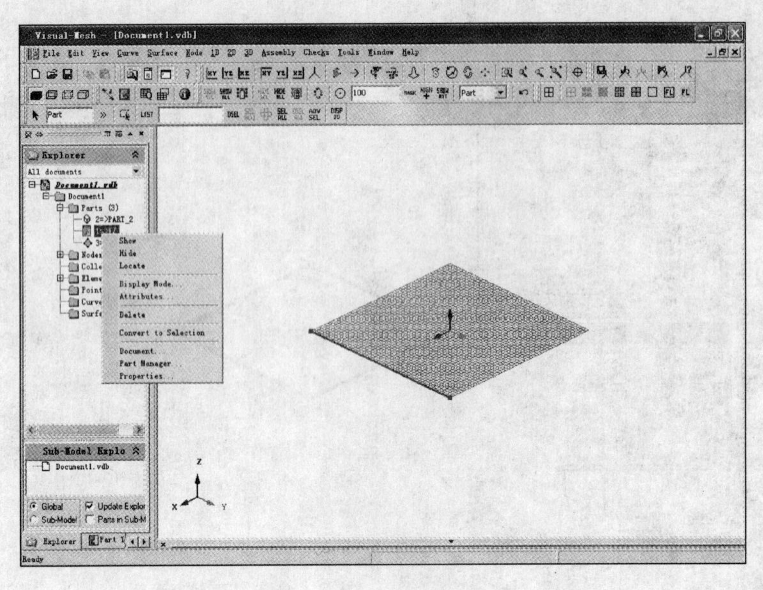

图 8.22　删除直线窗口

(24)单击主菜单上的 3D 按钮,打开 Sweep - 3D 窗口。在 Define Vector 按钮上方的下拉列表中选择 Vector,在 Distance 中输入 0.08,单击 Define Vector 按钮,弹出 Vector Definition 窗口。选择 Global Axis 和 Z Axis,再单击 Flip,使平面网格拉伸方向沿 Z 轴负方向,如图 8.23所示。单击 OK/Close 按钮,关闭 Vector Definition 窗口。

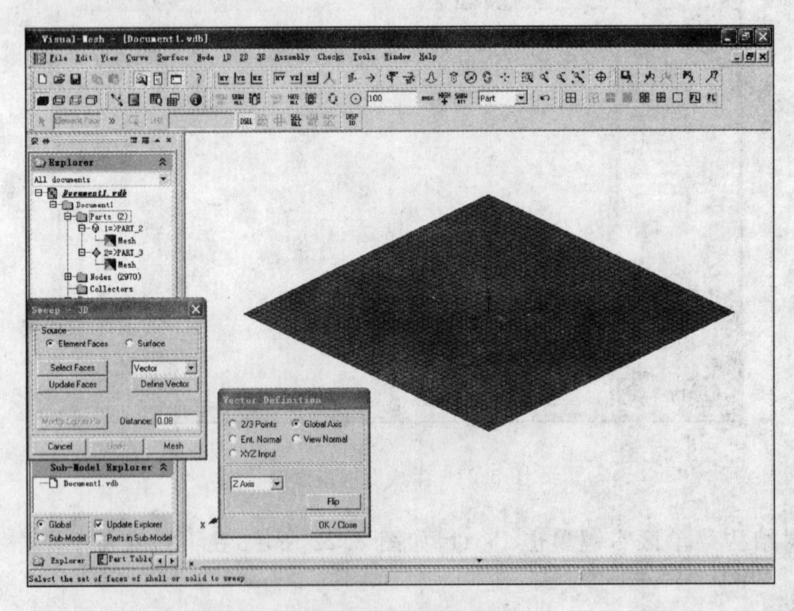

图 8.23　面网格拉伸定义窗口

(25) 单击 Select Faces 按钮,在图形显示区拖动鼠标左键画出四边形,选择所有平面网格。之后单击鼠标中键,单击 Sweep - 3D 窗口上的 Mesh 按钮,打开 Mesh - 3D 窗口,如图 8.24所示,软件默认沿伸长方向将 0.08m 分成 3 份,这里将 3 改为 4。再将窗口最下方的 Collector Start ID 中的 1 改为 3,单击 Mesh 按钮和 OK 按钮,关闭 Sweep - 3D 窗口。

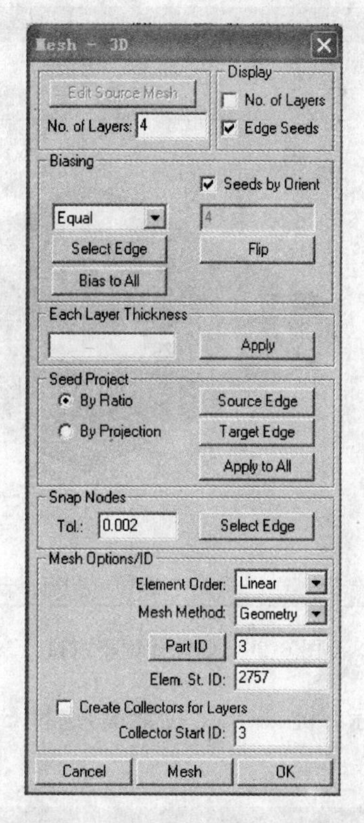

图 8.24　网格密度设置窗口

(26)单击工具栏上的按钮及按钮,形成靶板的三维有限元网格,如图 8.25 所示。

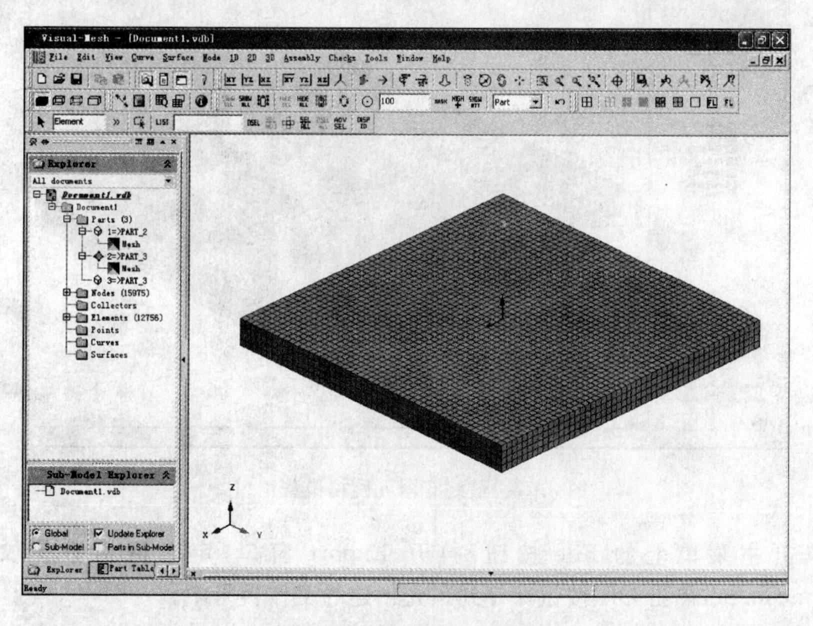

图 8.25　靶板有限元网格

(27) 在树结构菜单区右键单击 Part2,如图 8.26 所示,在下拉菜单中单击 Delete,删除原平面网格。

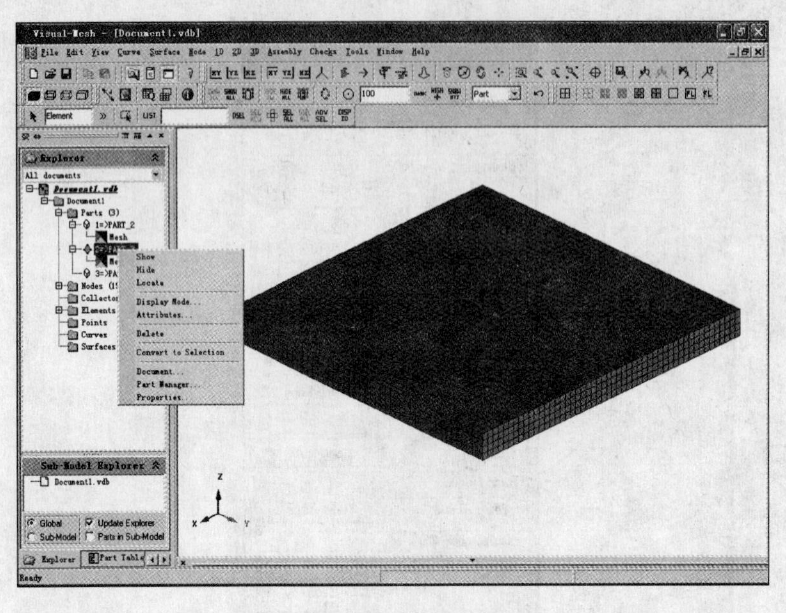

图 8.26　删除面网格窗口

(28) 在图形显示区单击鼠标右键,弹出下拉菜单,选择 Show All,调整视图,最终的有限元网格模型如图 8.27 所示。

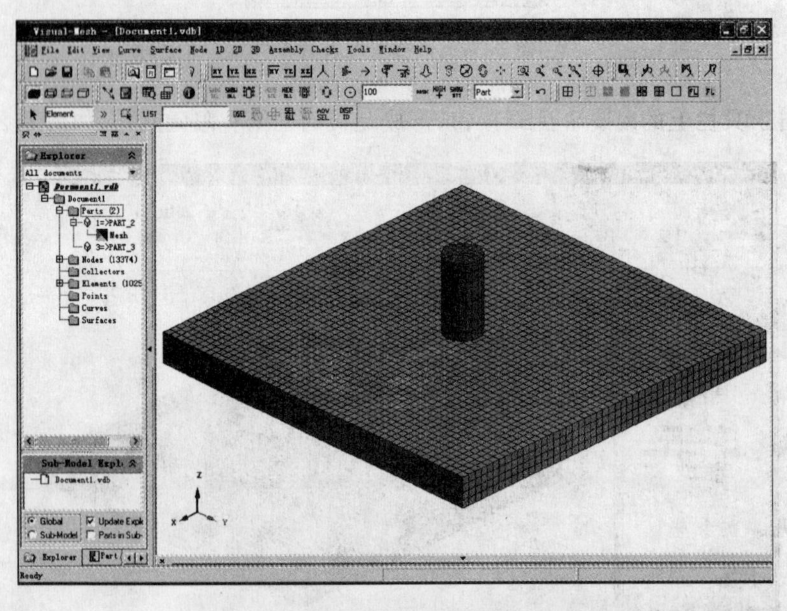

图 8.27　最终有限元网格模型窗口

(29) 单击主菜单上的 File 按钮,打开 Export 窗口,定义网格数据文件名称为 penetration-mesh. pc,单击 OK 按钮保存到预先创建的工作目录中。

8.2.2　Visual-HVI 前处理

(30)打开 Visual-HVI 界面,单击主菜单上的 File 按钮,打开 New 窗口,设置长度、质量、时间和温度 4 个物理量的单位为国际单位制，如图 8.28 所示。单击 OK 按钮，关闭对话框。

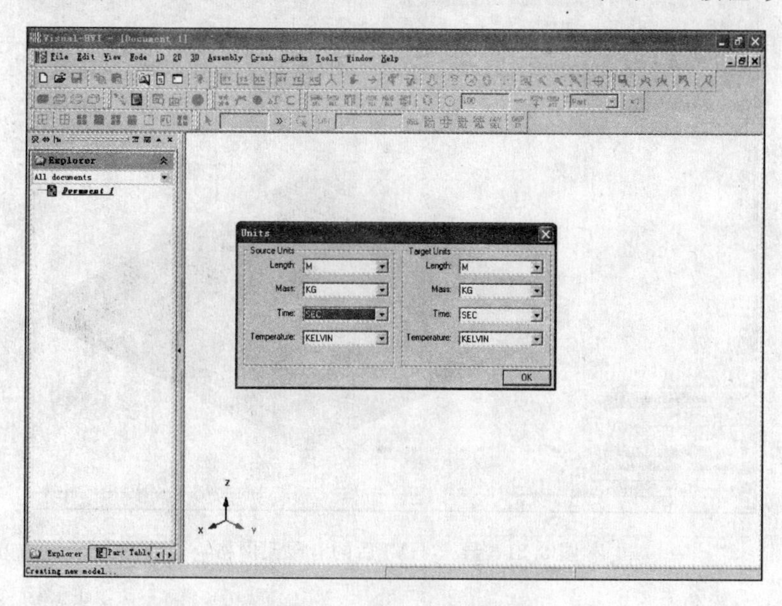

图 8.28　HVI 中单位设置窗口

(31)单击主菜单上的 File 按钮，再单击 Append 选项，打开 Open 窗口，选择工作目录 penetration 下的网格数据文件 penetration-mesh.pc。单击打开按钮，由于导入的文件只是网格数据，所以打开时会有警告信息，如图 8.29 所示。单击“是”，查看警告信息，单击“否”，越过查看，此警告不影响分析，所以这里单击“否”。之后出现单位转换窗口，即 Visual-Mesh 中使用的单位(Source Units)和 Visual-HVI 中使用的单位(Target Units)的转化，这里均采用国际单位制，如图 8.30 所示。单击 OK 按钮，出现导入选项窗口，在 Renumbering Options 选项中选择 Auto offset with a gap of，单击 OK 按钮，网格数据导入 Visual-HVI 中。可通过单击工具栏上的视图控制按钮和按钮，显示模型的有限元网格，如图 8.31 所示。

图 8.29　导入模型时的警告信息

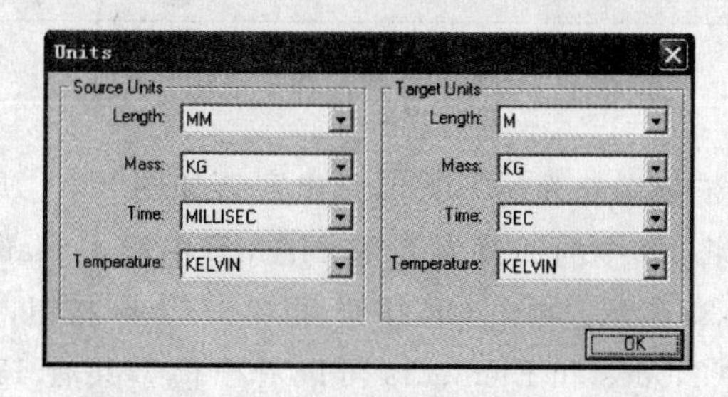

图 8.30　导入模型时的单位转换

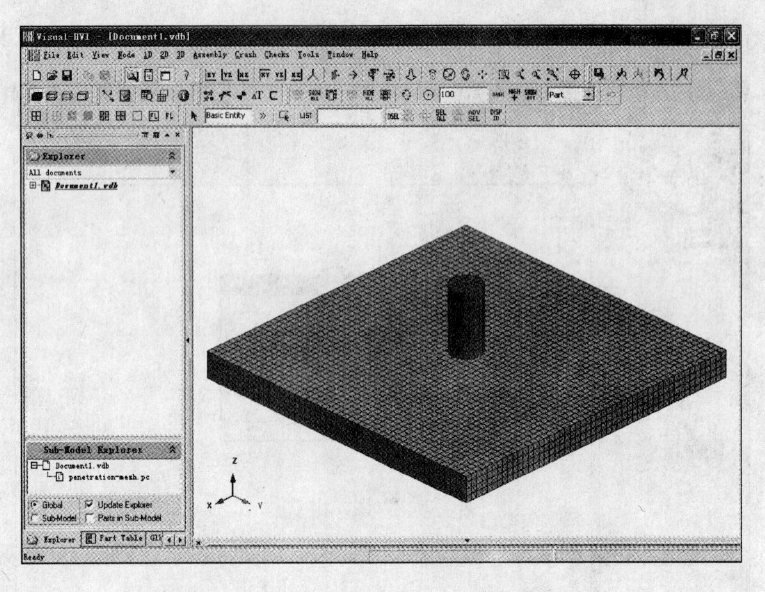

图 8.31 导入 HVI 后的有限元网格

(32)在树结构菜单中右键单击 1=>PART_2 ,弹出窗口如图 8.32 所示。选择 Edit 并单击,打开 Part Creation 窗口,在 NAME 中输入 bullet,即设置第一个 Part(子弹)的名称为 bullet,如图 8.33 所示。单击 OK 按钮,再单击 Close 按钮,关闭 Part Creation 窗口。

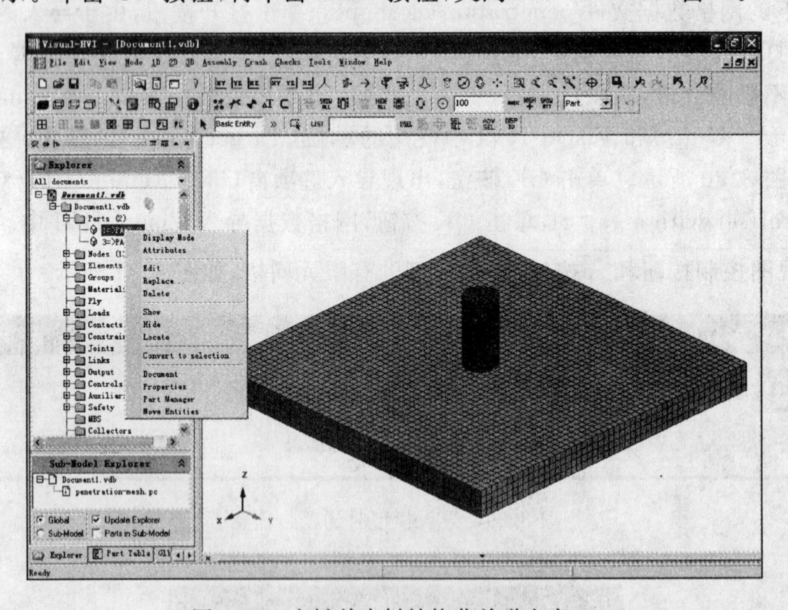

图 8.32 右键单击树结构菜单弹出窗口

(33)在树结构菜单中右键单击 3=>PART_3 ,弹出窗口如图 8.34 所示。选择 Edit 并单击,打开 Part Creation 窗口,将 ID 中的 3 改为 2,在 NAME 中输入 plate,即设置第二个 Part(靶板)的名称为 plate,如图 8.35 所示。单击 OK 按钮,再单击 Close 按钮,关闭 Part Creation 窗口。

(34)从树结构菜单中 Nodes 和 Elements 可以看出模型共有 13374 个节点和 10256 个单元。

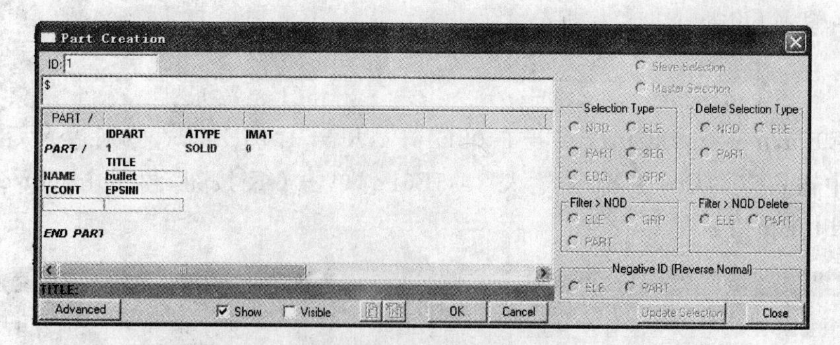

图 8.33　子弹有限元部件编辑窗口

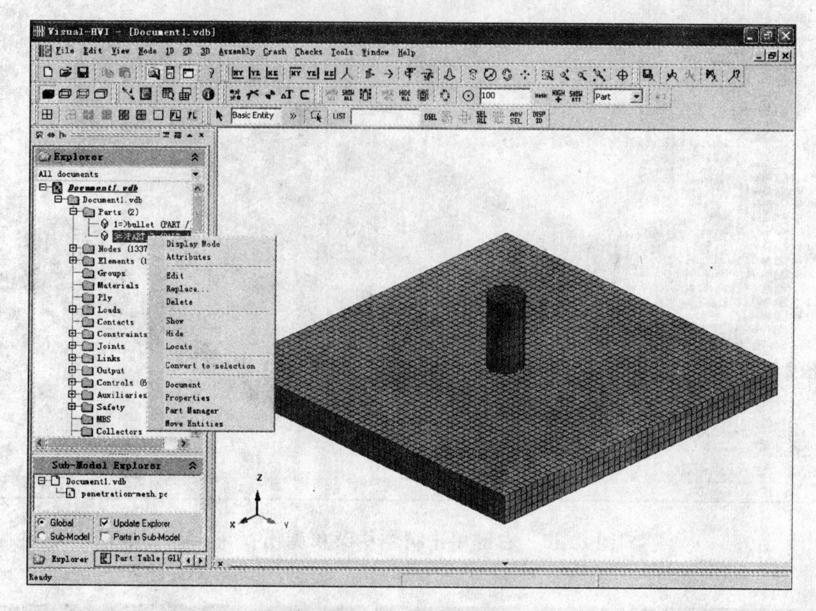

图 8.34　右键单击树结构菜单弹出窗口

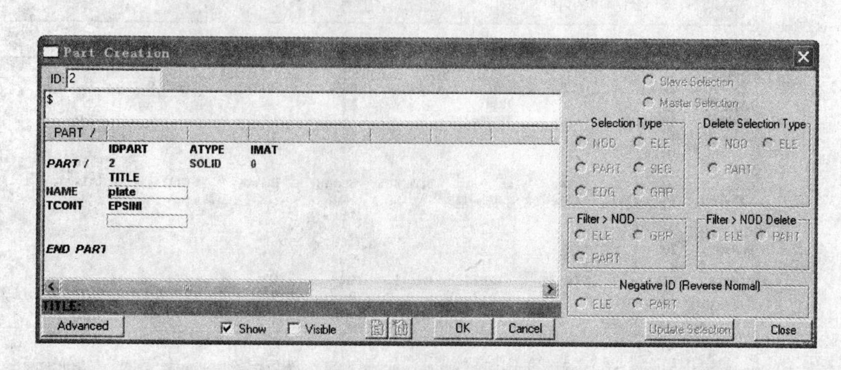

图 8.35　靶板有限元部件编辑窗口

(35)在树结构菜单中右键单击 Materials，弹出窗口如图 8.36 所示。选择 Materials Editor 并单击，打开 Materials Editor 窗口，如图 8.37 所示。在 Element Type 中选择 Solid，在 Type 的下拉列表中选择 1-ELASTIC_PLASTIC_SOLID，在 RHO 中输入子弹密度 7850，

在 NAME 中输入 bullet_mat。根据公式

$$G=\frac{E}{2(1+\mu)} \quad 和 \quad K=\frac{E}{3(1-2\mu)}$$

将 $E=210\text{E}9\text{Pa}$，$\mu=0.3$ 转化成 $G=8.08\text{E}10\text{Pa}$，$K=1.75\text{E}11\text{Pa}$，分别输入 G 和 K 中，在 SIGMA_Y 中输入 1034E6，在 Et 中输入 2435E6Pa，单击 OK 按钮，再单击 Close 按钮，关闭 Materials Editor 窗口。

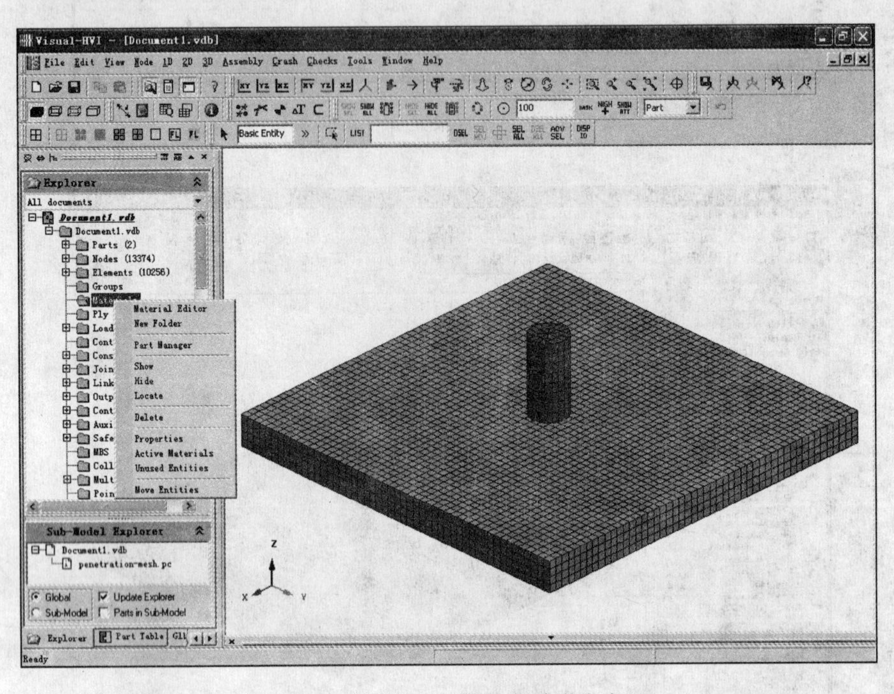

图 8.36　右键单击树结构菜单弹出窗口

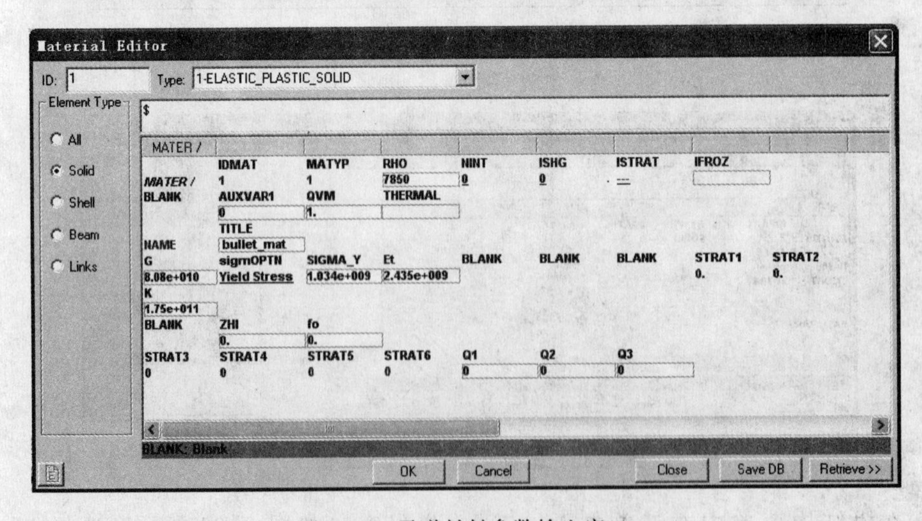

图 8.37　子弹材料参数输入窗口

(36)在树结构菜单中右键单击 Materials，弹出窗口如图 8.38 所示。选择 Materials Editor 并单击，打开 Materials Editor 窗口，在 Element Type 中选择 Solid，在 Type 的下拉列

表中选择 16 号材料模型，如图 8.39 所示。在 RHO 中输入杆密度 2700，采用缩减积分算法，即设置 NINT 为 1。在 NAME 中输入 plate_mat，将 $G=2.77E10Pa$，$K=6E10Pa$ 分别输入 G 和 K 中，在 SIGMA_Y 中输入 345E6，在 Et 中输入 690E6Pa，在 EPSLNMAX 中输入 0.17，单击 OK 按钮，再单击 Close 按钮，关闭 Materials Editor 窗口。

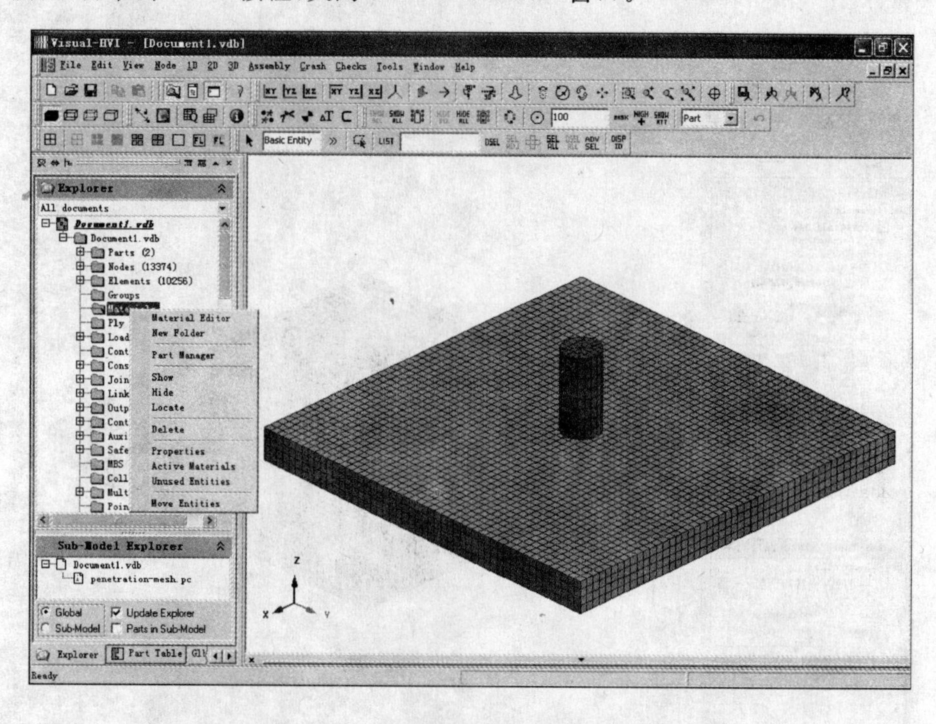

图 8.38　右键单击树结构菜单弹出窗口

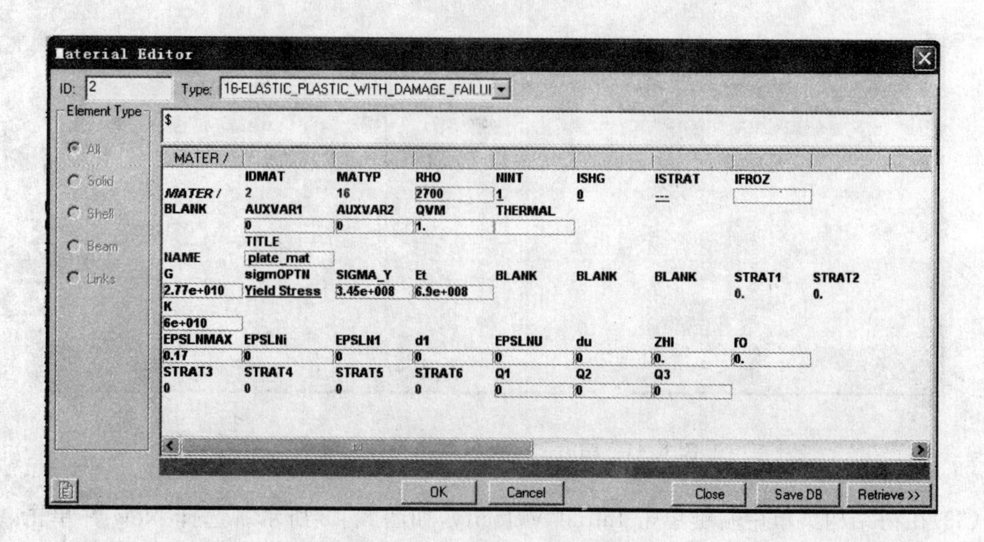

图 8.39　靶板材料参数输入窗口

(37)创建完成子弹和靶板的材料模型之后，将子弹和靶板的材料模型赋给有限元网格。在树结构菜单中右键单击 Materials，如图 8.40 所示。选择 Part Manager 并单击，打开 Part

Manager 窗口，在 Part Name 中单击 bullet，在 Material Name 中单击 bullet_mat，再单击⇐按钮，则将材料模型 bullet_mat 赋给子弹。在 Part Name 中单击 plate，在 Material Name 中单击 plate_mat，再单击⇐按钮，则将材料模型 plate_mat 赋给靶板，如图 8.41 所示。单击 Close 按钮，关闭 Part Manager 窗口。

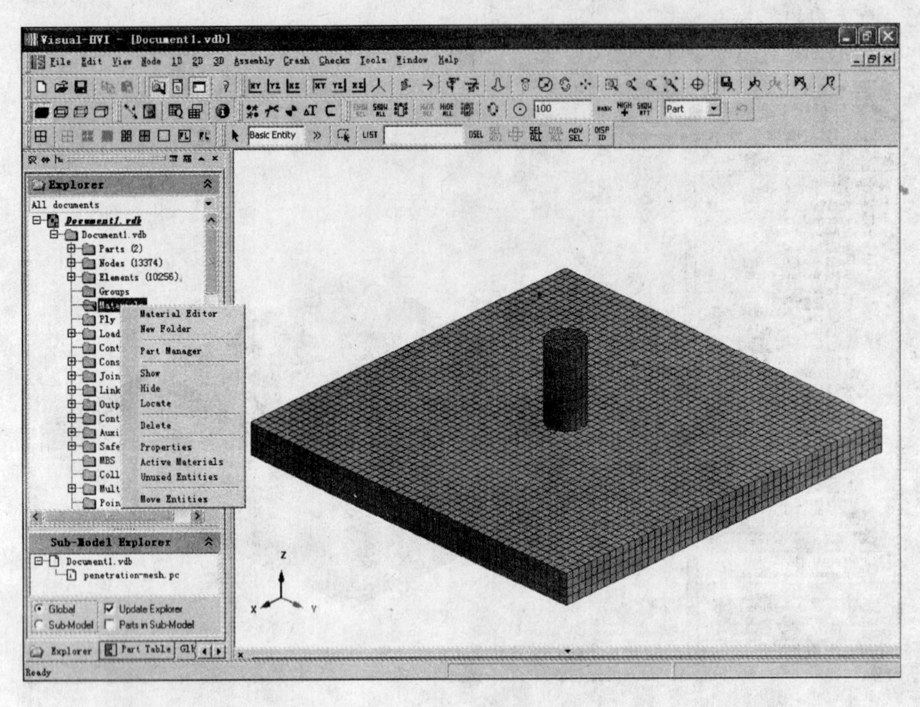

图 8.40　右键单击树结构菜单弹出窗口

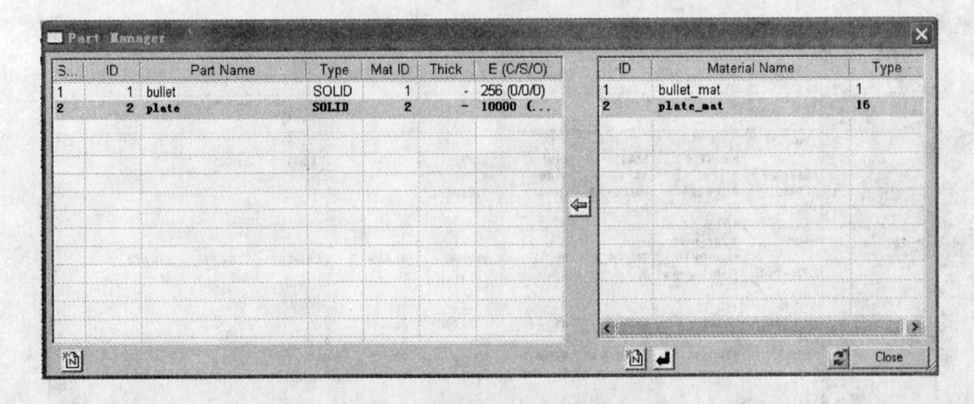

图 8.41　给有限元网格赋材料属性窗口

(38)在树结构菜单中右键单击 Initial Velocity，如图 8.42 所示。选择 New 并单击，打开 Initial Velocity Creation 窗口，在 NAME 中输入 bullet_velocity，如图 8.43 所示。在 Selection Type 中选择 PART，之后在图形显示区拾取子弹，单击 Update Selection 按钮，之后在 VELZ0 中输入－600，即定义子弹在 Z 向的初速度。单击 OK 按钮和 Close 按钮，关闭 Initial Velocity Creation 窗口。

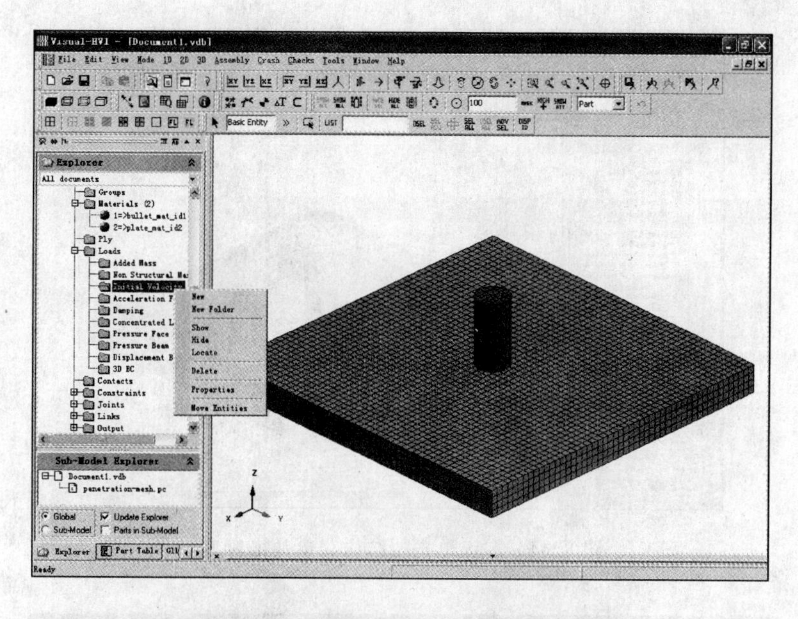

图 8.42　右键单击树结构菜单弹出窗口

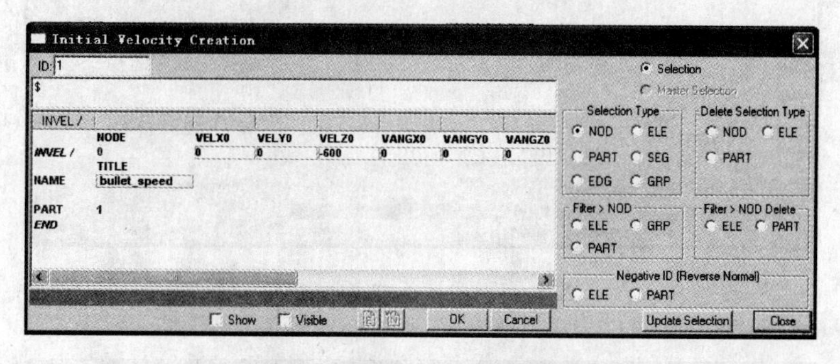

图 8.43　子弹初速度定义窗口

(39)在树结构菜单中右键单击 Displacement BC，如图 8.44 所示。选择 New 并单击，打开 Boundary Condition Creation 窗口，如图 8.45 所示。在 NAME 中输入 plate_fixed，将 X，Y，Z，U，V，W 均设置为 1，即固定每个节点的 6 个自由度，在 Selection Type 中选择 NODE，用框选法在图形显示区拾取靶板四周的所有边节点，单击 Update Selection 按钮，完成边界条件的创建。单击 OK 按钮和 Close 按钮，关闭 Boundary Condition Creation 窗口。

(40)在树结构菜单中右键单击 Contacts，如图 8.46 所示。选择 New 并单击，打开 Contact Creation 窗口，在 Type 下拉列表中选择 34 号接触类型，在 NAME 中输入 bullet-plate，在 hcont 中输入 0.02，在 SLFACM 中输入 0.1，如图 8.47 所示。在 Selection Type 中选择 PART，在图形显示区拾取靶板，单击 Update Selection 按钮，选中 Master Selection，在图形显示区拾取子弹，单击 Update Selection 按钮。单击 OK 按钮和 Close 按钮，关闭 Contact Creation 窗口。

(41)在树结构菜单中右键单击 Node Time History，如图 8.48 所示。选择 New 并单击，打开 Node Time History Creation 窗口，在 NAME 中输入 node-time，在 Selection Type 中选择 NODE，然后在图形显示区拾取子弹尾部表面任一节点，单击 Update Selection 按钮，如图 8.49 所示。单击 OK 按钮和 Close 按钮，关闭 Node Time History Creation 窗口。

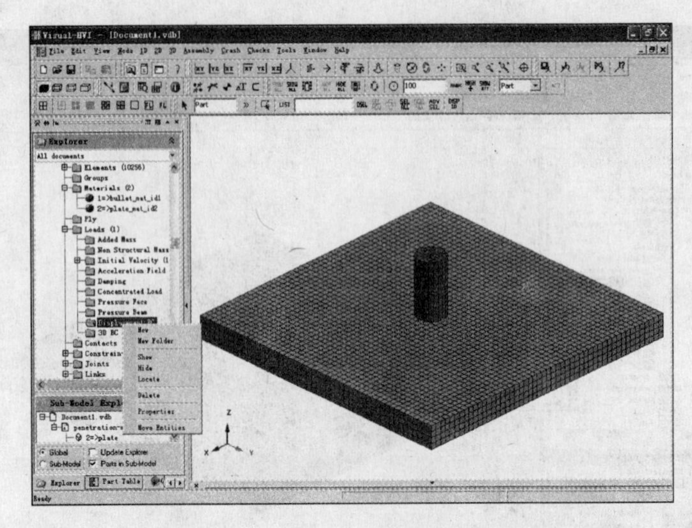

图 8.44　右键单击树结构菜单弹出窗口

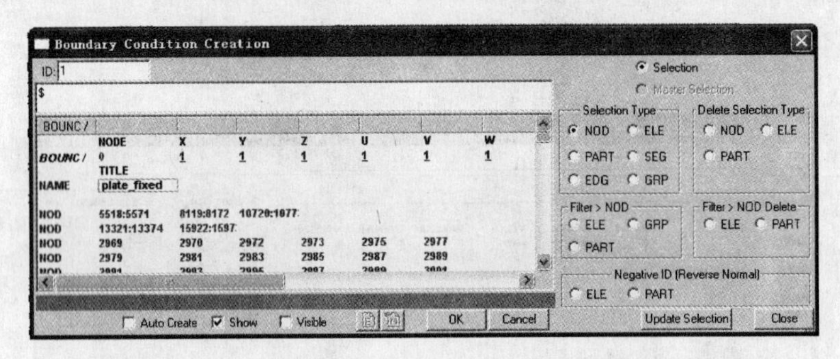

图 8.45　边界条件定义窗口

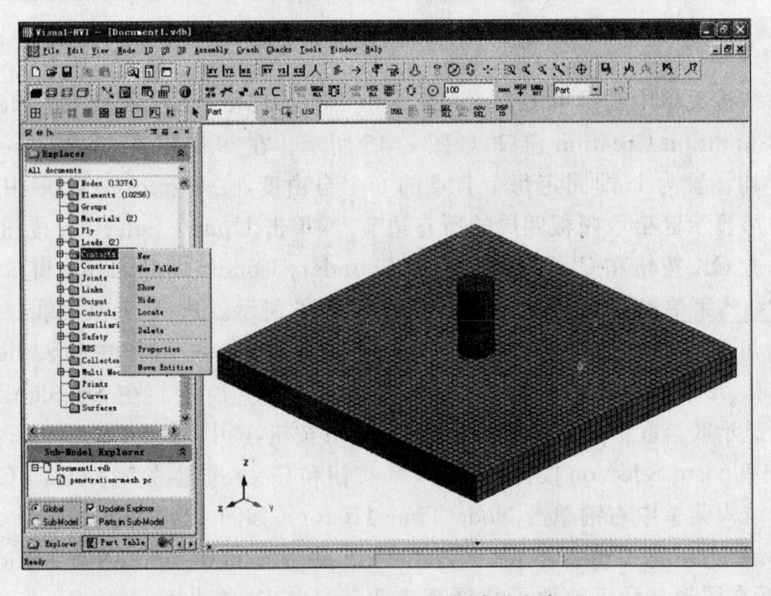

图 8.46　右键单击树结构菜单弹出窗口

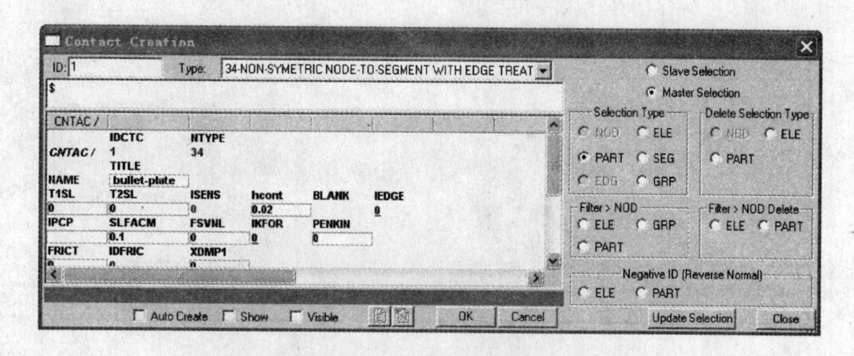

图 8.47　子弹与靶板接触定义窗口

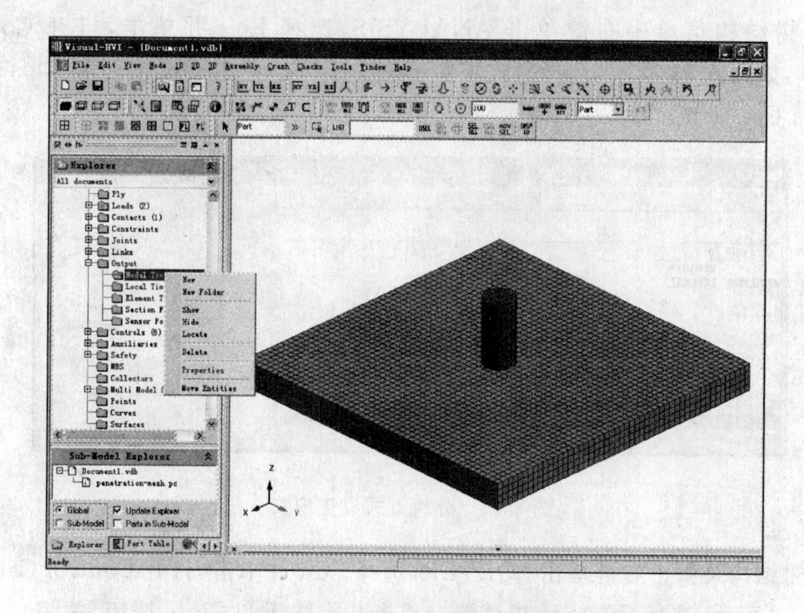

图 8.48　右键单击树结构菜单弹出窗口

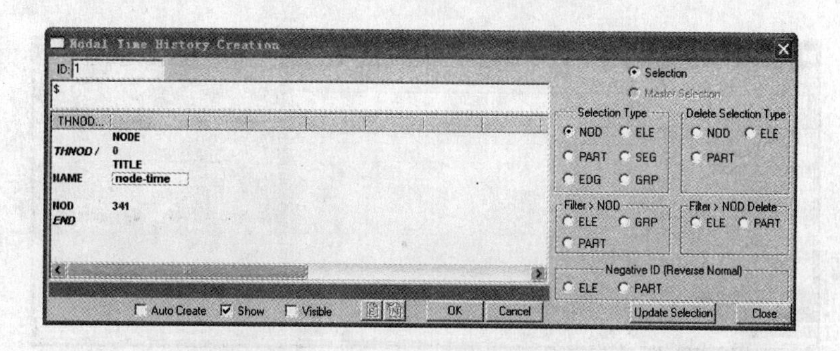

图 8.49　节点时间历程输出定义窗口

(42) 在树结构菜单中右键单击 UNIT，选择 Edit 并单击，打开 Control Cards Creation 窗口，如图 8.50 所示，用户可以查看物理量单位是否正确。单击 OK 按钮和 Close 按钮，关闭 Control Cards Creation 窗口。

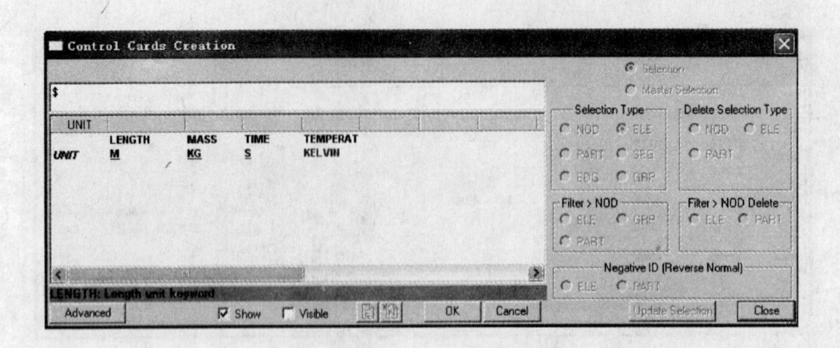

图 8.50　求解单位设置窗口

(43) 在树结构菜单中右键单击 ANALYSIS，选择 Edit 并单击，打开 Control Cards Creation 窗口，如图 8.51 所示，选择显式求解 EXPLICIT。单击 OK 按钮和 Close 按钮，关闭 Control Cards Creation 窗口。

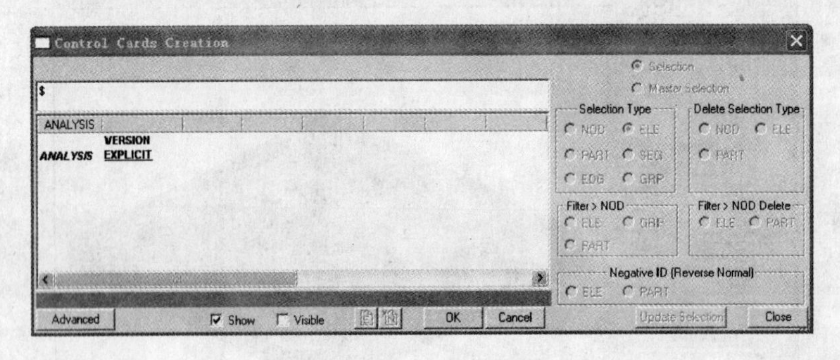

图 8.51　分析方式设置窗口

(44) 在树结构菜单中右键单击 SOLVER，选择 Edit 并单击，打开 Control Cards Creation 窗口，如图 8.52 所示，选择 CRASH 求解器。单击 OK 按钮和 Close 按钮，关闭 Control Cards Creation 窗口。

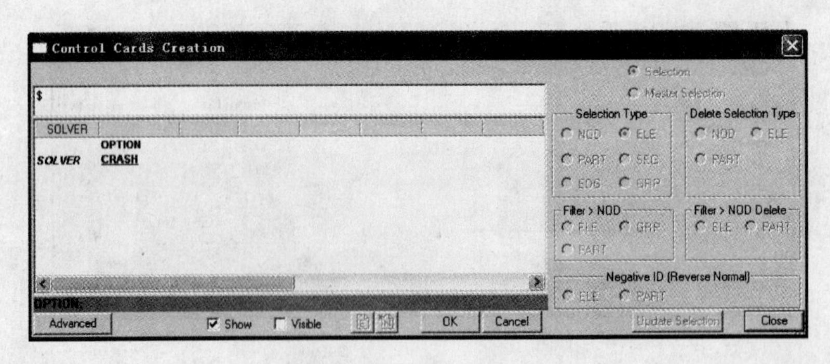

图 8.52　求解类型设置窗口

(45) 在树结构菜单中右键单击 TITLE，选择 Edit 并单击，打开 Control Cards Creation 窗口，如图 8.53 所示，设定求解标题为 penetration. pc。单击 OK 按钮和 Close 按钮，关闭 Control Cards Creation 窗口。

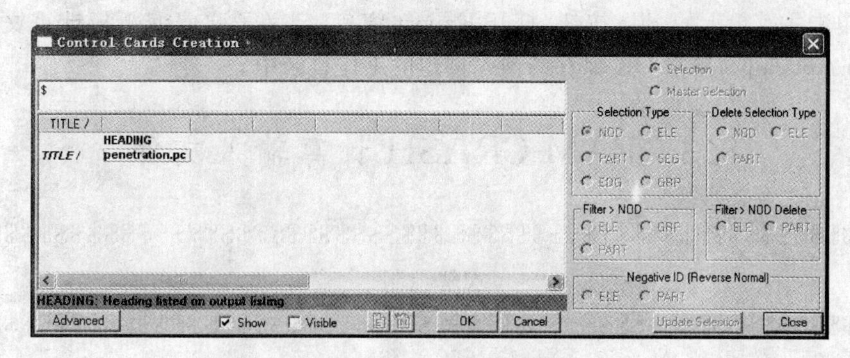

图 8.53　求解标题设置窗口

(46) 在树结构菜单中右键单击 OCTRL，选择 Edit 并单击，打开 Control Cards Creation 窗口，如图 8.54 所示。在 TIOD 和 PIOD 中输入 0.00001，在 TOTAL STRAIN 中选择 INCREMENTAL，在 PREFILTER 中选择 TYPE0，其余设置如图 8.54 所示。单击 OK 按钮和 Close 按钮，关闭 Control Cards Creation 窗口。

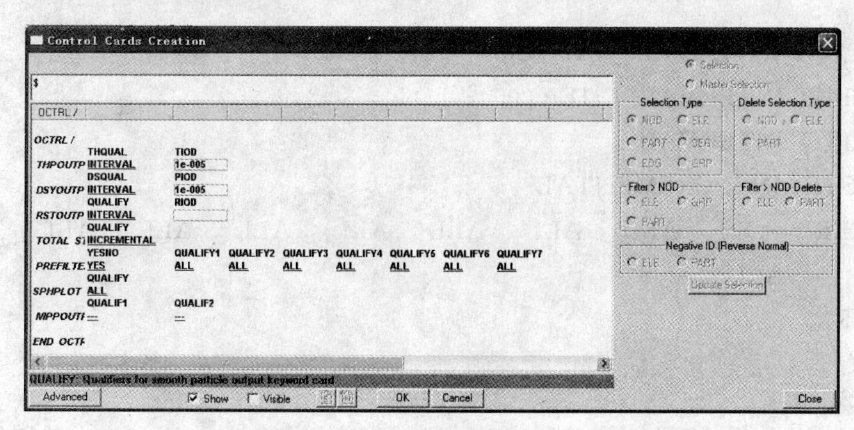

图 8.54　求解输出设置窗口

(47) 在树结构菜单中右键单击 RUNEND，选择 Edit 并单击，打开 Control Cards Creation 窗口，如图 8.55 所示，在 TIO2 中输入 0.01。单击 OK 按钮和 Close 按钮，关闭 Control Cards Creation 窗口。

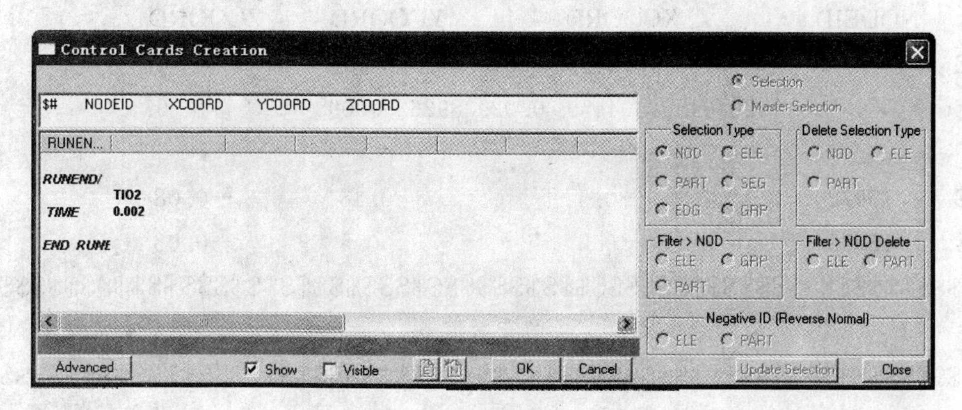

图 8.55　求解时间设置窗口

(48) 单击主菜单上的 File 按钮，打开 Export 窗口，定义子弹侵彻靶板计算文件名称为 penetration-model. pc，单击 OK 保存到预先创建的工作目录中。

8.3 PAM-CRASH 计算输入文件

```
$$$$$$$$$$$$$$$$$$$$$$$$$$$$$$$$$$$$$$$$$$$$$$$$$$$$$$$$$$$$$$$$$$$$$$$$$$$$$$$$
$$                              求解控制                                      $$
$$$$$$$$$$$$$$$$$$$$$$$$$$$$$$$$$$$$$$$$$$$$$$$$$$$$$$$$$$$$$$$$$$$$$$$$$$$$$$$$
INPUTVERSION 2006
ANALYSIS EXPLICIT
SOLVER    CRASH
UNIT      M       KG       S    KELVIN
TITLE /   penetration. pc
OCTRL /
 THPOUTPUT INTERVAL    1E-005
 DSYOUTPUT INTERVAL    1E-005
 RSTOUTPUT INTERVAL
 TOTAL_STRAIN INCREMENTAL
 PREFILTER   YES   ALL   ALL   ALL   ALL   ALL   ALL   ALL
SPHPLOT     ALL
END_OCTRL
RUNEND/
 TIME     0.002
END_RUNEND
$$$$$$$$$$$$$$$$$$$$$$$$$$$$$$$$$$$$$$$$$$$$$$$$$$$$$$$$$$$$$$$$$$$$$$$$$$$$$$$$
$$                              节点数据                                      $$
$$$$$$$$$$$$$$$$$$$$$$$$$$$$$$$$$$$$$$$$$$$$$$$$$$$$$$$$$$$$$$$$$$$$$$$$$$$$$$$$
$#      NODEID          XCOORD           YCOORD        ZCOORD
NODE  /       1 -0.0316301372329 0.0226828578479 8          0.
NODE  /       2 -0.0404508494459 0.02938926299009           0.
.................................................................................
NODE  / 15972             -0.5             0.48         -0.08
NODE  / 15973             -0.5             0.5          -0.08
$$$$$$$$$$$$$$$$$$$$$$$$$$$$$$$$$$$$$$$$$$$$$$$$$$$$$$$$$$$$$$$$$$$$$$$$$$$$$$$$
$$                              单元数据                                      $$
$$$$$$$$$$$$$$$$$$$$$$$$$$$$$$$$$$$$$$$$$$$$$$$$$$$$$$$$$$$$$$$$$$$$$$$$$$$$$$$$
$#             M  IPART  BLANK  BLANK  BLANK
```

```
SOLID /      1      1
$#        BLANK      N1       N2      N3      N4      N5      N6      N7      N8
                     1        2       43      42      3       3       44      44
SOLID /      2      1
                     42       43      84      83      44      44      85      85
......................................................................................
SOLID /   12756     2
                 15921    15922   15973   15972   13320   13321   13372   13371
$$$$$$$$$$$$$$$$$$$$$$$$$$$$$$$$$$$$$$$$$$$$$$$$$$$$$$$$$$$$$$$$$$$$$$$$$$
$$                              部件数据                                 $$
$$$$$$$$$$$$$$$$$$$$$$$$$$$$$$$$$$$$$$$$$$$$$$$$$$$$$$$$$$$$$$$$$$$$$$$$$$
$#        IDPART    ATYPE     IMAT
PART   /        1   SOLID        1
NAME bullet

$#   TCONT     EPSINI



END_PART
$#        IDPART    ATYPE     IMAT
PART   /        2   SOLID        2
NAME plate

$#   TCONT     EPSINI



END_PART
$$$$$$$$$$$$$$$$$$$$$$$$$$$$$$$$$$$$$$$$$$$$$$$$$$$$$$$$$$$$$$$$$$$$$$$$$$
$$                              材料模型数据                             $$
$$$$$$$$$$$$$$$$$$$$$$$$$$$$$$$$$$$$$$$$$$$$$$$$$$$$$$$$$$$$$$$$$$$$$$$$$$
```

```
$---5---10----5---20----5---30----5---40----5---50----5---60----5---70----5---80
$#         IDMAT   MATYP              RHO    NINT     ISHG  ISTRAT   IFROZ
MATER /      1       1             7850.       0        0
$# BLANK AUXVAR1                                                QVM THERMAL
             0                                                   1.
$#                                                                       TITLE
NAME bullet_mat
$#         G   SIGMA_Y        Et     BLANK     BLANK     BLANK    STRAT1    STRAT2
 8.08E+0101.034e+0092.435E+009                                       0.        0.
$#         K
 1.75E+011


$#                                                     BLANK       ZHI        fo
                                                                     0.        0.
$#  STRAT3    STRAT4    STRAT5    STRAT6        Q1        Q2        Q3
        0.        0.        0.        0.        0.        0.        0.

$---5---10----5---20----5---30----5---40----5---50----5---60----5---70----5---80
$#         IDMAT   MATYP              RHO    NINT     ISHG  ISTRAT   IFROZ
MATER /      2      16             2700.       1        0
$# BLANK AUXVAR1 AUXVAR2                                        QVM THERMAL
             0       0                                           1.
$#                                                                       TITLE
NAME plate_mat
$#         G   SIGMA_Y        Et     BLANK     BLANK     BLANK    STRAT1    STRAT2
 2.77E+010 3.45e+008690000000.                                       0.        0.
$#         K
    6E+010


$#EPSLNMAX   EPSLNi    EPSLN1        d1    EPSLNU        du       ZHI        fO
      0.17       0.        0.        0.        0.        0.        0.        0.
$#  STRAT3    STRAT4    STRAT5    STRAT6        Q1        Q2        Q3
        0.        0.        0.        0.        0.        0.        0.
```

```
$$$$$$$$$$$$$$$$$$$$$$$$$$$$$$$$$$$$$$$$$$$$$$$$$$$$$$$$$$$$$$$$$$$$$$
$$                           接触定义                                $$
$$$$$$$$$$$$$$$$$$$$$$$$$$$$$$$$$$$$$$$$$$$$$$$$$$$$$$$$$$$$$$$$$$$$$$
CNTAC /          1        34
NAME bullet－plate
$#    T1SL      T2SL      ISENS     hcont               BLANK     IEDGE
        0.        0.          0      0.02                             0
$#PCP     SLFACM      FSVNLIKFOR     PENKIN
          0.1         0.      0              0.
$#   FRICT     IDFRIC      XDMP1
        0.         0         0.
$#EMOIERODILEAKIAC32
    0         0      0


         PART          2
         END
         PART          1
         END
```

```
$$$$$$$$$$$$$$$$$$$$$$$$$$$$$$$$$$$$$$$$$$$$$$$$$$$$$$$$$$$$$$$$$$
$$                         初速度定义                           $$
$$$$$$$$$$$$$$$$$$$$$$$$$$$$$$$$$$$$$$$$$$$$$$$$$$$$$$$$$$$$$$$$$$
$                                                                  #
NODE    VELX0    VELY0    VELZ0   VANGX0   VANGY0   VANGZ
0  IFRAM    IRIGB
INVEL /         0        0.        0.      -600.       0.        0.        0.
0       0
NAME bullet_speed
        PART         1
        END
$$$$$$$$$$$$$$$$$$$$$$$$$$$$$$$$$$$$$$$$$$$$$$$$$$$$$$$$$$$$$$$$$$
$$                        边界条件定义                          $$
$$$$$$$$$$$$$$$$$$$$$$$$$$$$$$$$$$$$$$$$$$$$$$$$$$$$$$$$$$$$$$$$$$
$#         NODE   XYZUVW    IFRAM    ISENS
BOUNC /       0    111111        0        0
NAME plate_fixed
      NOD      5518:5571      8119:8172      10720:10773
      NOD     13321:13374     15922:15973
      NOD      2969      2970      2972      2973      2975      2977
      ..................................................................
      NOD     15769     15771     15820     15822     15871     15873
      END
$$$$$$$$$$$$$$$$$$$$$$$$$$$$$$$$$$$$$$$$$$$$$$$$$$$$$$$$$$$$$$$$$$
$$                          输出定义                            $$
$$$$$$$$$$$$$$$$$$$$$$$$$$$$$$$$$$$$$$$$$$$$$$$$$$$$$$$$$$$$$$$$$$
THNOD /       0
NAME node-time
      NOD       341
      END
$$$$$$$$$$$$$$$$$$$$$$$$$$$$$$$$$$$$$$$$$$$$$$$$$$$$$$$$$$$$$$$$$$
$$                        END OF DATA                           $$
$$$$$$$$$$$$$$$$$$$$$$$$$$$$$$$$$$$$$$$$$$$$$$$$$$$$$$$$$$$$$$$$$$
```

8.4　求　　解

打开 PAM-CRASH 2006.0 Solvers 界面，如图 8.56 所示。选择子弹侵彻靶板计算文件 penetration-model.pc，单击 Launch 按钮，开始计算。图 8.57 给出计算过程的一些信息，当计算正常结束后，会出现如图 8.58 所示的窗口。

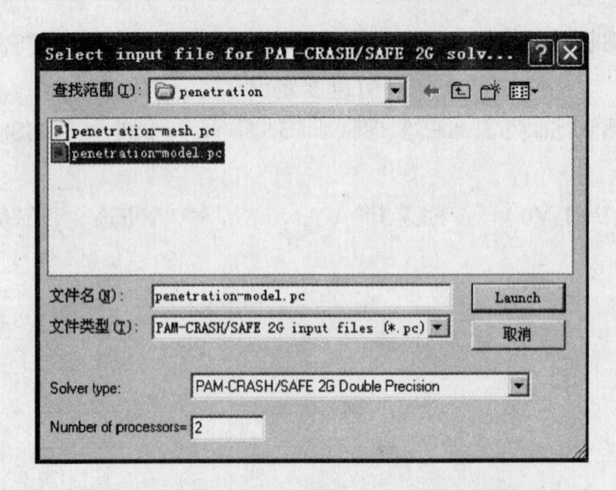

图 8.56　PAM-CRASH 2006.0 Solvers 窗口

```
penetration-model.out [208.8 KB] - WinTail
ELEMENT DATA          3-D  ELEMENTS
  ELEMENT            SIG-X        SIG-Y        SIG-Z        TAU-XY       TAU-YZ       TAU-ZX

ELEMENT DATA          3-D  ELEMENTS
  ELEMENT            AUXILIARY VARIABLES PRINTOUT

ELEMENT DATA          THIN PLATES
 ELEMENT         F11          F22          F12            M11          M22          M12          MAX E

ELEMENT DATA          1-D ELEM 767x529

 CYCLE      TIME     TIME-STEP  ELEMENT      NO  DTMIN FAC.  KINETIC EN  INTERNAL EN   TOTAL EN  DTMIN NB
   620  0.2240E-03  0.3693E-06  SOLID       161  0.1000E+01  0.5121E+06  0.2522E+08  0.2573E+08        0

*** INFO *** PART ID.        2 ELEMENT       6480 ELIMINATED  AT CYCLE       621
*** INFO ***        1 NEW FREE NODES FOUND - VELOCITY RESET TO ZERO

*** INFO *** PART ID.        2 ELEMENT       7424 ELIMINATED  AT CYCLE       627
*** INFO ***        1 NEW FREE NODES FOUND - VELOCITY RESET TO ZERO
   630  0.2277E-03  0.3689E-06  SOLID       161  0.1000E+01  0.5132E+06  0.2522E+08  0.2573E+08        0
```

图 8.57　计算过程信息窗口

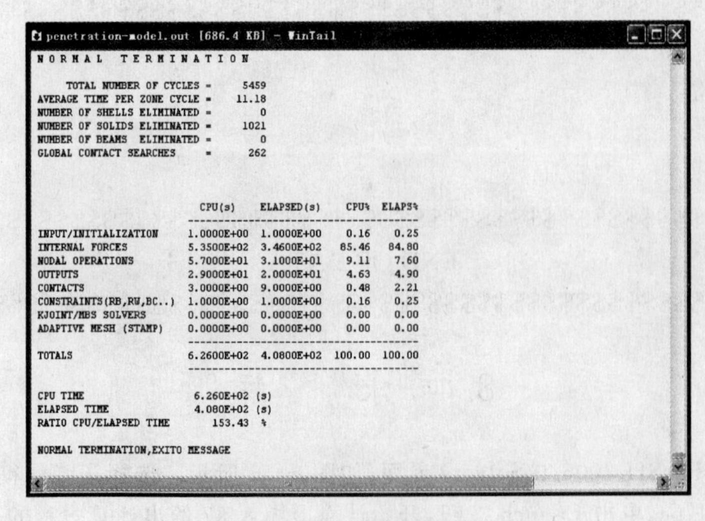

	CPU(s)	ELAPSED(s)	CPU%	ELAPS%
INPUT/INITIALIZATION	1.0000E+00	1.0000E+00	0.16	0.25
INTERNAL FORCES	5.3500E+02	3.4600E+02	85.46	84.80
NODAL OPERATIONS	5.7000E+01	3.1000E+01	9.11	7.60
OUTPUTS	2.9000E+01	2.0000E+01	4.63	4.90
CONTACTS	3.0000E+00	9.0000E+00	0.48	2.21
CONSTRAINTS(RB,RW,BC..)	1.0000E+00	1.0000E+00	0.16	0.25
KJOINT/MBS SOLVERS	0.0000E+00	0.0000E+00	0.00	0.00
ADAPTIVE MESH (STAMP)	0.0000E+00	0.0000E+00	0.00	0.00
TOTALS	6.2600E+02	4.0800E+02	100.00	100.00

图 8.58　计算结束窗口

8.5　Visual-Viewer 后处理

(1)打开 Visual-Viewer 界面,单击主菜单上的 File 按钮,选择 Open 并单击,打开 Open 窗口,如图 8.59 所示。选择 penetration-model. DSY 文件,单击打开按钮,弹出 Import 窗口,如图 8.60 所示。

图 8.59　后处理文件列表窗口

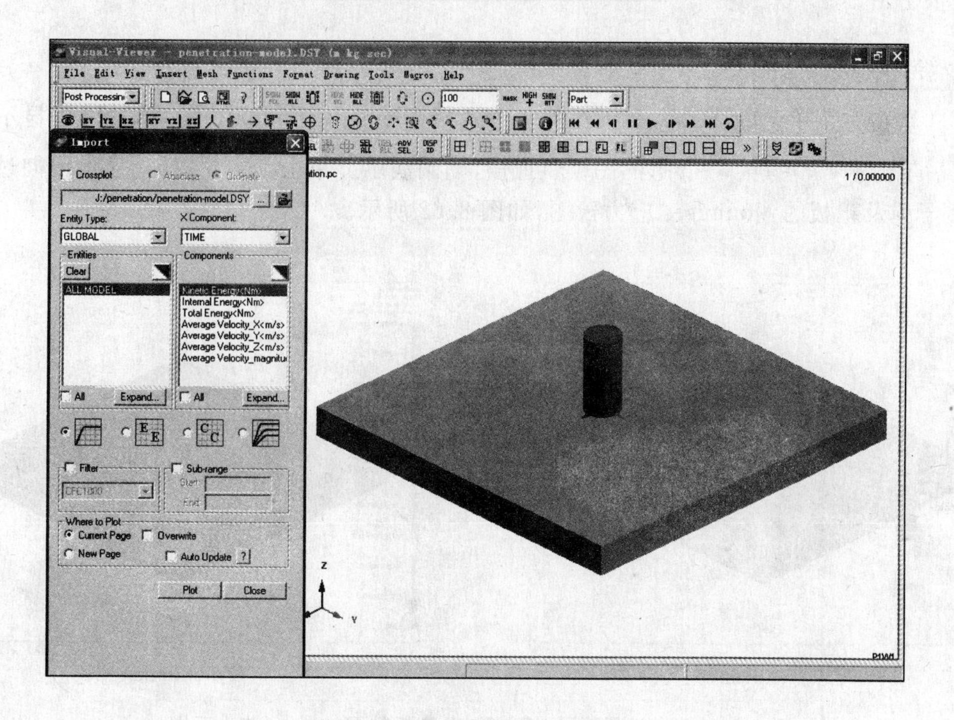

图 8.60　结果显示项目选择窗口

(2)单击工具栏上的 按钮，打开 Contour Control 窗口，如图 8.61 所示。在 Display Types 中选择 Node，在 Entity Types 的下拉列表中选择 SOLID，在 SOLID 下方选择 Stress_Vonmises，单击 Apply 按钮并单击 Close 按钮，关闭 Contour Control 窗口。

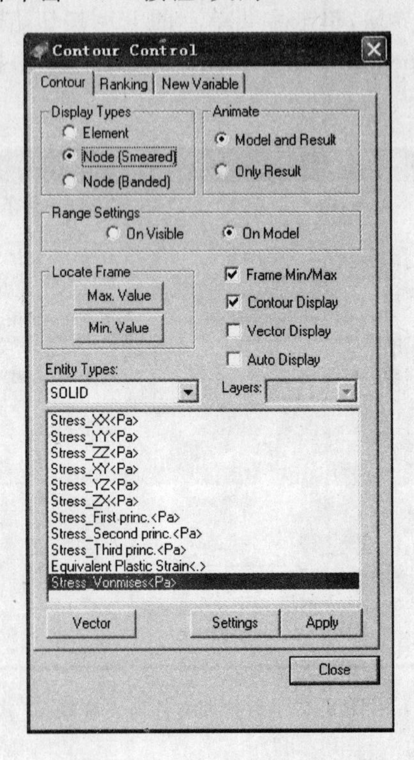

图 8.61 应力显示控制窗口

(3) 单击主菜单上的 Mesh，在下拉列表中选择 ElementElimination。单击网格显示按钮，之后单击上的图标，可进行动画演示。单击其中按钮，显示侵彻过程不同时刻子弹及靶板的 Vonmises 应力云图，如图 8.62 所示。

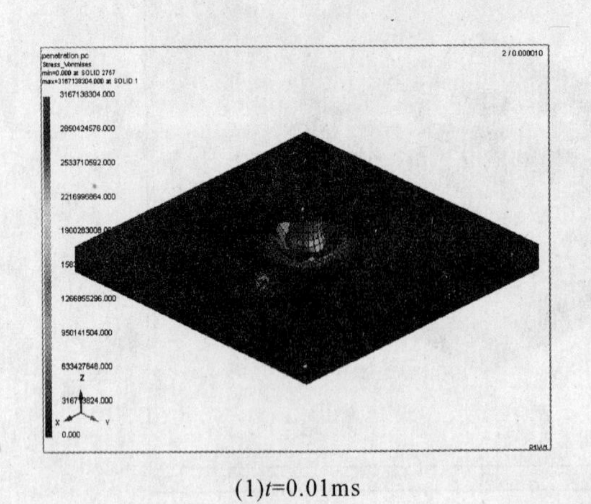

(1)t=0.01ms (2)t=0.03ms

图 8.62 撞击过程不同时刻子弹及靶板的 Vonmises 应力云图

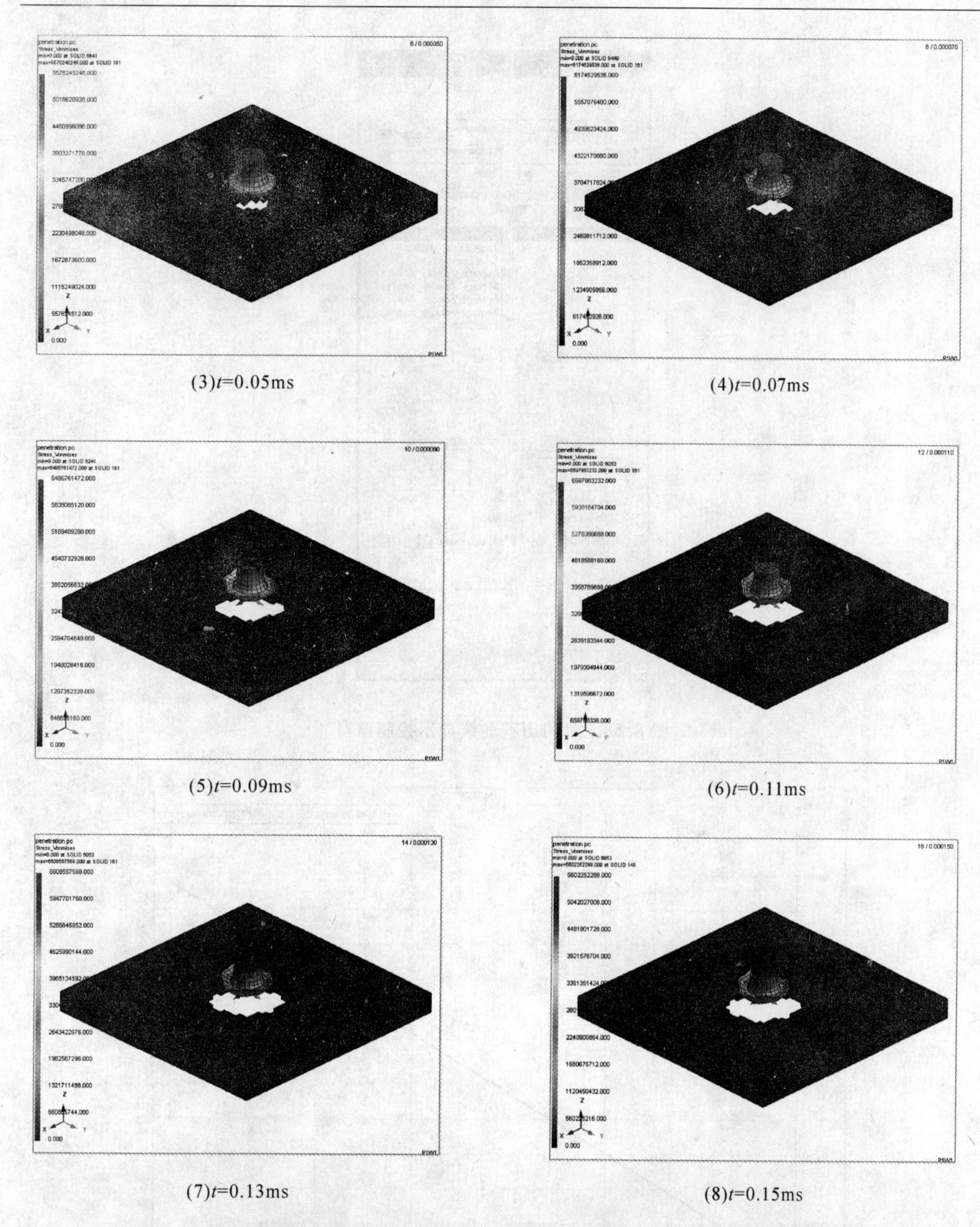

(3)t=0.05ms　(4)t=0.07ms

(5)t=0.09ms　(6)t=0.11ms

(7)t=0.13ms　(8)t=0.15ms

图 8.62(续)　撞击过程不同时刻子弹及靶板的 Vonmises 应力云图

(4)单击主菜单上的 File 按钮，选择 Open 并单击，弹出 Open 窗口。选择 penetration-model. THP 文件，单击打开按钮，弹出 Import 窗口，如图 8.63 所示。

在 Entity Types 的下拉列表中选择 NODE，在 Entities 下方选择子弹端面中心节点，在 Components 下方选择 Displacement_magnitude，单击 Plot 按钮，则可以得到子弹端面中心节点在撞击过程中的位移时间曲线，如图 8.64 所示。

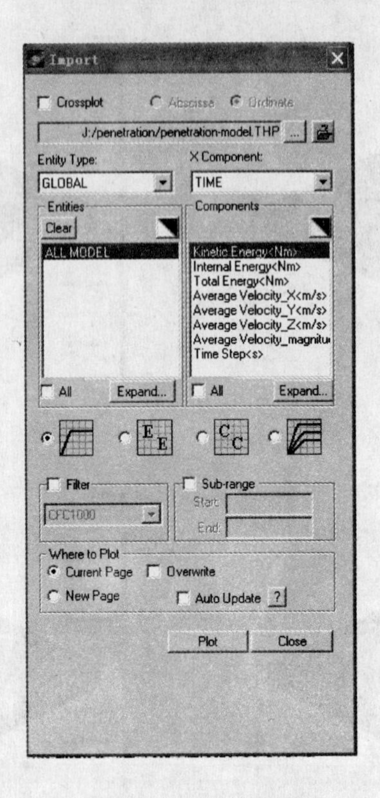

图 8.63　时间历程曲线显示控制窗口

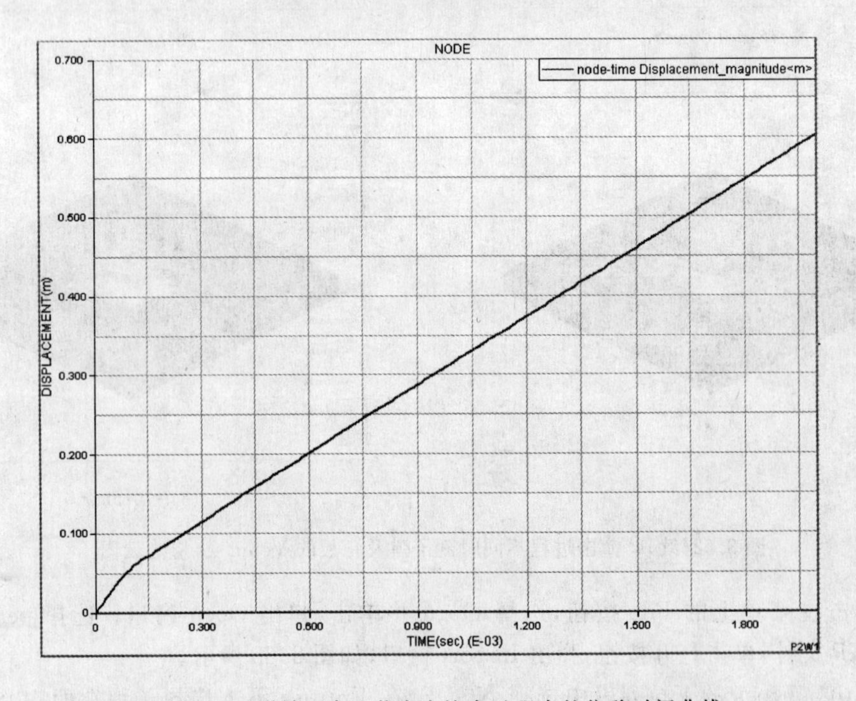

图 8.64　子弹端面中心节点在撞击过程中的位移时间曲线

在 Components 下方选择 Velocity_magnitude，单击 Plot 按钮，则可以得到子弹端面中心节点在撞击过程中的速度时间曲线，如图 8.65 所示。

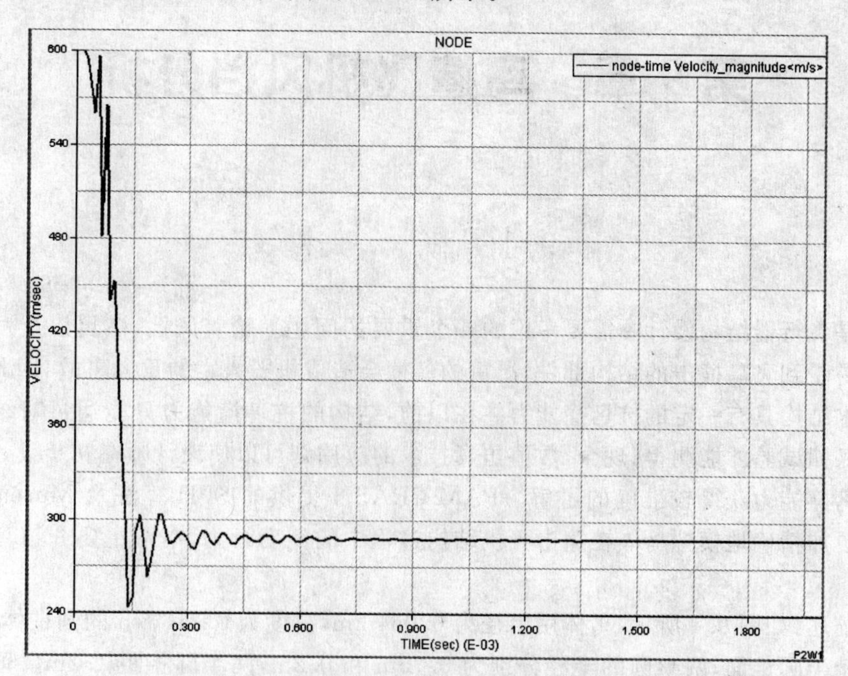

图 8.65　子弹端面中心节点在撞击过程中的速度时间曲线

第 9 章　鸟撞飞机风挡分析

9.1　概　　述

鸟撞是飞行器结构设计中需要考虑的一个重要的问题。舱盖风挡、襟翼以及发动机叶片等都是容易受到飞鸟撞击的结构部件，严重的鸟撞会造成机毁人亡的重大事故，因此飞机设计规范都要求结构具有一定的抗鸟撞能力。在以前，结构的抗鸟撞能力只能通过对结构原型进行实际的鸟撞试验才能测得；现今，数值仿真技术的应用则可以使设计师在初步设计阶段就对结构的抗鸟撞能力获得较准确的了解。PAM-CRASH 提供的 SPH 算法及 Murnaghan 状态方程可以更加精确地模拟鸟体在撞击飞机结构过程中的流变行为，本章主要介绍鸟撞飞机风挡的分析。

问题描述：如图 9.1 所示，鸟体用半径为 0.054 2m，高度为 0.216 8m 的圆柱体代替，风挡形状为一个半圆锥面，两半圆的半径分别为 0.75m 和 0.2m，两半圆相距 1.2m。鸟体质量为 1.8kg，密度为 900kg/m^3，以速度 170m/s 撞击风挡。鸟体材料模型选用 Murnaghan 状态方程 $p=p_0+B[(\rho/\rho_0)^\gamma-1]$描述，其中 p 和 p_0 为现时压力和初始压力，ρ/ρ_0 为现时密度与初始密度的比值，γ 为指数，B 为体积弹性模量。这里分析时 B 和 γ 的值分别为 0.128GPa 和 7.98。风挡密度为 2 800kg/m^3，弹性模量为 7E10Pa，泊松比为 0.33，不考虑应变率的影响，其塑性应力应变关系由表 9-1 中数据描述。

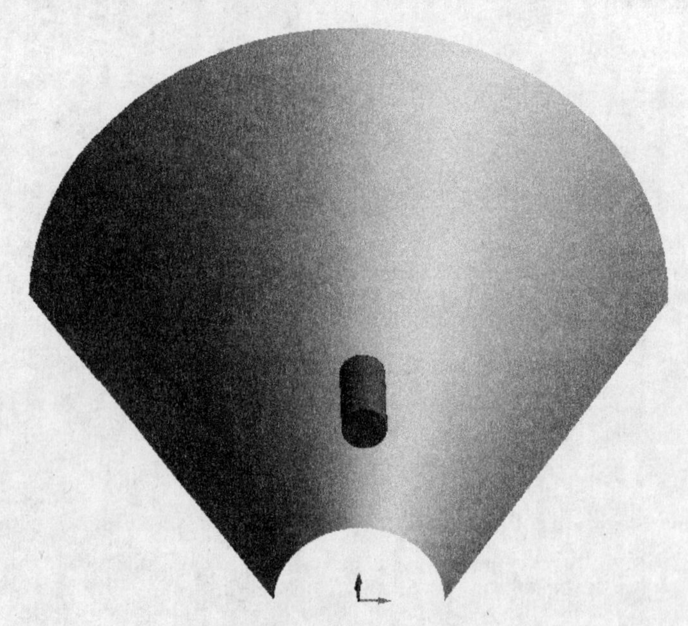

图 9.1　鸟撞飞机风挡

表 9-1　风挡塑性应力应变关系数据点

应变	0	0.023	0.047	0.086	0.12	0.136	0.265	0.49
应力/MPa	178	205	225	250	264	271	300	358

9.2 建模过程

9.2.1 Visual-Mesh 网格生成

首先在图形窗口里创建圆面网格，然后将其拉伸成体网格，形成鸟体有限元网格模型，再利用 Visual-crash for PAM 将鸟体有限元网格转化成 SPH 粒子。在图形窗口中创建直线，然后将其旋转成风挡曲面网格。步骤如下：

(1) 在硬盘上创建名称为 bird-impact 的工作目录。

(2)打开 Visual-Mesh 界面，单击主菜单上的 File 按钮，打开 New 窗口，设置长度、质量、时间和温度 4 个物理量的单位为国际单位制，如图 9.3 所示。单击 OK 按钮，关闭对话框。

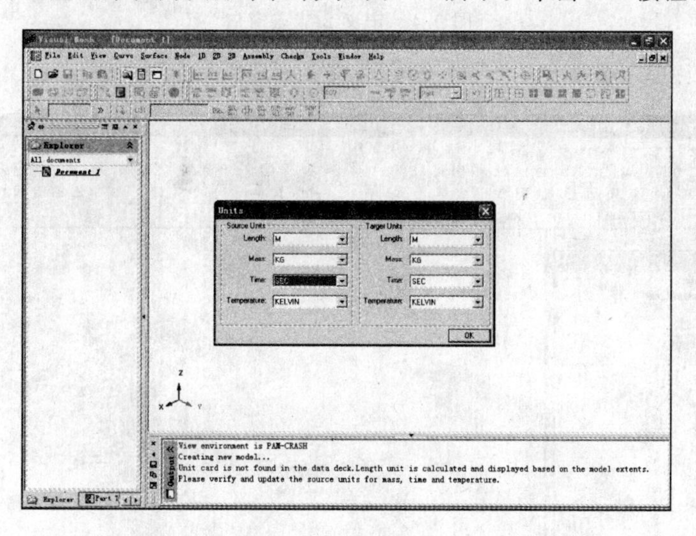

图 9.3　单位设置窗口

(3)单击主菜单上的 Node 按钮，打开 By XYZ, Locate 窗口。依次在 X,Y,Z 中输入 0.475,0,0，单击 create node，创建第 1 个节点。在 X,Y,Z 中再次输入 0.5292,0,0，单击 create node，创建第 2 个节点。关闭 By XYZ, Locate 窗口，单击工具栏上的 XY 和 🔧 按钮，使图形显示区两个节点相对位置放大到一定程度，如图 9.4 所示。

(4)单击主菜单上的 Curve 按钮，打开 Sketch 窗口，在图形显示区单击节点 1 和节点 2，单击 Sketch 窗口上的 OK 按钮，形成一条直线，关闭 Sketch 窗口，如图 9.5 所示。

(5)单击主菜单上的 Surface 按钮，打开 Revolve 窗口，在 Select Curves 上方的下拉列表中选择 Multiple Curves，在 Angle 中输入 90，单击 Define Axis 弹出 Vector Definition 窗口，选择 Global Axis，并选择 Z 轴，单击 Base Point 拾取第一个节点，如图 9.6 所示。

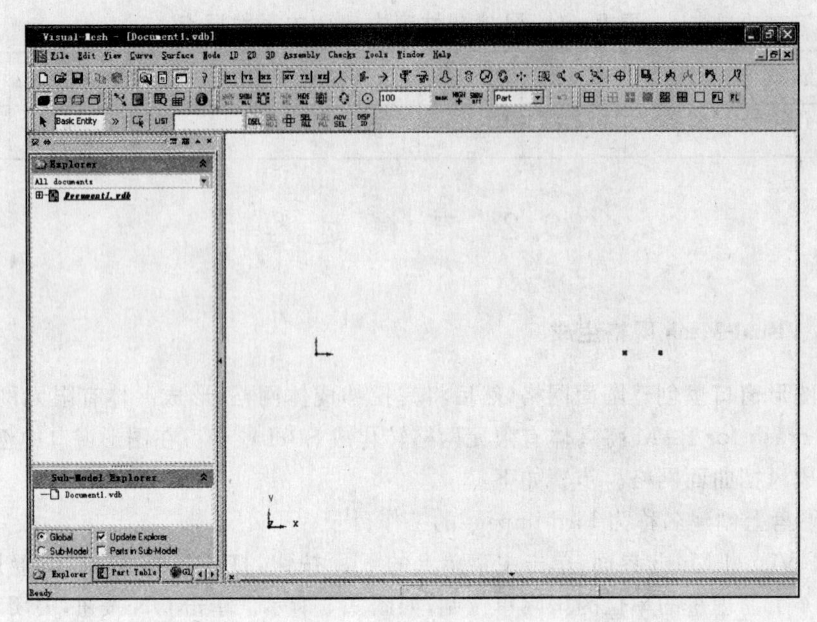

图 9.4　定义 2 节点窗口

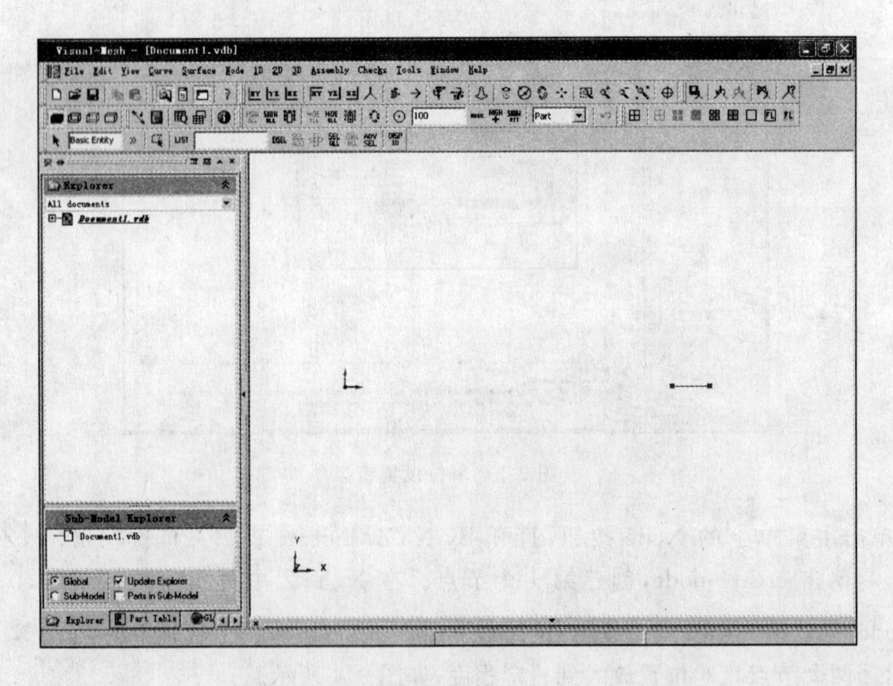

图 9.5　定义直线窗口

(6)单击 OK/Close 按钮，关闭 Vector Definition 窗口，单击 Select Curves，拾取直线，单击鼠标中键，之后单击 Revolve 窗口中的 Mesh 按钮，打开 Mesh－2D 窗口，在 Display 下方选择 Edge Count，标明指向半径和圆弧上的数字。按住鼠标左键上下移动，可以设置种子点的密度，这里设置半径种子点数为 6，圆弧种子点数为 8。单击 Method，选择 Map，如图 9.7 所示。

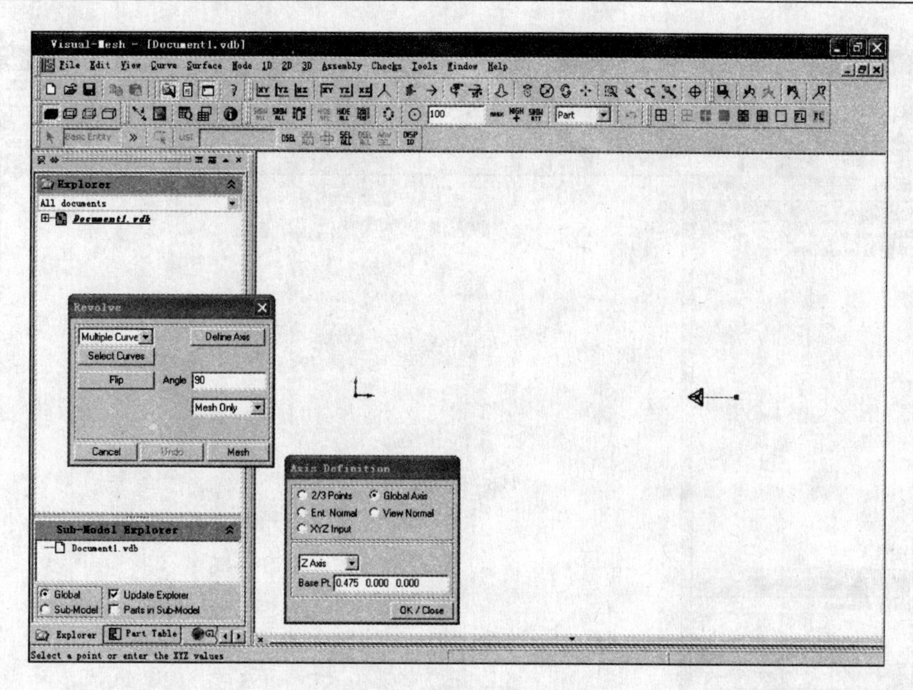

图 9.6　直线旋转设置窗口

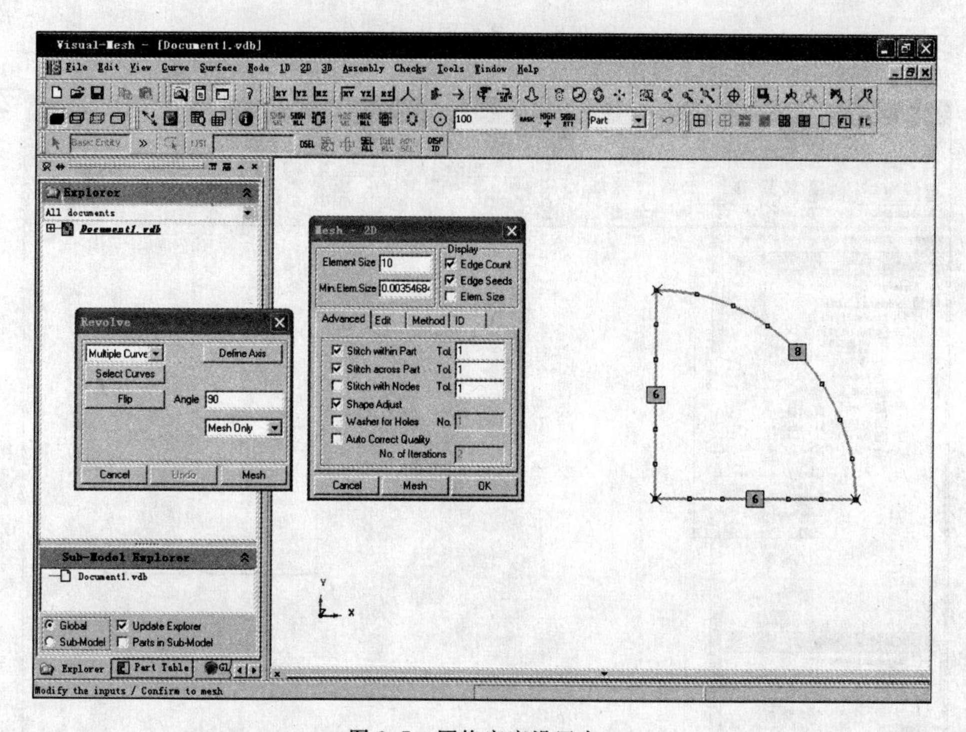

图 9.7　网格密度设置窗口

(7)单击 Mesh 和 OK 按钮，关闭 Mesh - 2D 窗口，再关闭 Revolve 窗口，生成面网格，如图 9.8所示。

(8)在树结构菜单区右键单击 Part1，如图 9.9 所示，在下拉菜单中单击 Delete 删除直线。

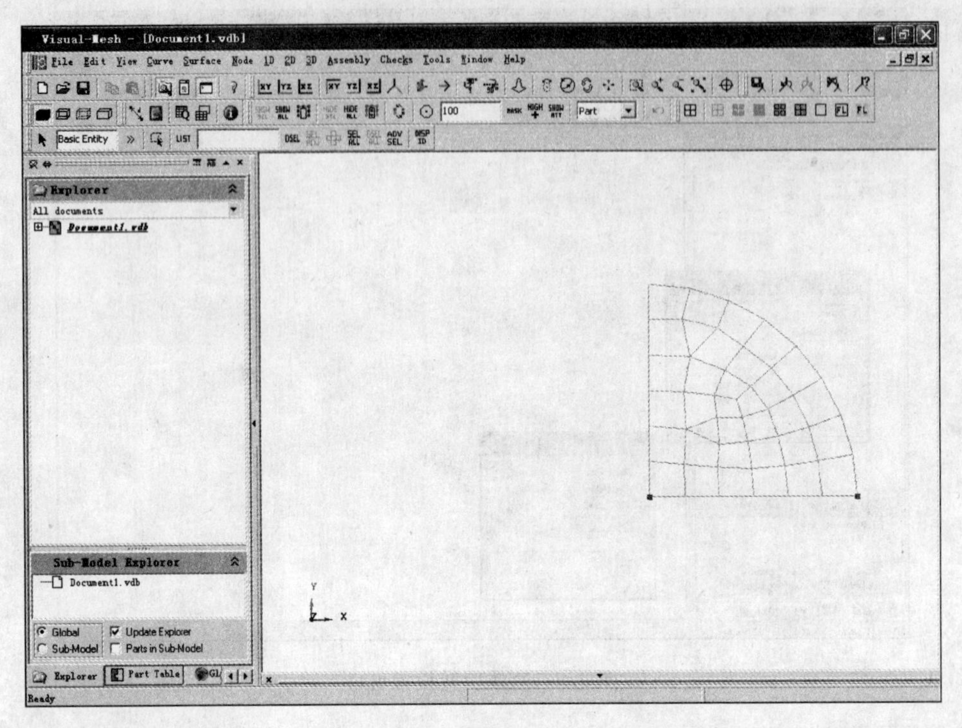

图 9.8　生成面网格窗口

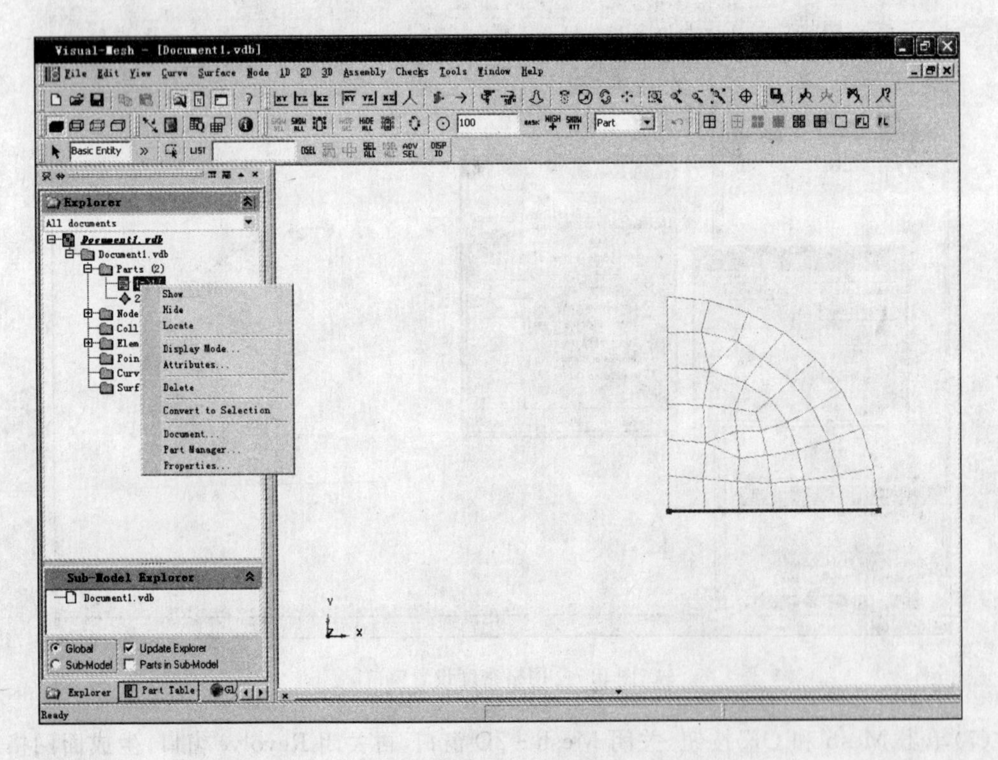

图 9.9　删除直线窗口

(9) 单击主菜单上的 Checks 按钮，打开 Coincident Nodes 窗口，如图 9.10 所示。设置

Max Gap 为 0.001，单击 Check 按钮，单击 Fuse Nodes 下方的 Select Nodes 按钮和 Fuse All 按钮，关闭 Coincident Nodes 窗口，融合重复的节点。单击主菜单上的 Assembly 按钮，打开 Renumber By Entities 窗口，在 Update Entities 按钮上方的下拉列表中选择 All In Model，如图 9.11 所示。单击 OK，关闭 Renumber By Entities 窗口，对节点、单元和部件重新编号。

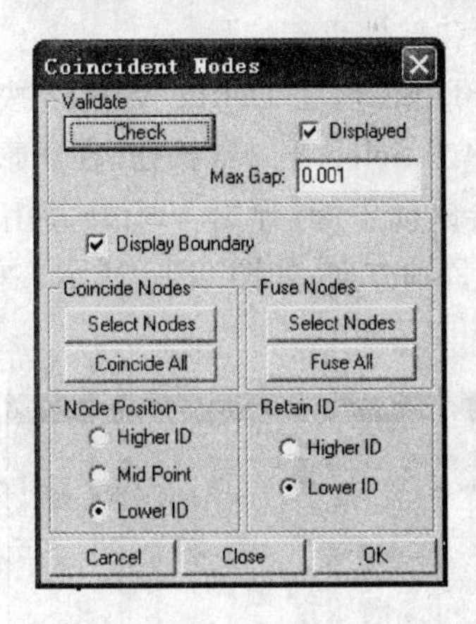

图 9.10　节点融合窗口

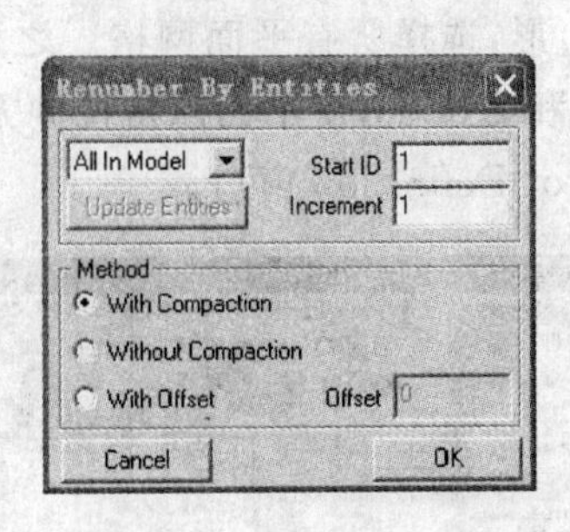

图 9.11　实体编号窗口

(10)单击主菜单上的 2D，在下拉菜单中选择 Transform，打开 Transform－2D 窗口，选择 Mirror，单击 Define Plane，弹出 Plane Definition 窗口，选择 Global Axis，并选择 X 轴，单击 OK 按钮，关闭 Plane Definition 窗口。在 Transform－2D 窗口中选择 Select Entities 和 Copy，之后在图形显示区框选所有面单元，单击鼠标中键，形成半圆面网格。单击 Define Plane，弹出 Plane Definition 窗口，选择 Global Axis，并选择 Y 轴，单击 OK，关闭 Plane Definition 窗口，在 Transform－2D 窗口中选择 Select Entities，之后在图形显示区框选所有面单元，单击鼠标中键，形成圆面网格，如图 9.12 所示。

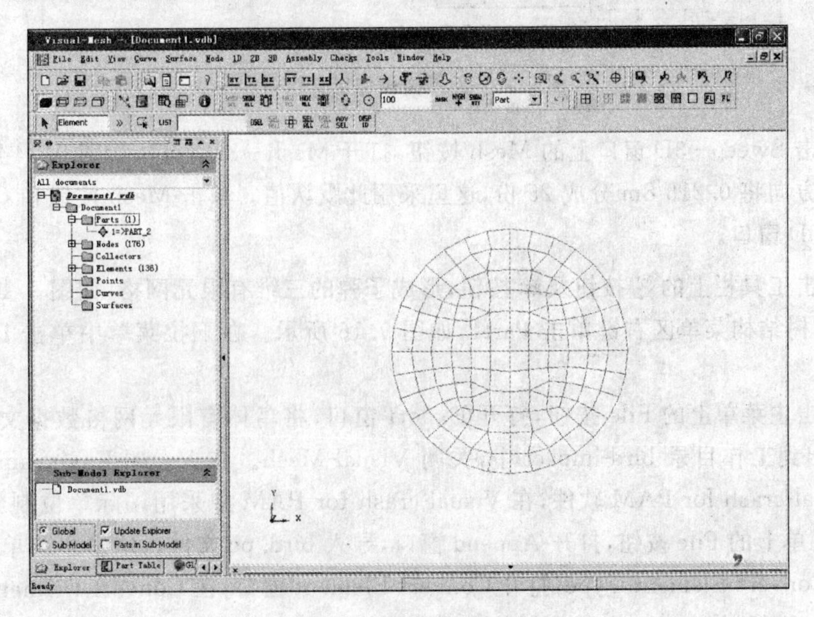

图 9.12　生成面网格窗口

(11) 单击主菜单上的 Checks 按钮，打开 Coincident Nodes 窗口，设置 Max Gap 为 0.001，单击 Check 按钮，单击 Fuse Nodes 下方的 Select Nodes 按钮和 Fuse All 按钮，关闭 Coincident Nodes 窗口，融合重复的节点。单击主菜单上的 Assembly 按钮，打开 Renumber By Entities 窗口，在 Update Entities 按钮上方的下拉列表中选择 All In Model，单击 OK 按钮，关闭 Renumber By Entities 窗口，对节点、单元和部件重新编号。

(12)单击主菜单上的 3D 按钮，打开 Sweep - 3D 窗口，在 Define Vector 按钮上方的下拉列表中选择 Vector，在 Distance 中输入 0.216 8，单击 Select Faces 按钮，在图形显示区拖动鼠标左键画出四边形，选择所有平面网格。之后单击鼠标中键，弹出 Vector Definition 窗口，选择 Global Axis 和 Z Axis，使平面网格拉伸方向沿 Z 轴方向，如图 9.13 所示。单击 OK/Close 按钮，关闭 Vector Definition 窗口。

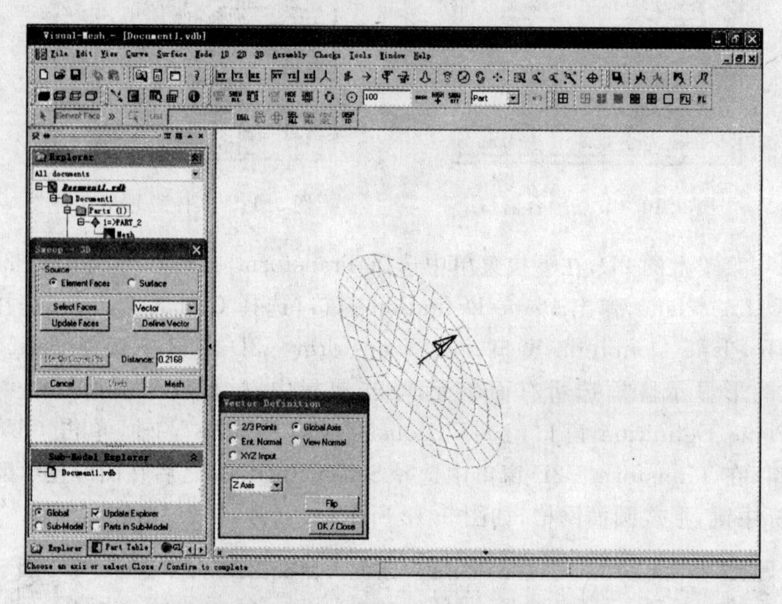

图 9.13　面网格拉伸定义窗口

(13)单击 Sweep - 3D 窗口上的 Mesh 按钮，打开 Mesh - 3D 窗口，如图 9.14 所示。软件默认沿伸长方向将 0.216 8m 分成 25 份，这里采用此默认值。单击 Mesh 按钮和 OK 按钮，关闭 Sweep - 3D 窗口。

(14)单击工具栏上的按钮及按钮，形成子弹的三维有限元网格，如图 9.15 所示。

(15) 在树结构菜单区右键单击 Part1，如图 9.16 所示。在下拉菜单中单击 Delete，删除原平面网格。

(16)单击主菜单上的 File 按钮，打开 Export 窗口，将鸟体有限元网格数据文件(命名为 bird. pc)输出到工作目录 bird-impact 中，关闭 Visual-Mesh。在 Visual-Environment 软件包中打开 Visual-crash for PAM 软件，在 Visual-crash for PAM 中采用国际单位制新建一个文件，单击主菜单上的 File 按钮，打开 Append 窗口，导入 bird. pc 文件。单击主菜单上的 Tools 按钮，选择 Convert Element Type，打开 Convert Element 窗口，在 Convert Element 窗口中设置 HEXA 和 SPH，单击 Convert，则鸟体有限元网格转化为 SPH 粒子。在树结构菜单中右键单击 Part1，选择 Delete 删除原有限元网格，如图 9.17 所示。

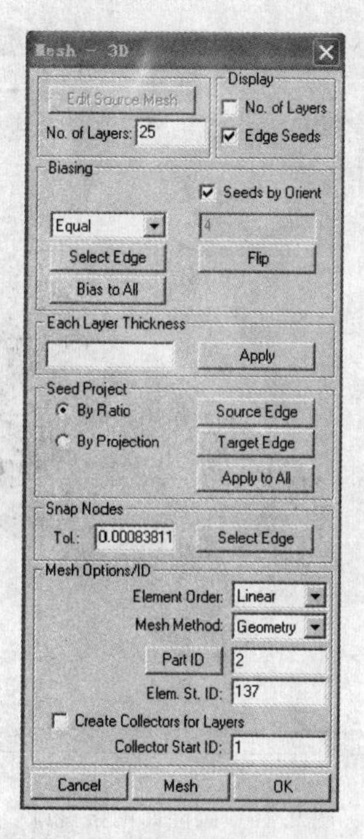

图 9.14　网格密度设置窗口

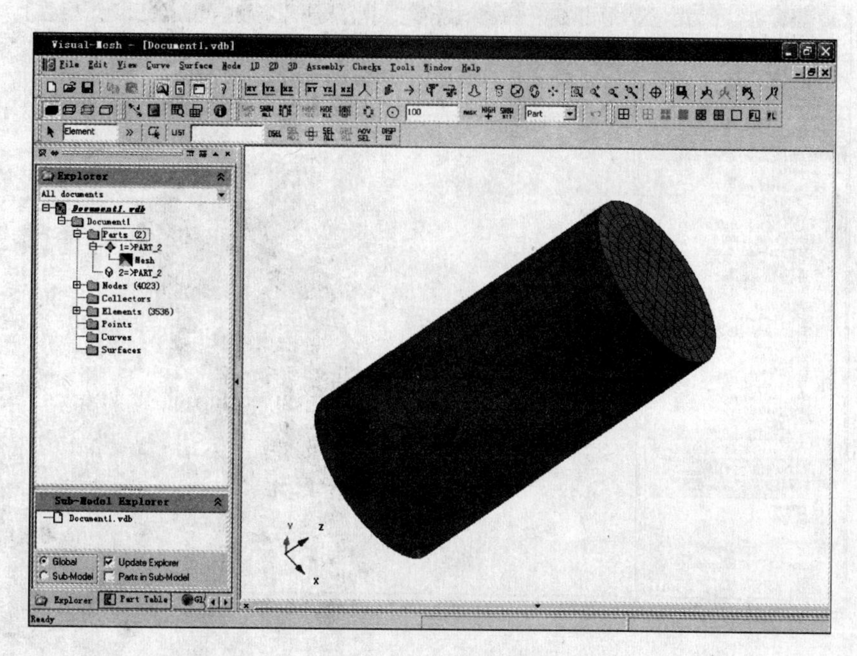

图 9.15　子弹有限元网格

(17)单击主菜单上的 File 按钮，打开 Export 窗口，将鸟体 SPH 数据文件(命名为 SPH-bird. pc)输出到工作目录 bird-impact 中。打开 Visual-Mesh，将文件 SPH-bird. pc 导入 Visual-Mesh 中，如图 9.18 所示。

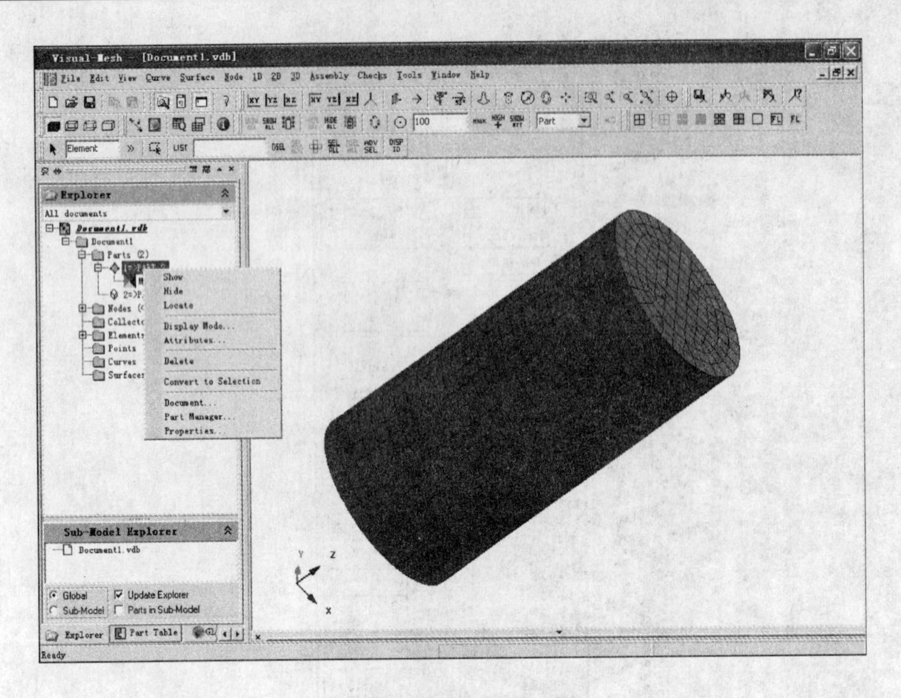

图 9.16 删除面网格窗口

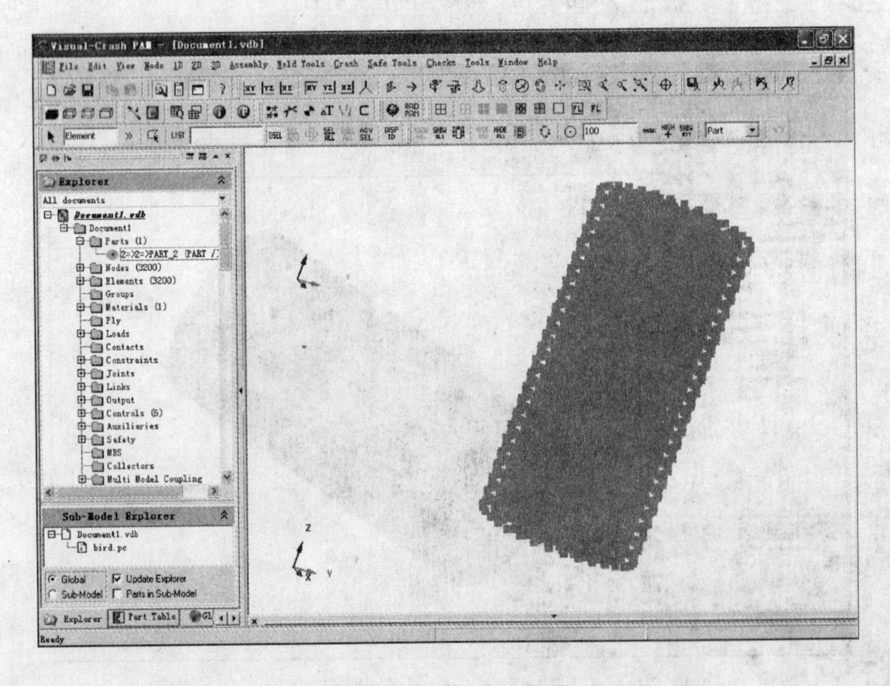

图 9.17 鸟体 SPH 粒子

(18)单击工具栏实体选择选项中的 按钮,并选择 Part,在图形显示区单击鸟体,再单击鼠标右键,弹出下拉菜单,如图 9.19 所示。在下拉菜单中选择 Hide Selected,则鸟体被隐藏起来,单击工具栏上的 及 按钮。

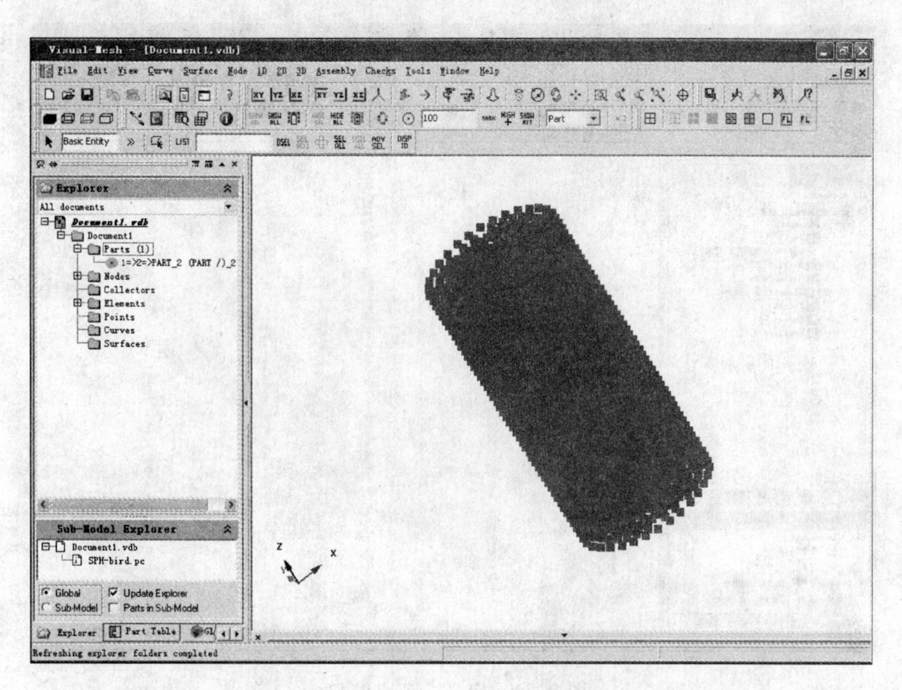

图 9.18　Visual-Mesh 鸟体 SPH 粒子

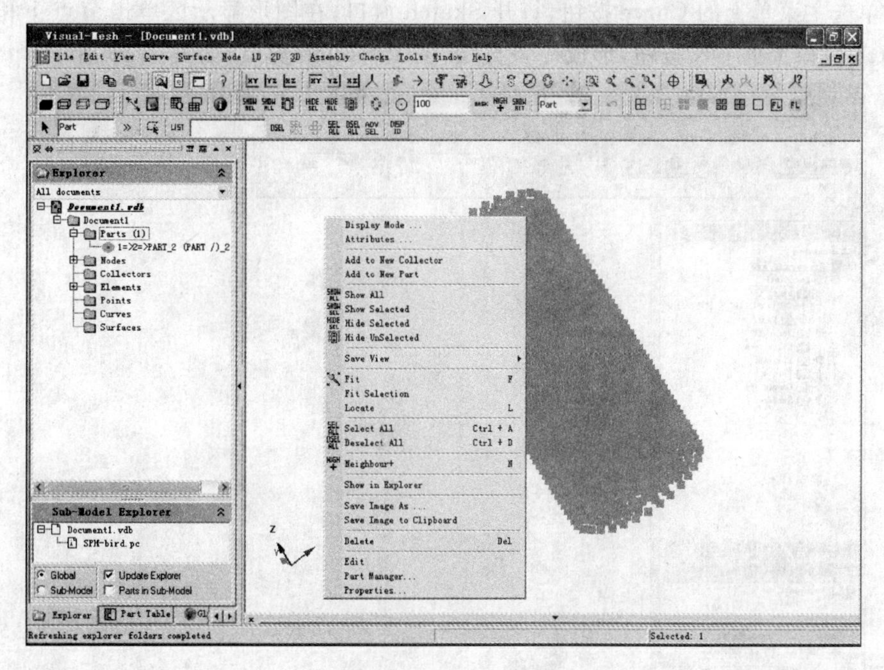

图 9.19　隐藏鸟体 SPH 粒子操作窗口

(19)单击主菜单上的 Node 按钮，打开 By XYZ, Locate 窗口。依次在 X，Y，Z 中输入 0，0.2，0，单击 create node，在 X，Y，Z 中再次输入 0，0.75，1.2，单击 create node，创建 2 个节点。关闭 By XYZ, Locate 窗口，单击工具栏上的图标和，使图形显示区 2 个节点相对位置放大到一定程度，如图 9.20 所示。

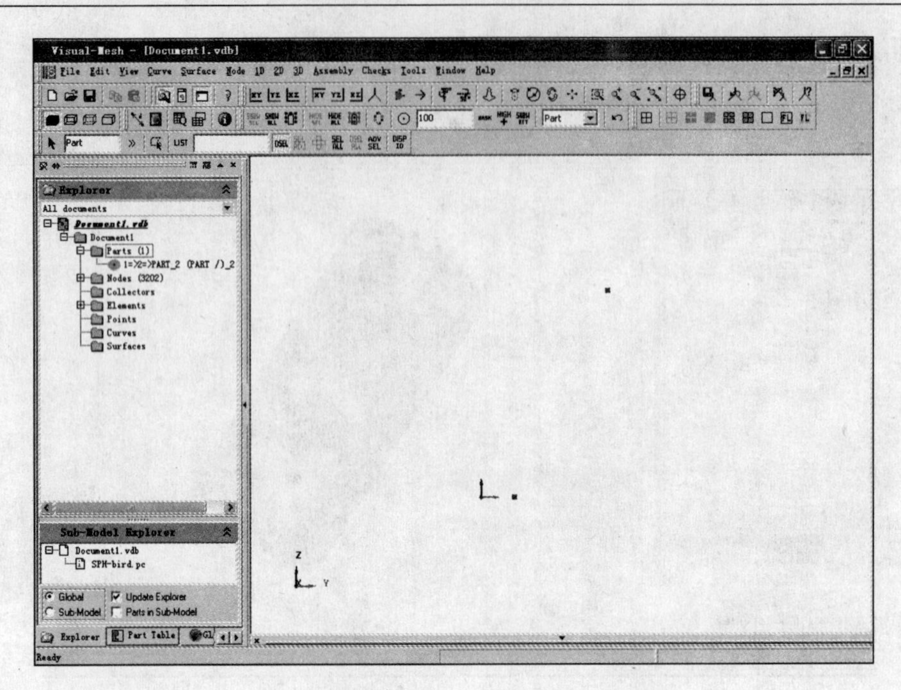

图 9.20　定义 2 节点窗口

(20)单击主菜单上的 Curve 按钮，打开 Sketch 窗口，在图形显示区单击节点 1 和节点 2，单击 Sketch 窗口上的 OK 按钮，形成一条直线，关闭 Sketch 窗口，如图 9.21 所示。

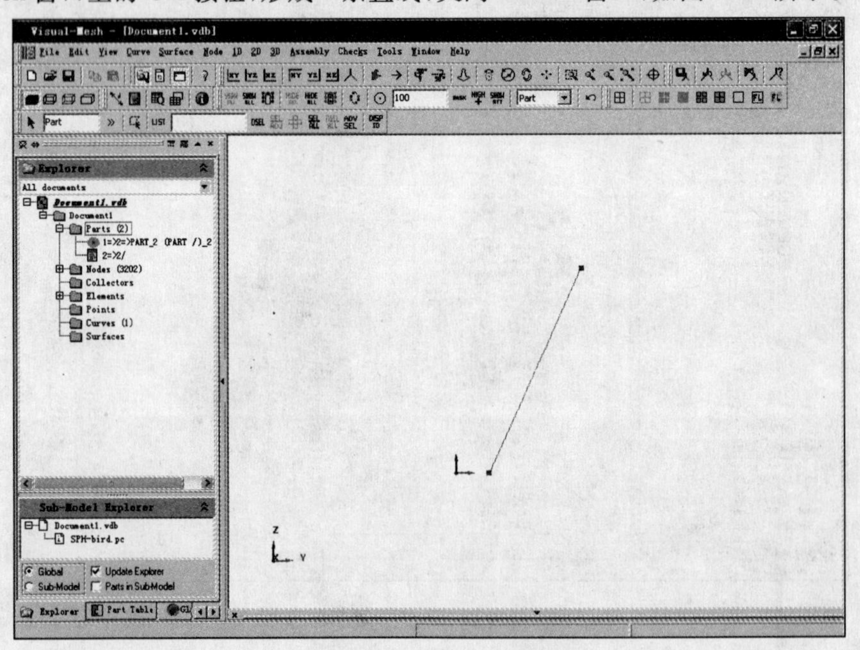

图 9.21　定义直线窗口

(21)单击主菜单上的 Surface 按钮，打开 Revolve 窗口，在 Select Curves 上方的下拉列表中选择 Multiple Curves，在 Angle 中输入 180，单击 Define Axis，弹出 Vector Definition 窗口，选择 Global Axis，并选择 Z 轴方向，如图 9.22 所示。

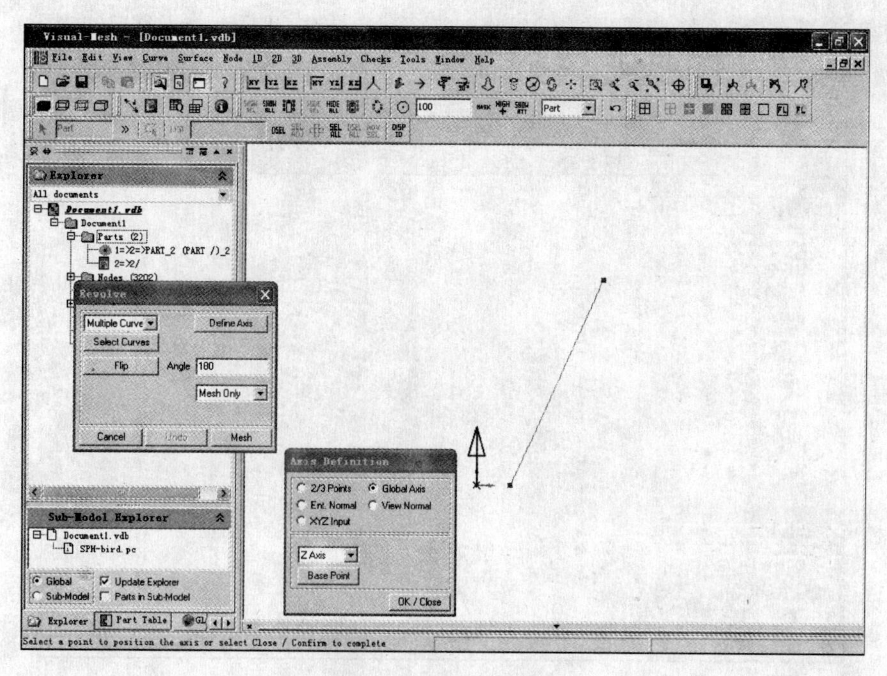

图 9.22　直线旋转设置窗口

(22)单击 OK/Close 按钮,关闭 Vector Definition 窗口,单击 Flip,单击 Select Curves,拾取直线,单击鼠标中键。之后单击 Revolve 窗口中的 Mesh 按钮,打开 Mesh - 2D 窗口,在 Display 下方选择 Edge Count,标明指向半径和圆弧上的数。按住左键上下移动可以设置种子点的密度,这里设置半径种子点数如图 9.23 所示。

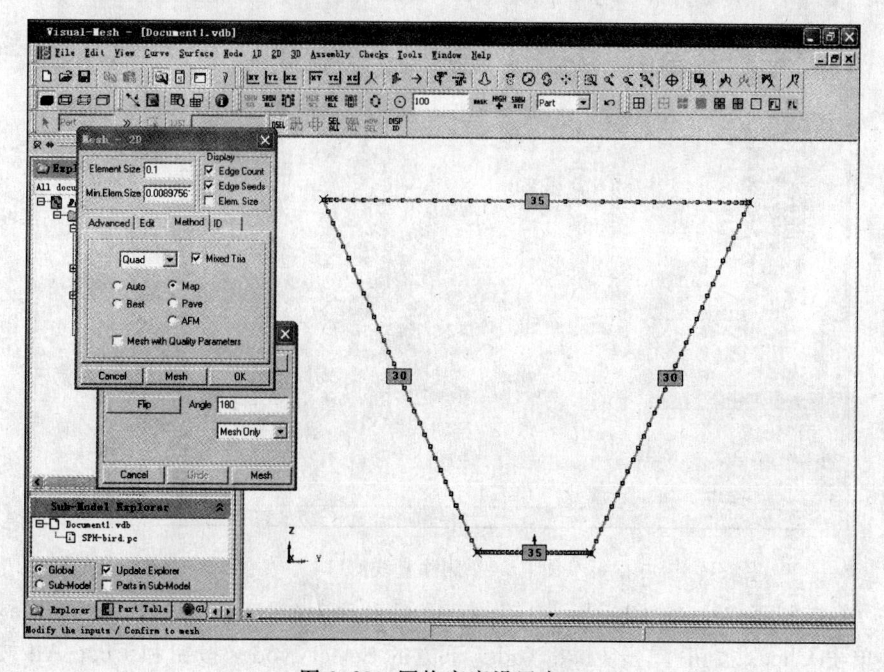

图 9.23　网格密度设置窗口

(23)单击 Mesh 和 OK 按钮,关闭 Mesh－2D 窗口,再关闭 Revolve 窗口,如图 9.24 所示。

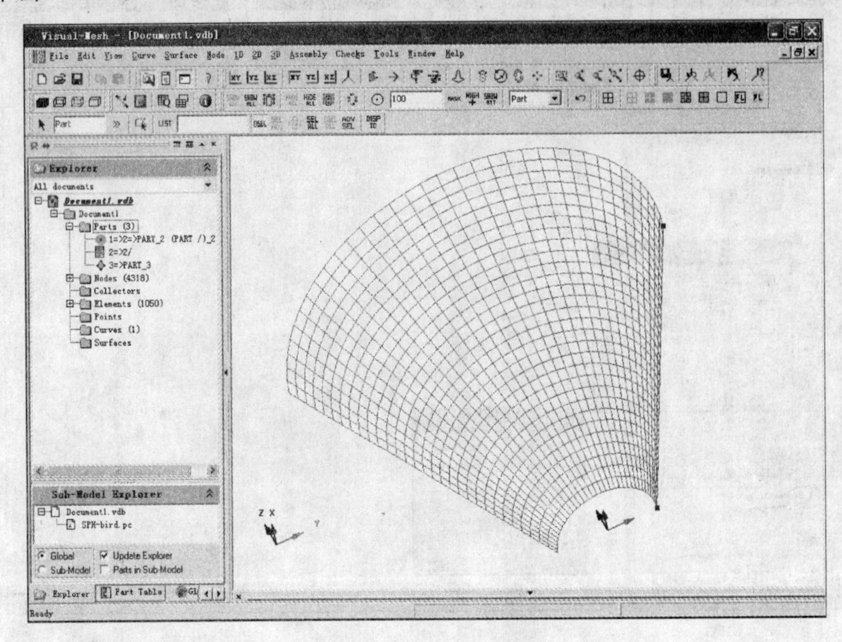

图 9.24　生成风挡网格窗口

(24)在树结构菜单区右键单击 Part2,如图 9.25 所示。在下拉菜单中单击 Delete 删除直线。

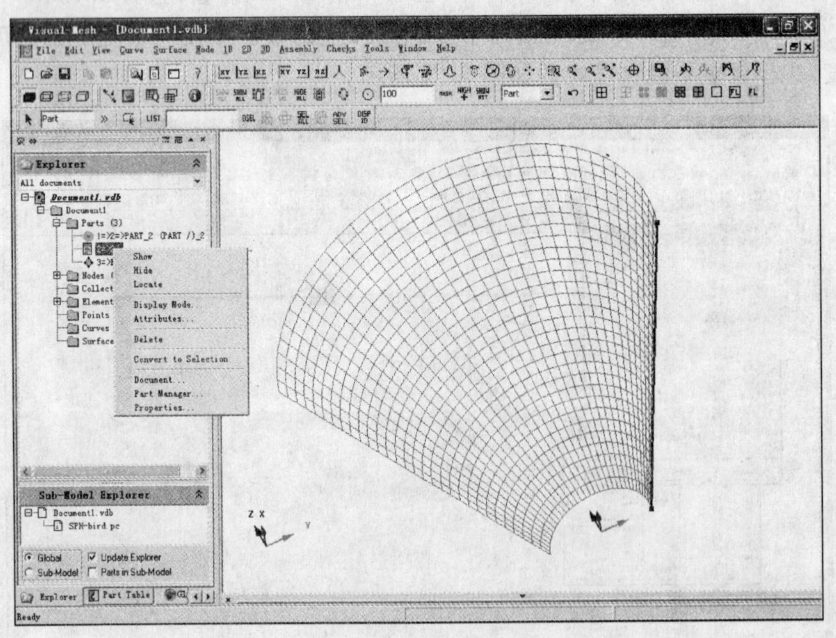

图 9.25　删除直线窗口

(25) 单击主菜单上的 Checks 按钮,打开 Coincident Nodes 窗口,设置 Max Gap 为 0.0001。单击 Check 按钮,单击 Fuse Nodes 下方的 Select Nodes 按钮和 Fuse All 按钮,关闭 Coincident Nodes 窗口,融合重复的节点。

(26) 在图形显示区单击鼠标右键,弹出下拉菜单,选择 Show All,调整视图,最终的有限元网格模型如图 9.26 所示。

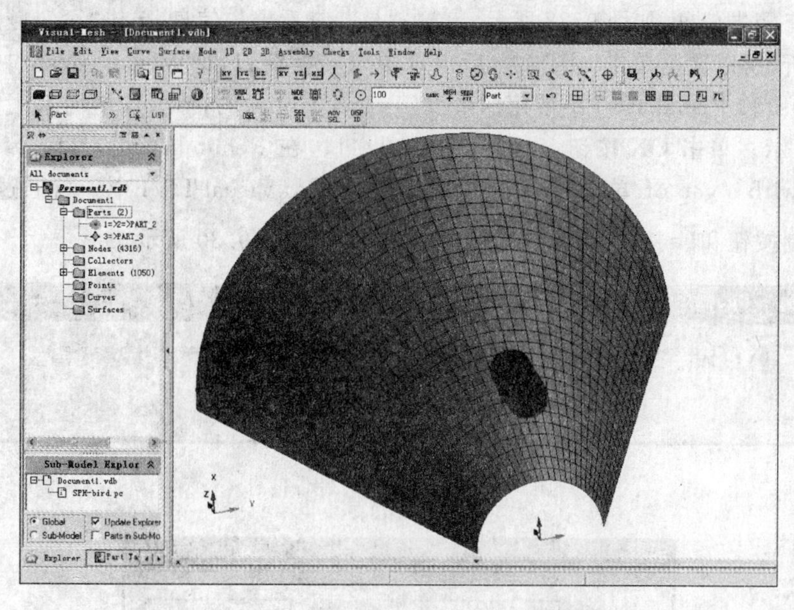

图 9.26　鸟撞风挡有限元网格模型窗口

(27) 单击主菜单上的 File 按钮,打开 Export 窗口,定义网格数据文件名称为 bird-impact-mesh.pc,单击 OK 按钮保存到预先创建的工作目录中。

9.2.2　Visual-HVI 前处理

(28)打开 Visual-HVI 界面,单击主菜单上的 File 按钮,打开 New 窗口,设置长度、质量、时间和温度 4 个物理量的单位为国际单位制,如图 9.27 所示。单击 OK 按钮,关闭对话框。

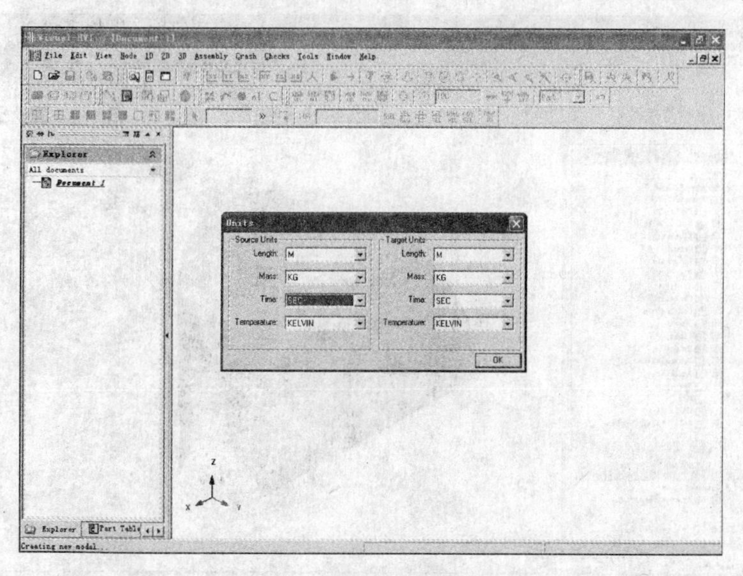

图 9.27　HVI 中单位设置窗口

(29)单击主菜单上的 File 按钮，单击 Append 打开 Open 窗口，选择工作目录 bird-impact 下的网格数据文件 bird-impact-mesh. pc。单击打开按钮，由于导入的文件只是网格数据，所以打开时会有警告信息，如图 9.28 所示。单击“是”，查看警告信息，单击“否”，越过查看，此警告不影响分析，所以这里单击“否”。之后出现单位转换窗口，即 Visual-Mesh 中使用的单位(Source Units)和 Visual-HVI 中使用的单位(Target Units)的转化，这里均采用国际单位制，如图 9.29 所示。单击 OK 按钮，出现导入选项窗口，在 Renumbering Options 选项中选择 Auto offset with a gap of，单击 OK 按钮，网格数据导入 Visual-HVI 中。可通过单击工具栏上的视图控制按钮和按钮，显示模型的有限元网格，如图 9.30 所示。

图 9.28　导入模型时警告信息

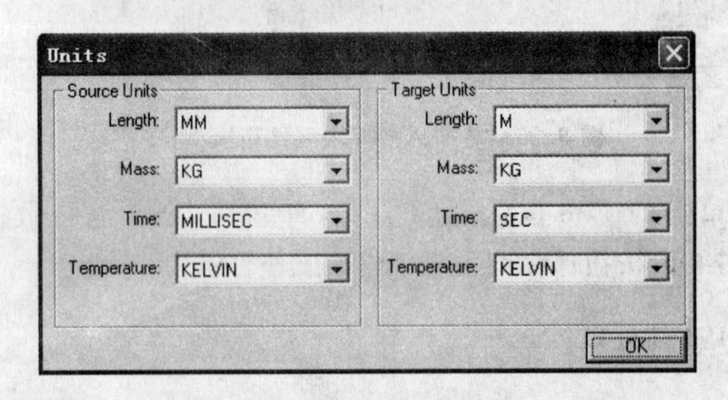

图 9.29　导入模型时单位转换

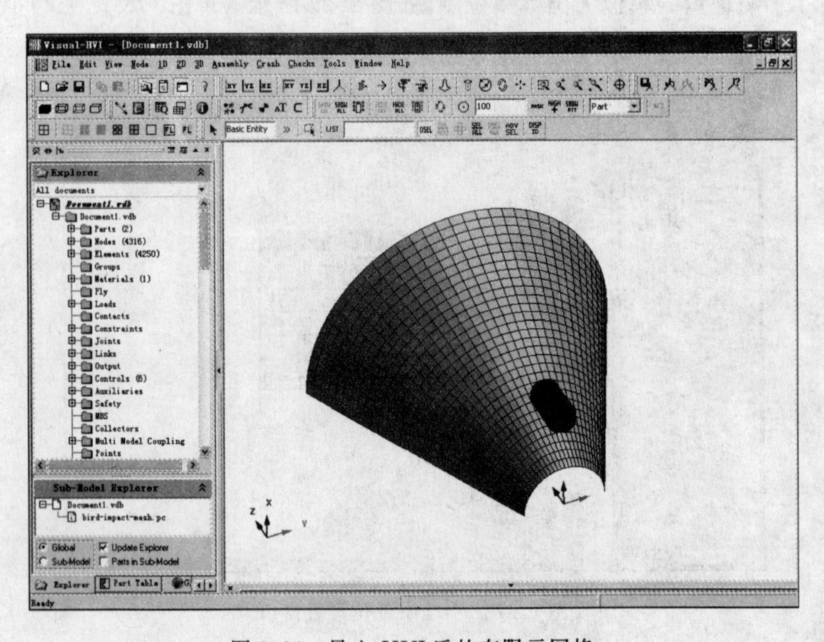

图 9.30　导入 HVI 后的有限元网格

(30)在树结构菜单中右键单击 1=>2=>PART_2 (PART /)_2,弹出窗口如图 9.31 所示。选择 Edit 并单击,打开 Part Creation 窗口,在 NAME 中输入 bird_mat,即设置第一个 Part(鸟弹)的名称为 bird,其余参数设置如图 9.32 所示。单击 OK 按钮,再单击 Close 按钮,关闭 Part Creation 窗口。

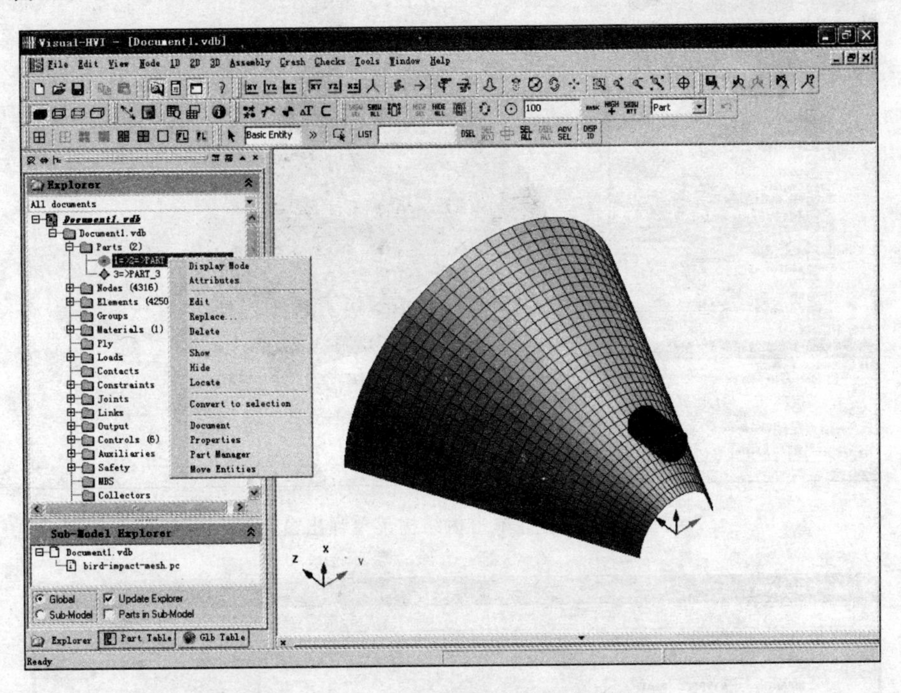

图 9.31　右键单击树结构菜单弹出窗口

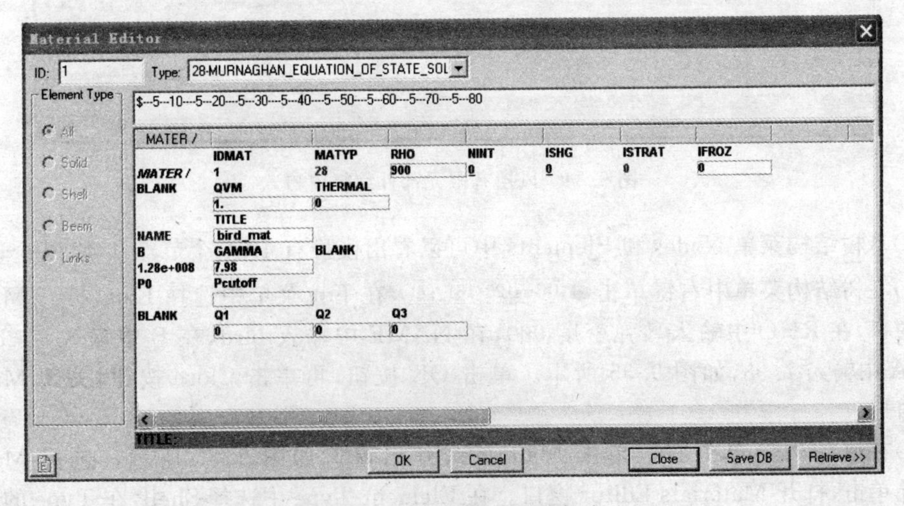

图 9.32　鸟弹 SPH 部件编辑窗口

(31)在树结构菜单中右键单击 3=>PART_3,弹出窗口如图 9.33 所示。选择 Edit 并单击,打开 Part Creation 窗口,将 ID 中的 3 改为 2,在 NAME 中输入 windshield,即设置第二个 Part(风挡)的名称为 windshield,风挡厚度为 0.016m,沿厚度方向设置 3 个积分点,如图 9.34 所示。单击 OK 按钮,再单击 Close 按钮,关闭 Part Creation 窗口。

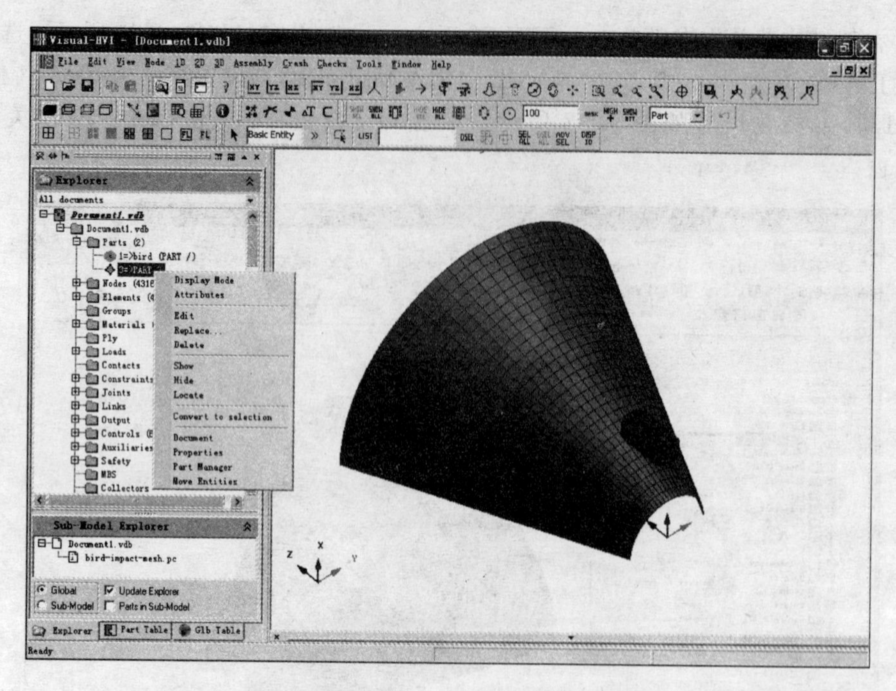

图 9.33　右键单击树结构菜单弹出窗口

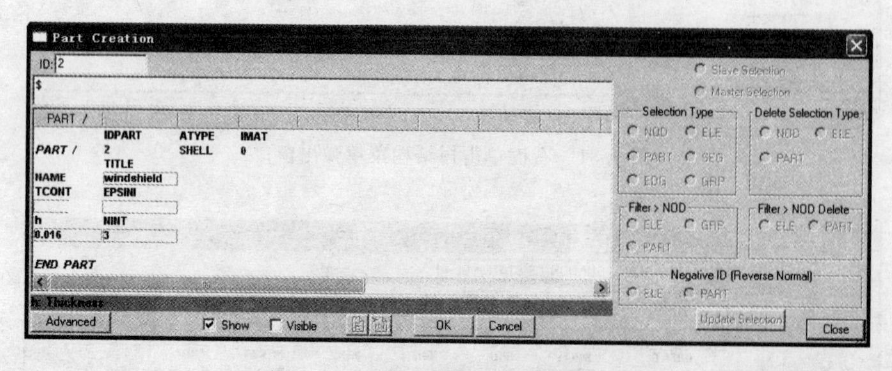

图 9.34　风挡有限元部件编辑窗口

(32)从树结构菜单 Nodes 和 Elements 中可以看出模型有 4316 个节点和 4250 个单元。

(33)在树结构菜单中右键单击● 1=>mat28_id1_id1，在下拉菜单中选择 Edit，打开 Materials Editor 窗口，在 RHO 中输入鸟弹密度 900，在 NAME 中输入 bird，在 B 中输入 1.28E8，在 GAMMA 中输入 7.98，如图 9.35 所示。单击 OK 按钮，再单击 Close 按钮，关闭 Materials Editor 窗口。

(34)在树结构菜单中右键单击 Materials，弹出窗口如图 9.36 所示。选择 Materials Editor 并单击，打开 Materials Editor 窗口。在 Element Type 中选择 Shell，在 Type 的下拉列表中选择 171 号材料模型，在 RHO 中输入风挡密度 2800，在 NAME 中输入 windshield_mat，在 E 中输入 7E10，在 NUE 中输入 0.33，在 sigmOPTN 中选择 CURVE，如图 9.37 所示。设置 EPSpmax 为 0.3，Rc 为 0.00015，Plim 为 0，ALPHA 为 0.5，BETA 为 1。单击 LC1 下方的 0，弹出 Curve Editor 窗口，定义风挡材料的塑性应力应变关系。在 Curve Editor 窗口中单击 Advanced 和 New，在 X 列中输入应变数据，在 Y 列中输入相应的应力数据，如图 9.38 所示。单

击 Apply 和 OK，关闭 Curve Editor 窗口。单击 OK 按钮，再单击 Close 按钮，关闭 Materials Editor 窗口。

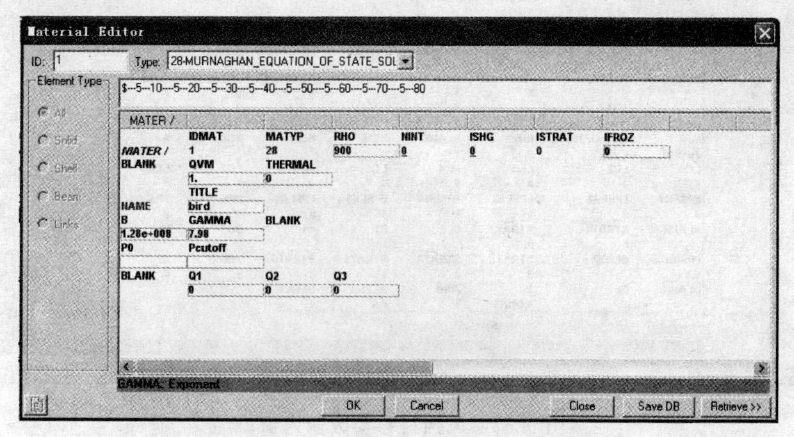

图 9.35　鸟弹材料参数输入窗口

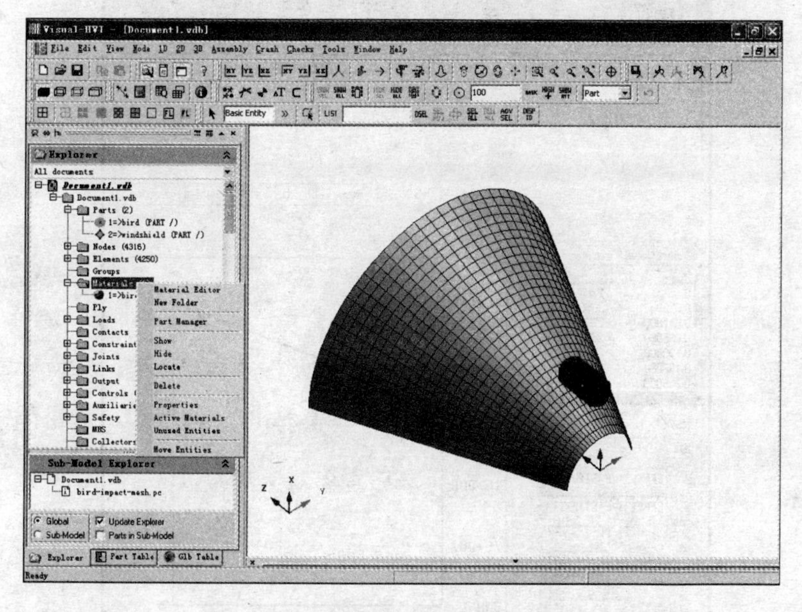

图 9.36　右键单击树结构菜单弹出窗口

(35)创建完成鸟弹和风挡的材料模型之后，将风挡的材料模型赋给有限元网格。在树结构菜单中右键单击 Materials，弹出窗口如图 9.39 所示。选择 Part Manager 并单击，打开 Part Manager 窗口。在 Part Name 中单击 windshield，在 Material Name 中单击 windshield_mat，再单击⇐按钮，则将材料模型 windshield_mat 赋给风挡，如图 9.40 所示。单击 Close 按钮，关闭 Part Manager 窗口。

(36)在树结构菜单中右键单击 Initial Velocity，弹出窗口如图 9.41 所示。选择 New 并单击，打开 Initial Velocity Creation 窗口，在 NAME 中输入 bird_velocity，如图 9.42 所示。在 Selection Type 中选择 PART，之后在图形显示区拾取鸟弹，单击 Update Selection 按钮，之后在 VELZ0 中输入 170，即定义鸟弹在 Z 向的初速度。单击 OK 按钮和 Close 按钮，关闭 Initial Velocity Creation 窗口。

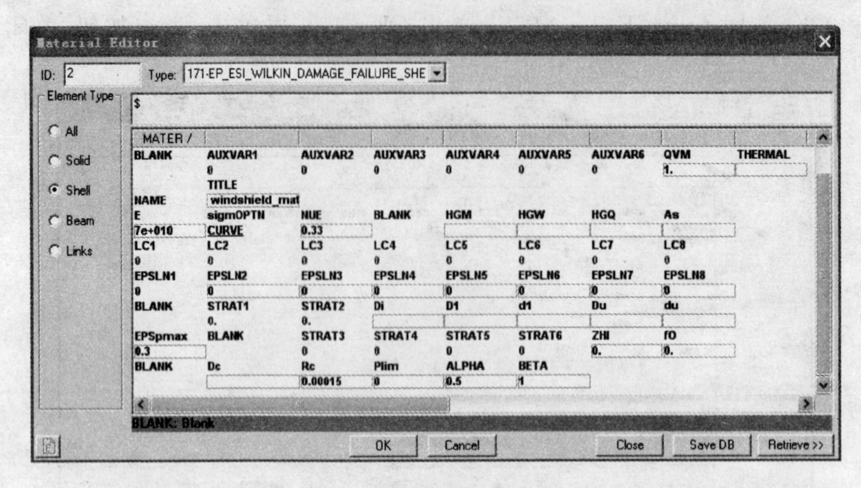

图 9.37　风挡材料参数输入窗口

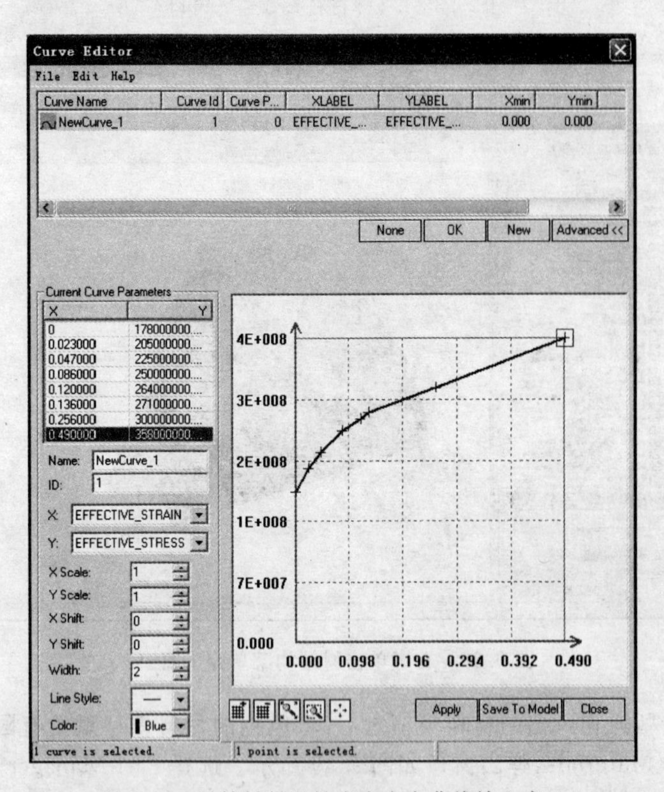

图 9.38　风挡材料塑性应力应变曲线输入窗口

(37)在树结构菜单中右键单击 Displacement BC,弹出窗口如图 9.43 所示。选择 New 并单击,打开 Boundary Condition Creation 窗口,如图 9.44 所示。在 NAME 中输入windshield_fixed,将 X,Y,Z,U,V,W 均设置为 1,即固定每个节点的 6 个自由度,在 Selection Type 中选择 NODE,单击工具栏的 XZ 向视图,用框选法在图形显示区拾取风挡四周的所有边节点,单击 Update Selection 按钮,完成边界条件的创建。单击 OK 按钮和 Close 按钮,关闭 Boundary Condition Creation 窗口。

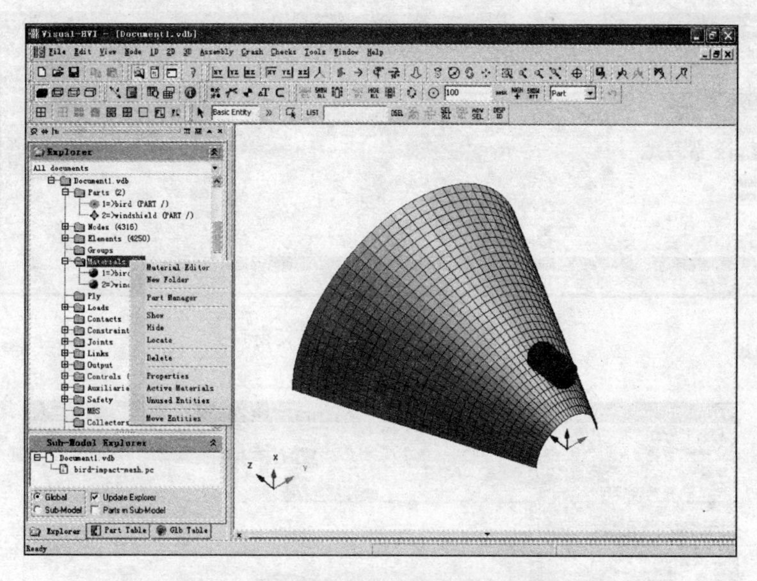

图 9.39　右键单击树结构菜单弹出窗口

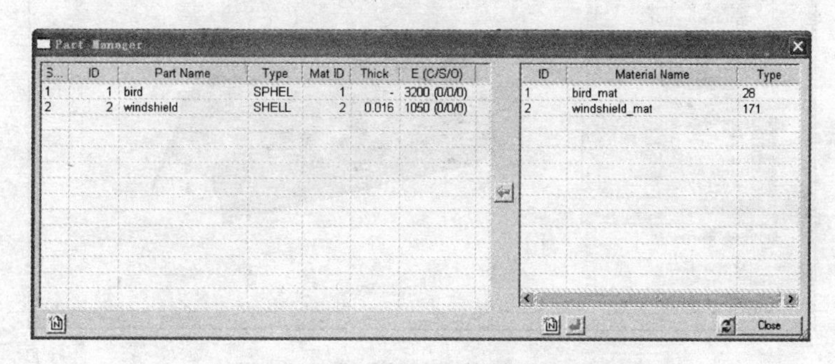

图 9.40　有限元网格赋材料属性窗口

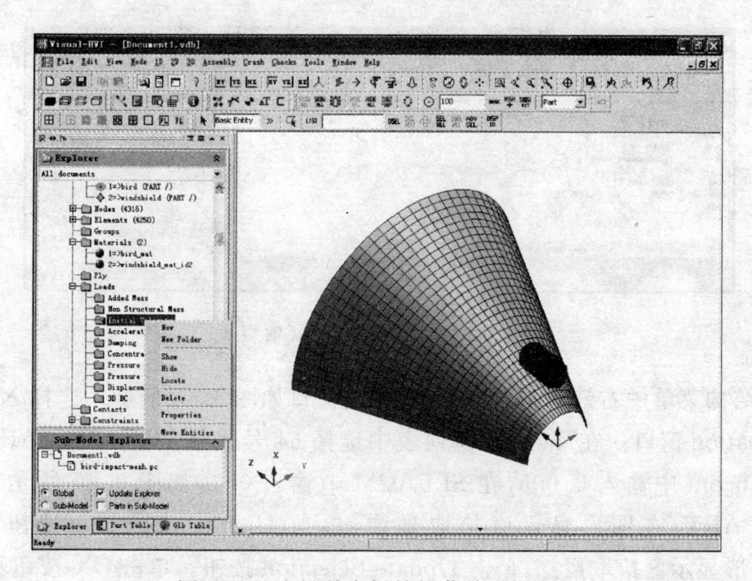

图 9.41　右键单击树结构菜单弹出窗口

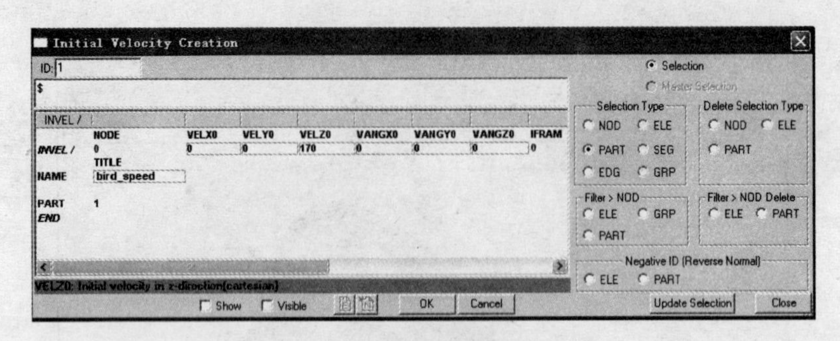

图 9.42　鸟弹初速度定义窗口

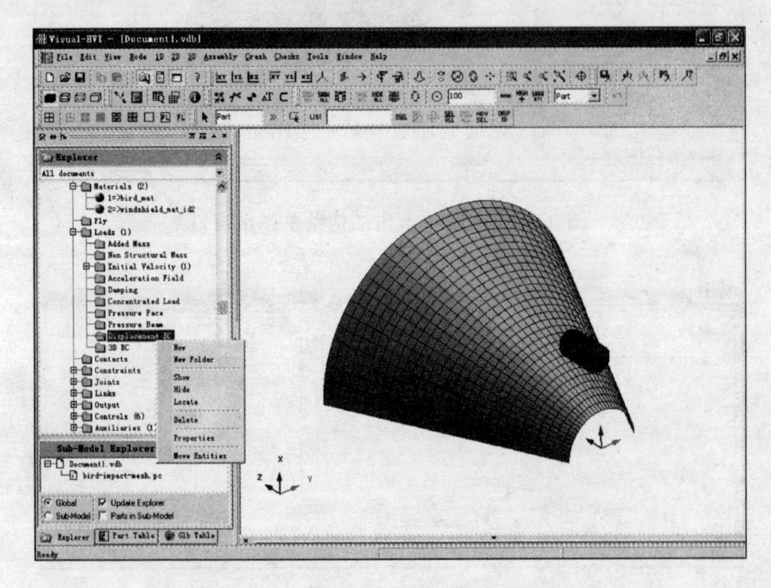

图 9.43　右键单击树结构菜单弹出窗口

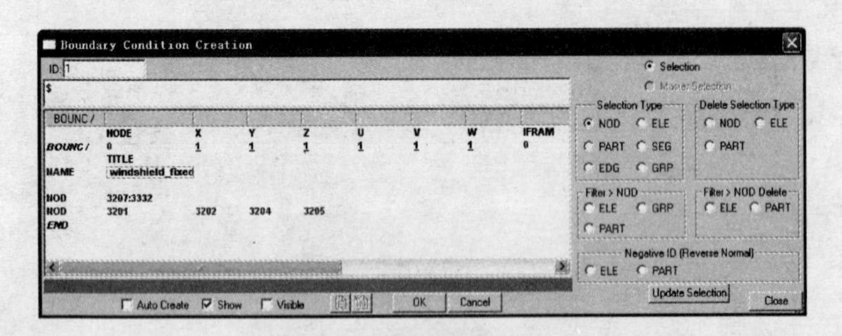

图 9.44　边界条件定义窗口

(38)在树结构菜单中右键单击 Contacts，弹出窗口如图 9.45 所示。选择 New 并单击，打开 Contact Creation 窗口。在 Type 下拉列表中选择 34 号接触类型，在 NAME 中输入 bird-windshield，在 hcont 中输入 0.005，在 SLFACM 中输入 0.1，如图 9.46 所示。在 Selection Type 中选择 PART，在图形显示区拾取鸟弹，单击 Update Selection 按钮，选中 Master Selection，在图形显示区拾取风挡，单击 Update Selection 按钮。单击 OK 按钮和 Close 按钮，关闭 Contact Creation 窗口。

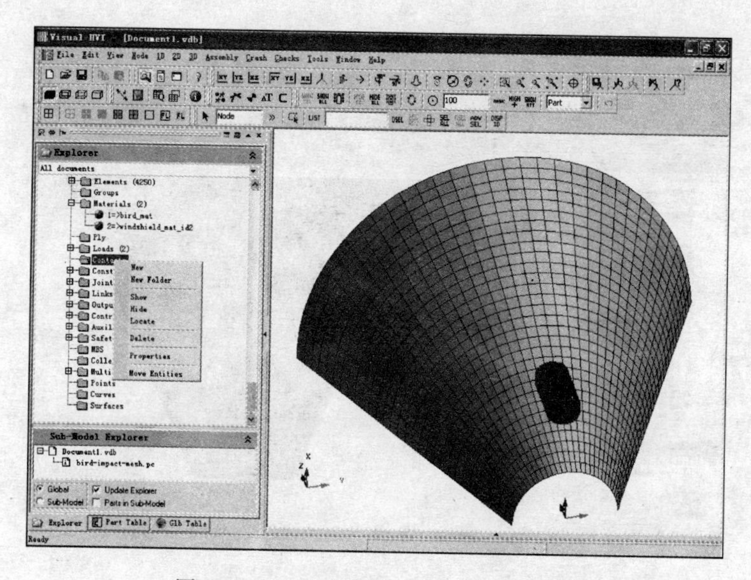

图 9.45　右键单击树结构菜单弹出窗口

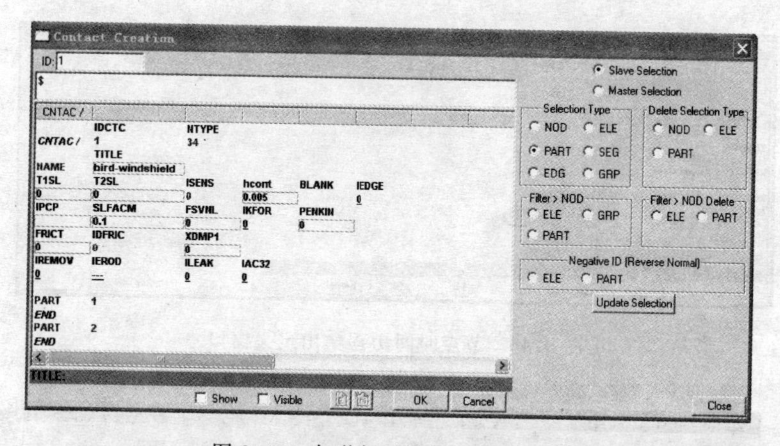

图 9.46　鸟弹与风挡接触定义窗口

(39)在树结构菜单中右键单击 Node Time History，弹出窗口如图 9.47 所示。选择 New 并单击，打开 Node Time History Creation 窗口。在 NAME 中输入 node-time，在 Selection Type 中选择 NODE，然后在图形显示区拾取风挡中轴线上的 3 个节点，单击 Update Selection 按钮，如图 9.48 所示。单击 OK 按钮和 Close 按钮，关闭 Node Time History Creation 窗口。

(40)在树结构菜单中右键单击 Element Time History，弹出窗口如图 9.49 所示。选择 New 并单击，打开 Element Time History Creation 窗口。在 NAME 中输入 element-time，在 Selection Type 中选择 ELEMENT，然后在图形显示区拾取风挡中轴线上的 3 个单元，单击 Update Selection 按钮，如图 9.50 所示。单击 OK 按钮和 Close 按钮，关闭 Element Time History Creation 窗口。

(41) 在树结构菜单中右键单击 UNIT，选择 Edit 并单击，打开 Control Cards Creation 窗口，如图 9.51 所示，用户可以查看物理量单位是否正确。单击 OK 按钮和 Close 按钮，关闭 Control Cards Creation 窗口。

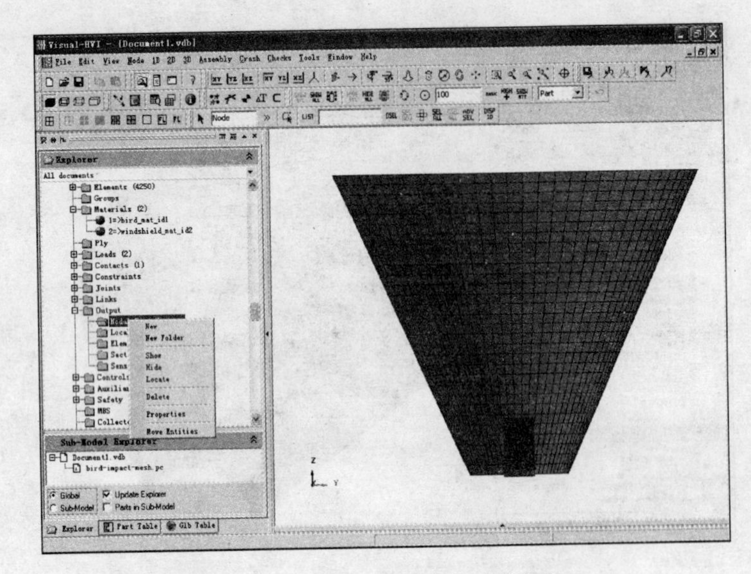

图 9.47 右键单击树结构菜单弹出窗口

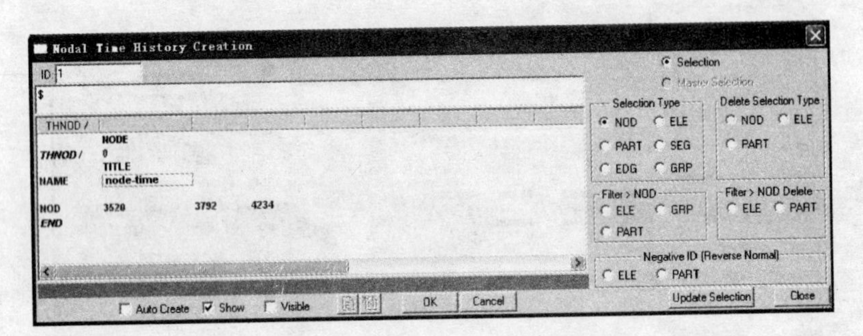

图 9.48 节点时间历程输出定义窗口

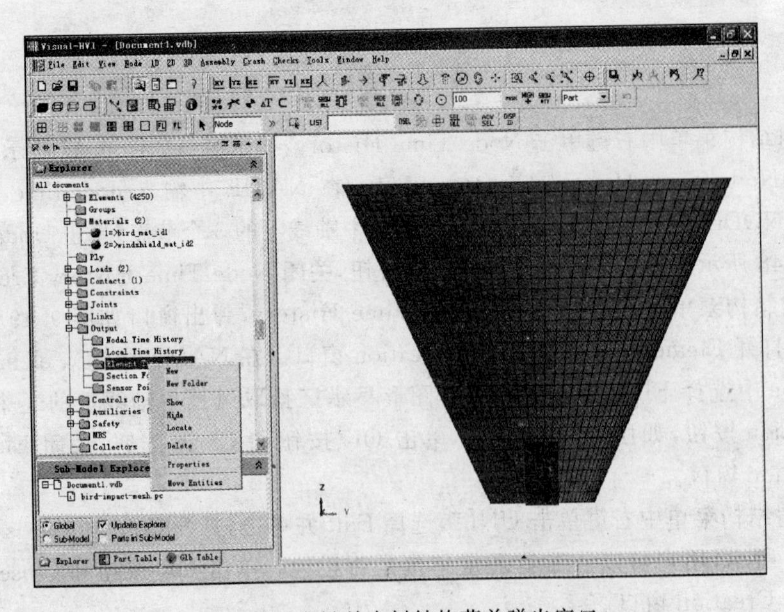

图 9.49 右键单击树结构菜单弹出窗口

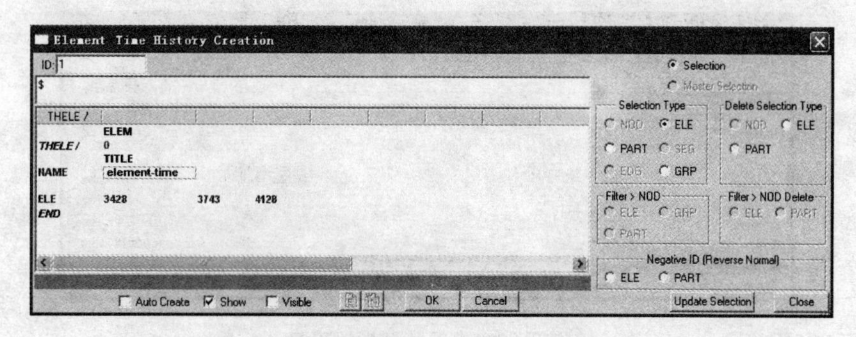

图 9.50　单元时间历程输出定义窗口

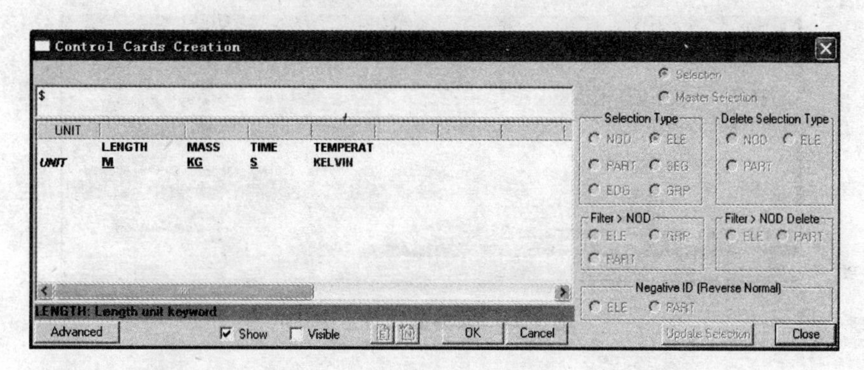

图 9.51　求解单位设置窗口

(42) 在树结构菜单中右键单击 ANALYSIS，选择 Edit 并单击，打开 Control Cards Creation 窗口，如图 9.52 所示，选择显式求解 EXPLICIT。单击 OK 按钮和 Close 按钮，关闭 Control Cards Creation 窗口。

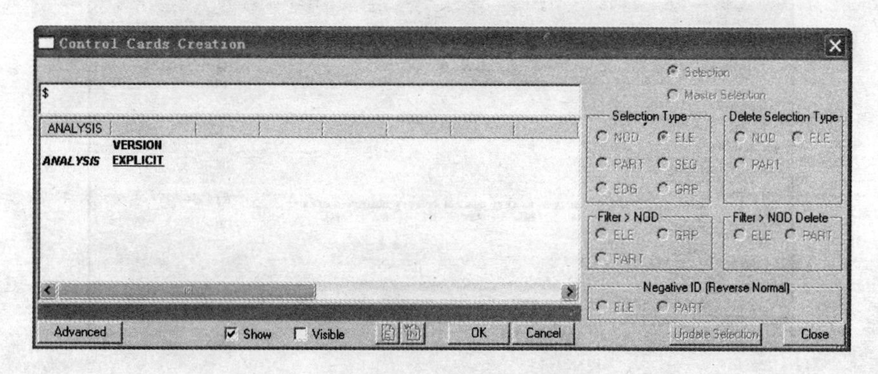

图 9.52　分析方式设置窗口

(43) 在树结构菜单中右键单击 SOLVER，选择 Edit 并单击，打开 Control Cards Creation 窗口，如图 9.53 所示，选择 CRASH 求解器。单击 OK 按钮和 Close 按钮，关闭 Control Cards Creation 窗口。

(44) 在树结构菜单中右键单击 TITLE，选择 Edit 并单击，打开 Control Cards Creation 窗口，如图 9.54 所示，设定求解标题为 bird-impact. pc。单击 OK 按钮和 Close 按钮，关闭 Control Cards Creation 窗口。

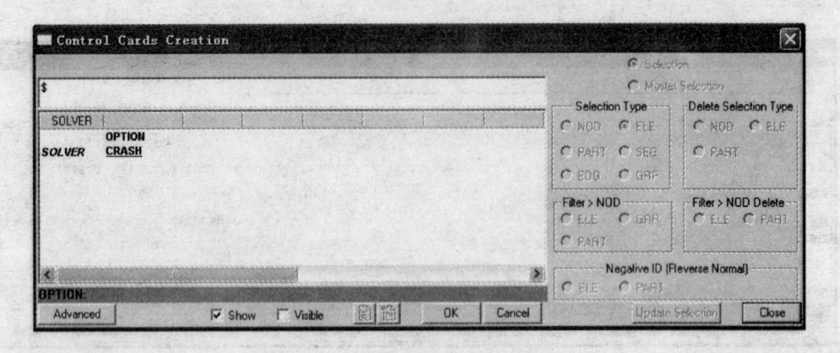

图 9.53　求解类型设置窗口

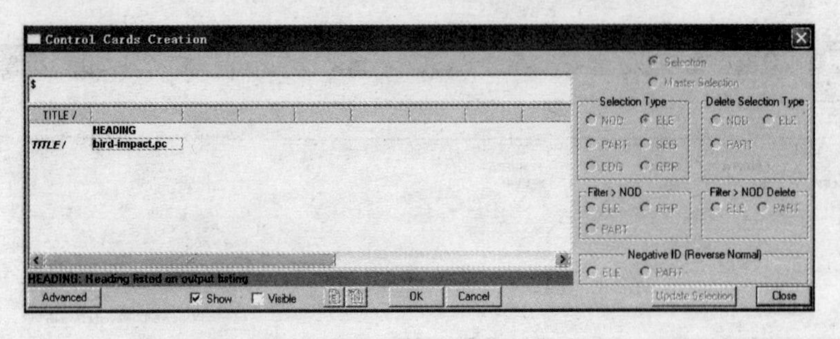

图 9.54　求解标题设置窗口

(45) 在树结构菜单中右键单击 OCTRL，选择 Edit 并单击，打开 Control Cards Creation 窗口。在 TIOD 和 PIOD 中输入 0.00001，在 TOTAL STRAIN 中选择 INCREMENTAL，在 PREFILTER 中选择 TYPE0，其余设置如图 9.55 所示。单击 OK 按钮和 Close 按钮，关闭 Control Cards Creation 窗口。

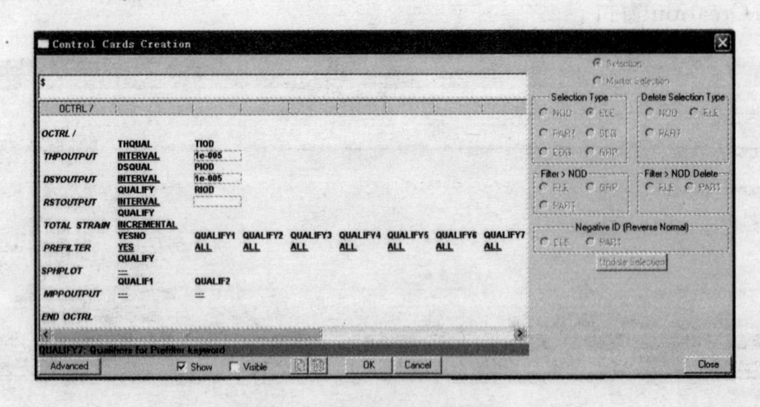

图 9.55　求解输出设置窗口

(46) 在树结构菜单中右键单击 RUNEND，选择 Edit 并单击，打开 Control Cards Creation 窗口，如图 9.56 所示，在 TIO2 中输入 0.005。单击 OK 按钮和 Close 按钮，关闭 Control Cards Creation 窗口。

(47)在树结构菜单中右键单击 Pam Controls，弹出窗口如图 9.57 所示。选择 Advanced Controls 并单击，打开 Control Cards Creation 窗口，在 Type 下拉列表中选择 SPCTRL，其设置如图 9.58 所示。单击 OK 按钮和 Close 按钮，关闭 Control Cards Creation 窗口。

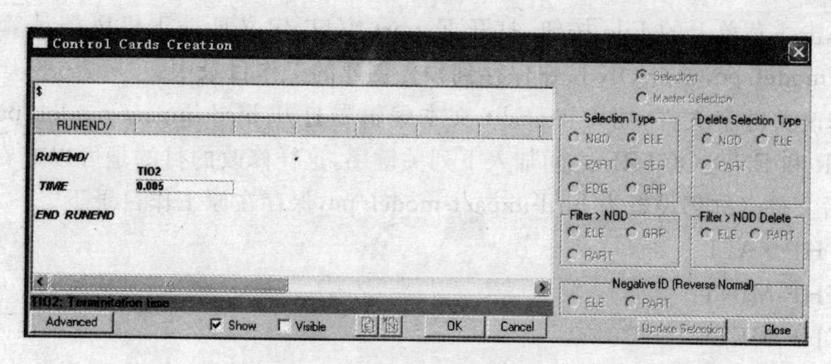

图 9.56　求解时间设置窗口

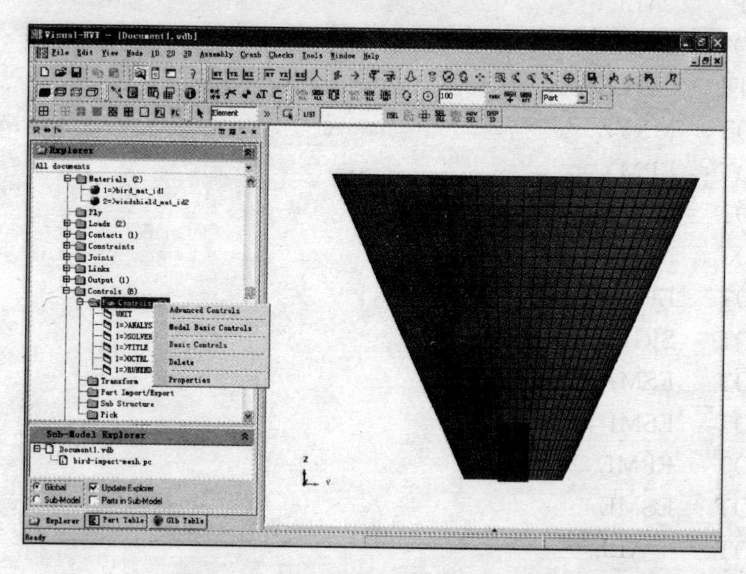

图 9.57　右键单击树结构菜单弹出窗口

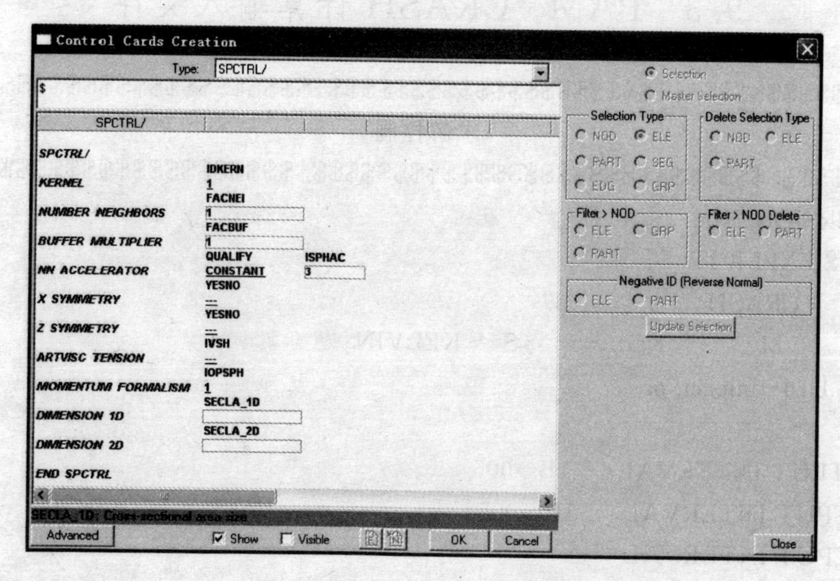

图 9.58　SPH 粒子控制设置窗口

(48) 单击主菜单上的 File 按钮，打开 Export 窗口，定义鸟撞飞机风挡计算文件名称为 bird-impact-model. pc，单击 OK 按钮保存到预先创建的工作目录中。

(49) 修改关键字文件，用 UltraEdit 文本编辑器打开 bird-impact-model. pc。在关键字 PREFILTER 和 END_OCTRL 之间加入下列关键字，这样修改的目的是可以查看更多的结果信息，修改后文件名称仍设置为 bird-impact-model. pc，保存在原工作目录下。

```
GLBTHP   ALL
GLBTHP MINT
GLBTHP MKIN
GLBTHP MHGL
SHLTHP       ALL
NODPLOT       ALL
SOLPLOT       ALL
SHLPLOT    MXYZ
SHLPLOT    EPMX
SHLPLOT    EPMI
SHLPLOT    NXYZ
SHLPLOT    EPSI
SHLPLOT    SIGM
SHLPLOT    ESMA
SHLPLOT    ESMI
SHLPLOT    EPME
SHLPLOT    ESME
SPHPLOT       ALL
```

9.3 PAM-CRASH 计算输入文件

```
$$$$$$$$$$$$$$$$$$$$$$$$$$$$$$$$$$$$$$$$$$$$$$$$$$$$$$$$$$$$$$$$$$
$$                              求解控制                          $$
$$$$$$$$$$$$$$$$$$$$$$$$$$$$$$$$$$$$$$$$$$$$$$$$$$$$$$$$$$$$$$$$$$
INPUTVERSION 2006
ANALYSIS EXPLICIT
SOLVER     CRASH
UNIT          M          KG          S    KELVIN
TITLE /   bird－impact. pc
OCTRL /
 THPOUTPUT INTERVAL      1E－005
 DSYOUTPUT INTERVAL     1E－005
 RSTOUTPUT INTERVAL
 TOTAL_STRAIN INCREMENTAL
```

```
 PREFILTER     YES    ALL    ALL    ALL    ALL    ALL    ALL    ALL
 GLBTHP   ALL
 GLBTHP MINT
 GLBTHP MKIN
 GLBTHP MHGL
 SHLTHP       ALL
 NODPLOT        ALL
 SOLPLOT        ALL
 SHLPLOT     MXYZ
 SHLPLOT     EPMX
 SHLPLOT     EPMI
 SHLPLOT     NXYZ
 SHLPLOT     EPSI
 SHLPLOT     SIGM
 SHLPLOT     ESMA
 SHLPLOT     ESMI
 SHLPLOT     EPME
 SHLPLOT     ESME
 SPHPLOT        ALL
END_OCTRL
RUNEND/
 TIME       0.005
END_RUNEND
SPCTRL/
 KERNEL               1
 NUMBER_NEIGHBORS                  1.
 BUFFER_MULTIPLIER                     1.
 NN_ACCELERATOR CONSTANT               3
 MOMENTUM_FORMALISM                   1
END_SPCTRL
$$$$$$$$$$$$$$$$$$$$$$$$$$$$$$$$$$$$$$$$$$$$$$$$$$$$$$$$$$$$$$$$$$$$$$$$$$$$$$$$
$$                                节点数据                                    $$
$$$$$$$$$$$$$$$$$$$$$$$$$$$$$$$$$$$$$$$$$$$$$$$$$$$$$$$$$$$$$$$$$$$$$$$$$$$$$$$$
$#      NODEID          XCOORD               YCOORD               ZCOORD
NODE   /       1   0.47946709411892   0.0043213845483         0.004336
NODE   /       2   0.47946709411892   0.0043213845483         0.013008
.......................................................................
NODE   /    4317   0.13064401164854   -0.7199080331001   1.15999899028609
NODE   /    4318   0.06558570272786   -0.7287170450531   1.15999091244119
```

```
$$$$$$$$$$$$$$$$$$$$$$$$$$$$$$$$$$$$$$$$$$$$$$$$$$$$$$$$$$$$$$$$$$
$$                            单元数据                            $$
$$$$$$$$$$$$$$$$$$$$$$$$$$$$$$$$$$$$$$$$$$$$$$$$$$$$$$$$$$$$$$$$$$
$#            M    IPART     N1      N2      N3      N4       h
SHELL /       1        2   3201    3207    3333    3332      0.
SHELL /       2        2   3207    3208    3334    3333      0.
..........................................................................
SHELL /    1050        2   4318    3269    3205    3270      0.
$ #        NELE    NPART    NODE      VOL
SPHEL /    1051        1       1  6.6E-007
SPHEL /    1052        1       2  6.6E-007
..............................................
SPHEL /    4249        1    3199  3E-007
SPHEL /    4250        1    3200  3E-007
$$$$$$$$$$$$$$$$$$$$$$$$$$$$$$$$$$$$$$$$$$$$$$$$$$$$$$$$$$$$$$$$$$
$$                            部件数据                            $$
$$$$$$$$$$$$$$$$$$$$$$$$$$$$$$$$$$$$$$$$$$$$$$$$$$$$$$$$$$$$$$$$$$
$#         IDPART    ATYPE    IMAT
PART   /        1    SPHEL       1
NAME bird

$#   TCONT     EPSINI

$#   RATIO    HMIN    HMAX    ETA  INORN  XPAIR  ALPHA  BETA NMON
       2.1   0.003   0.005    0.1      0      0     1.    0.1    1
END_PART
$#         IDPART    ATYPE    IMAT
PART   /        2    SHELL       2
NAME windshield

$#   TCONT     EPSINI

$#         h NINT
   0.016   3

END_PART
$$$$$$$$$$$$$$$$$$$$$$$$$$$$$$$$$$$$$$$$$$$$$$$$$$$$$$$$$$$$$$$$$$
$$                          材料模型数据                          $$
$$$$$$$$$$$$$$$$$$$$$$$$$$$$$$$$$$$$$$$$$$$$$$$$$$$$$$$$$$$$$$$$$$
```

```
$---5---10----5---20----5---30----5---40----5---50----5---60----5---70----5---80
$#         IDMAT   MATYP                 RHO    NINT     ISHG  ISTRAT   IFROZ
MATER /        1      28                900.       0        0       0       0
$# BLANK AUXVAR1 AUXVAR2 AUXVAR3 AUXVAR4 AUXVAR5 AUXVAR6       QVM THERMAL
               0       0       0       0       0       0        1.       0
$#                                                                     TITLE
NAME bird_mat
$#         B     GAMMA                                                 BLANK
128000000.        7.98
$#        P0   Pcutoff


$#                                     BLANK        Q1        Q2        Q3
                                                    0.        0.        0.

$---5---10----5---20----5---30----5---40----5---50----5---60----5---70----5---80
$#         IDMAT   MATYP                 RHO    NINT     ISHG  ISTRAT   IFROZ
MATER /        2     171               2800.       0        0       0       0
$# BLANK AUXVAR1 AUXVAR2 AUXVAR3 AUXVAR4 AUXVAR5 AUXVAR6       QVM THERMAL
               0       0       0       0       0       0        1.       0
$#                                                                     TITLE
NAME windshield_mat
$#         E   SIGMA_Y       NUE     BLANK       HGM       HGW       HGQ        As
    7E+010CURVE             0.33
$#       LC1       LC2       LC3       LC4       LC5       LC6       LC7       LC8
           1         0         0         0         0         0         0         0
$#   EPSLN1    EPSLN2    EPSLN3    EPSLN4    EPSLN5    EPSLN6    EPSLN7    EPSLN8
          0.        0.        0.        0.        0.        0.        0.        0.
$#    BLANK    STRAT1    STRAT2        Di        D1        d1        Du        du
                    0.        0.
$# EPSpmax     BLANK    STRAT3    STRAT4    STRAT5    STRAT6       ZHI        fO
         0.3                0.        0.        0.        0.        0.        0.
$#    BLANK        Dc        Rc      Plim     ALPHA      BETA
                       0.00015        0.       0.5        1.
$#          IFUN    NPTS   SCLAX   SCALY  SHIFTX  SHIFTY
$$$$$$$$$$$$$$$$$$$$$$$$$$$$$$$$$$$$$$$$$$$$$$$$$$$$$$$$$$$$$$$$$$$$$$$$$$$$$$$$
$$                                  曲线数据                                    $$
$$$$$$$$$$$$$$$$$$$$$$$$$$$$$$$$$$$$$$$$$$$$$$$$$$$$$$$$$$$$$$$$$$$$$$$$$$$$$$$$
$#          IFUN    NPTS   SCLAX   SCALY  SHIFTX  SHIFTY
FUNCT /        1       8      1.      1.      0.      0.
NAME NewCurve_1
$#                     X                   Y
                      0.          178000000.
                   0.023          205000000.
                   0.047          225000000.
                   0.086          250000000.
                    0.12          264000000.
                   0.136          271000000.
                   0.256          300000000.
                    0.49          358000000.
```

```
$$$$$$$$$$$$$$$$$$$$$$$$$$$$$$$$$$$$$$$$$$$$$$$$$$$$$$$$$$$$$$$$$$$$$$$$$$$$$$$$$$$$$$$
$$                                    接触定义                                    $$
$$$$$$$$$$$$$$$$$$$$$$$$$$$$$$$$$$$$$$$$$$$$$$$$$$$$$$$$$$$$$$$$$$$$$$$$$$$$$$$$$$$$$$
$#         IDCTC    NTYPE
CNTAC /         1       34
NAME bird-windshield
$#     T1SL      T2SL      ISENS      hcont             BLANK      IEDGE
        0.        0.         0      0.005                              0
$#PCP      SLFACM      FSVNLIKFOR      PENKIN
            0.1           0.       0          0.
$#    FRICT     IDFRIC      XDMP1
        0.         0        0.
$#EMOIERODILEAKIAC32
   0          0     0

        PART          1
        END
        PART          2
        END
$$$$$$$$$$$$$$$$$$$$$$$$$$$$$$$$$$$$$$$$$$$$$$$$$$$$$$$$$$$$$$$$$$$$$$$$$$$$$$$$$$$$$$$
$$                                    初速度定义                                  $$
$$$$$$$$$$$$$$$$$$$$$$$$$$$$$$$$$$$$$$$$$$$$$$$$$$$$$$$$$$$$$$$$$$$$$$$$$$$$$$$$$$$$$$
$#    NODE VELX0  VELY0  VELZ0  VANGX0  VANGY0  VANGZ0  IFRAM IRIGB
INVEL /  0       0.      0.    170.       0.        0.       0.      0      0
NAME bird_speed
        PART          1
        END
$$$$$$$$$$$$$$$$$$$$$$$$$$$$$$$$$$$$$$$$$$$$$$$$$$$$$$$$$$$$$$$$$$$$$$$$$$$$$$$$$$$$$$
$$                                  边界条件定义                                  $$
$$$$$$$$$$$$$$$$$$$$$$$$$$$$$$$$$$$$$$$$$$$$$$$$$$$$$$$$$$$$$$$$$$$$$$$$$$$$$$$$$$$$$$
$#          NODE  XYZUVW    IFRAM    ISENS
BOUNC /          0    111111        0         0
NAME windshield_fixed
        NOD       3207:3332      3201      3202
        NOD       3204       3205
        END
```

```
$$$$$$$$$$$$$$$$$$$$$$$$$$$$$$$$$$$$$$$$$$$$$$$$$$$$$$$$$$$$$$$$$$$$$$$$$$$$
$$                              输出定义                                    $$
$$$$$$$$$$$$$$$$$$$$$$$$$$$$$$$$$$$$$$$$$$$$$$$$$$$$$$$$$$$$$$$$$$$$$$$$$$$$
$#          NODE
THNOD /          0
NAME node-time
        NOD      3520     3792     4200
        END
$#          ELEM
THELE /          0
NAME element-time
        ELE      228      543      928
        END
$$$$$$$$$$$$$$$$$$$$$$$$$$$$$$$$$$$$$$$$$$$$$$$$$$$$$$$$$$$$$$$$$$$$$$$$$$$$
$$                              END OF DATA                                 $$
$$$$$$$$$$$$$$$$$$$$$$$$$$$$$$$$$$$$$$$$$$$$$$$$$$$$$$$$$$$$$$$$$$$$$$$$$$$$
```

9.4　求　　解

打开 PAM-CRASH 2006.0 Solvers 界面，如图 9.59 所示。选择鸟撞飞机风挡计算文件 bird-impact-model.pc，单击 Launch 按钮，开始计算。图 9.60 给出计算过程的一些信息，当计算正常结束后，会出现如图 9.61 所示的窗口。

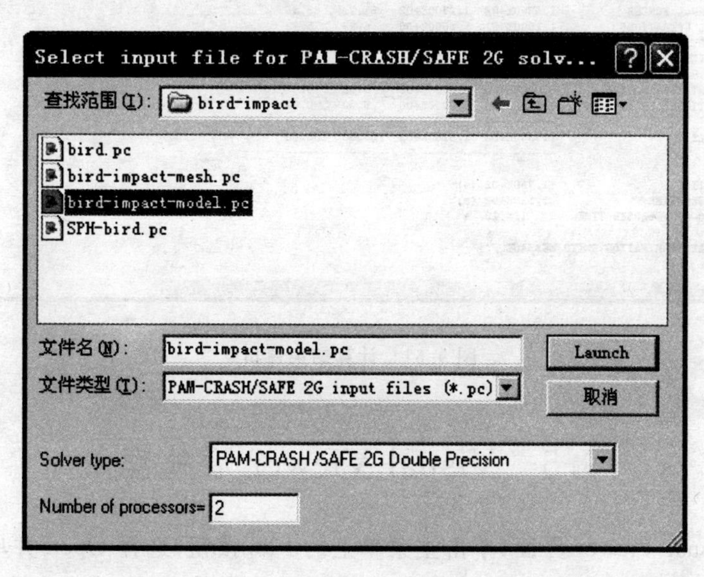

图 9.59　PAM-CRASH 2006.0 Solvers 窗口

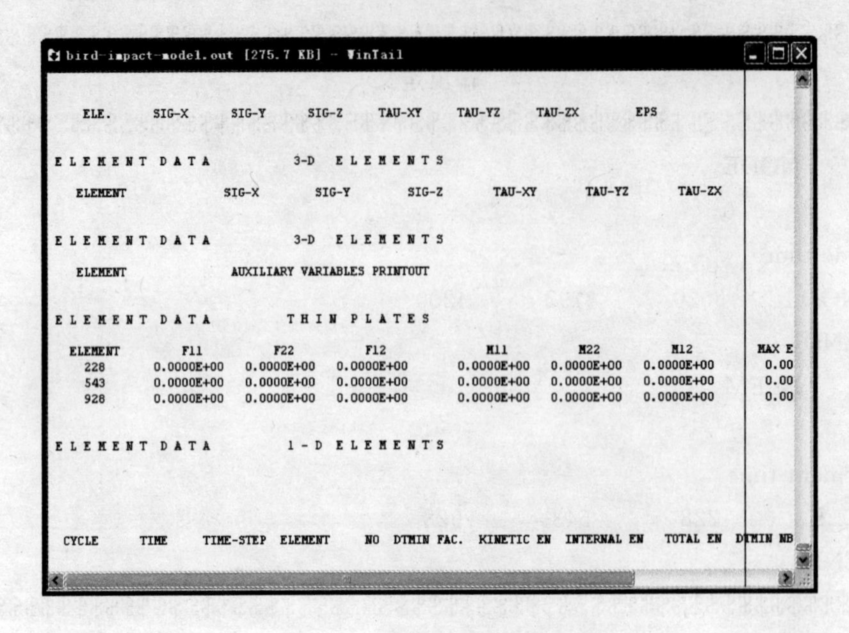

图 9.60　计算过程信息窗口

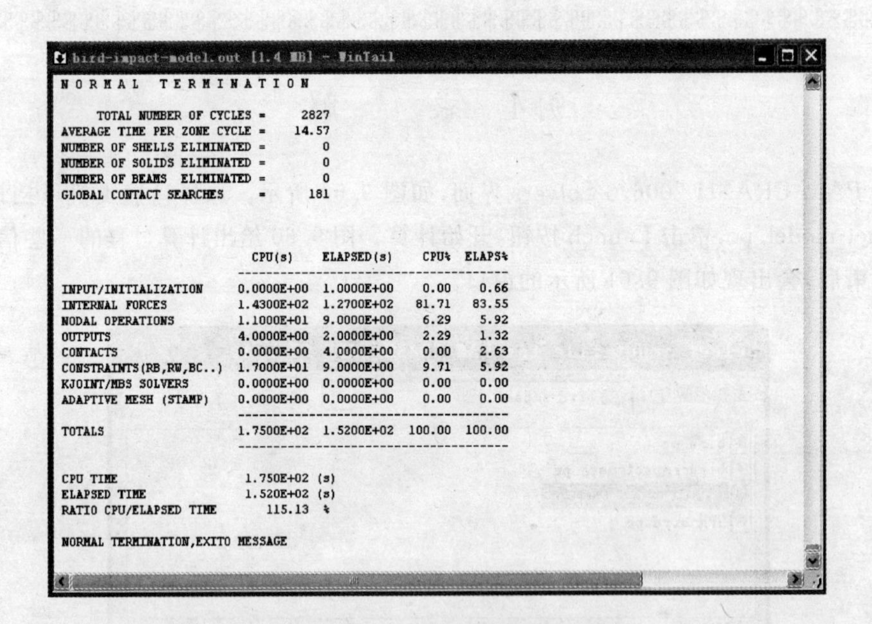

图 9.61　计算结束窗口

9.5　Visual-Viewer 后处理

(1)打开 Visual-Viewer 界面,单击主菜单上的 File 按钮,选择 Open 并单击,打开 Open 窗口,如图 9.62 所示。选择 bird-impact-model. DSY 文件,单击打开按钮,弹出 Import 窗口,如图 9.63 所示。

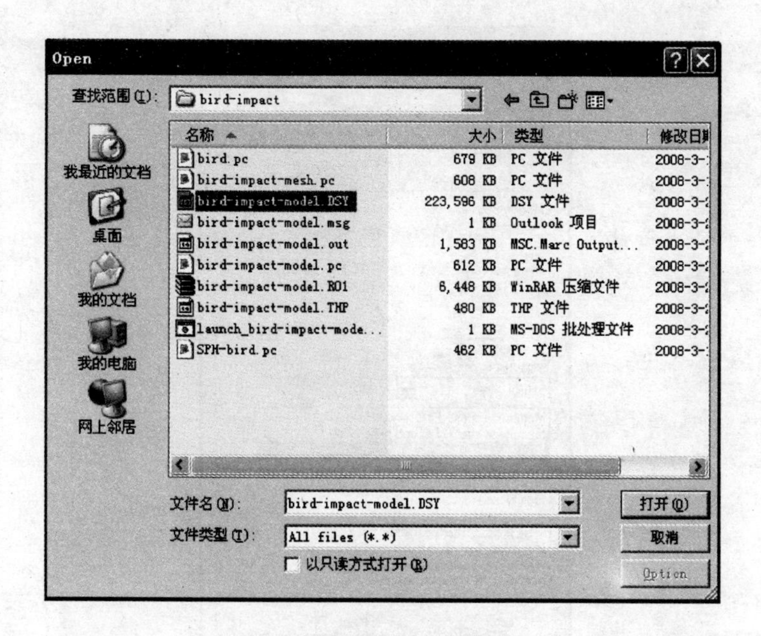

图 9.62　后处理文件列表窗口

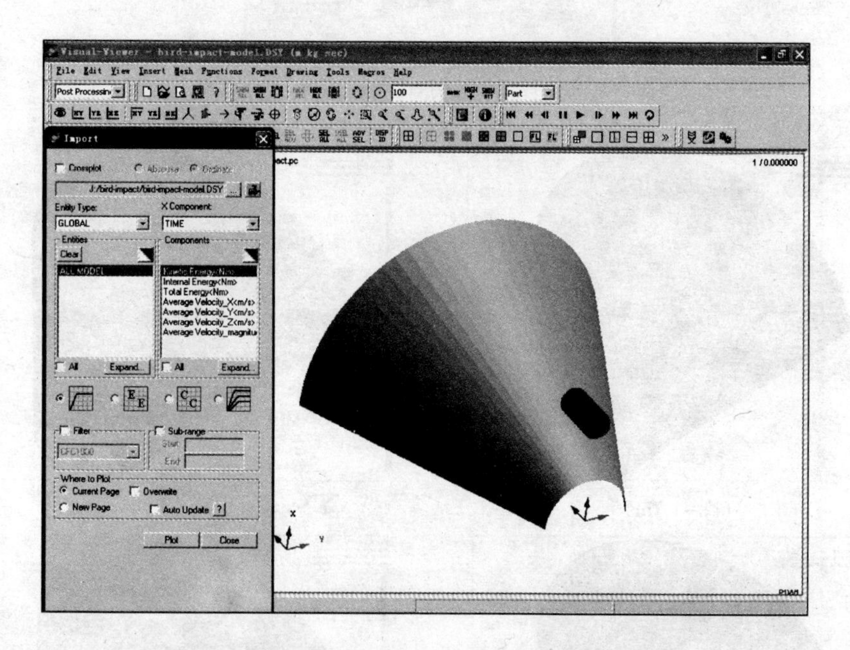

图 9.63　结果显示项目选择窗口

(2)单击工具栏上的按钮,打开 Contour Control 窗口,如图 9.64 所示。在 Display Types 中选择 Node,在 Entity Types 的下拉列表中选择 Shell,在 Shell 下方选择 Max equiv. stress O. thickness。单击 Apply 按钮,单击 Close 按钮,关闭 Contour Control 窗口。

(3)单击网格显示按钮,之后单击上的图标可进行动画演示。单击其中的按钮,显示鸟撞过程不同时刻风挡的等效应力云图,如图 9.65 所示。

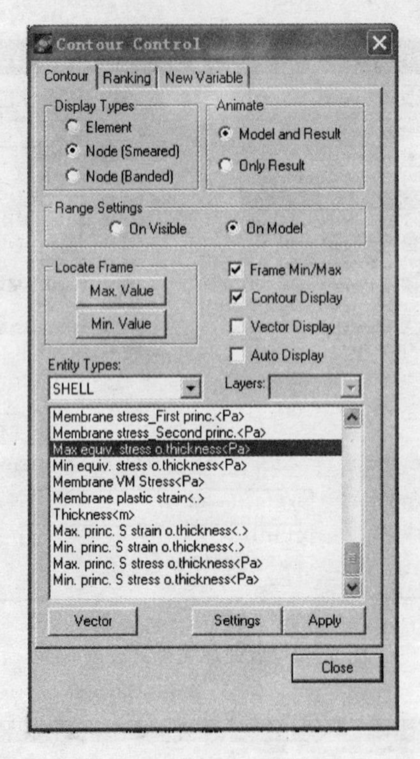

图 9.64　应力显示控制窗口

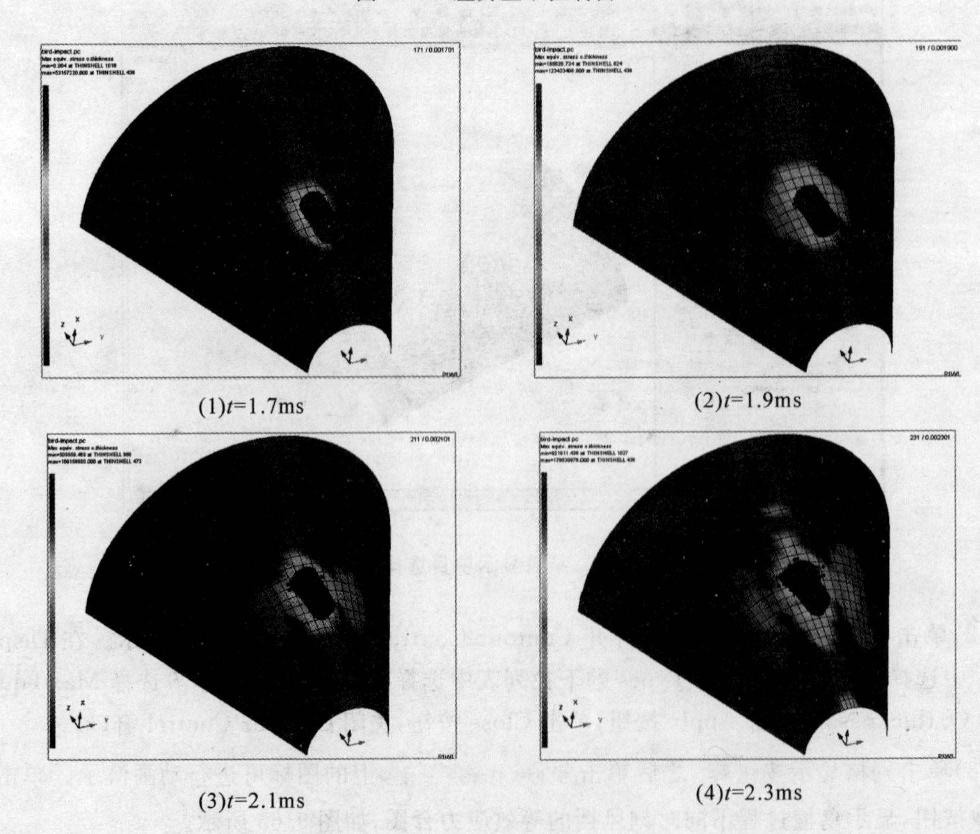

(1)t=1.7ms　(2)t=1.9ms

(3)t=2.1ms　(4)t=2.3ms

图 9.65　撞击过程不同时刻风挡的 Vonmises 应力云图

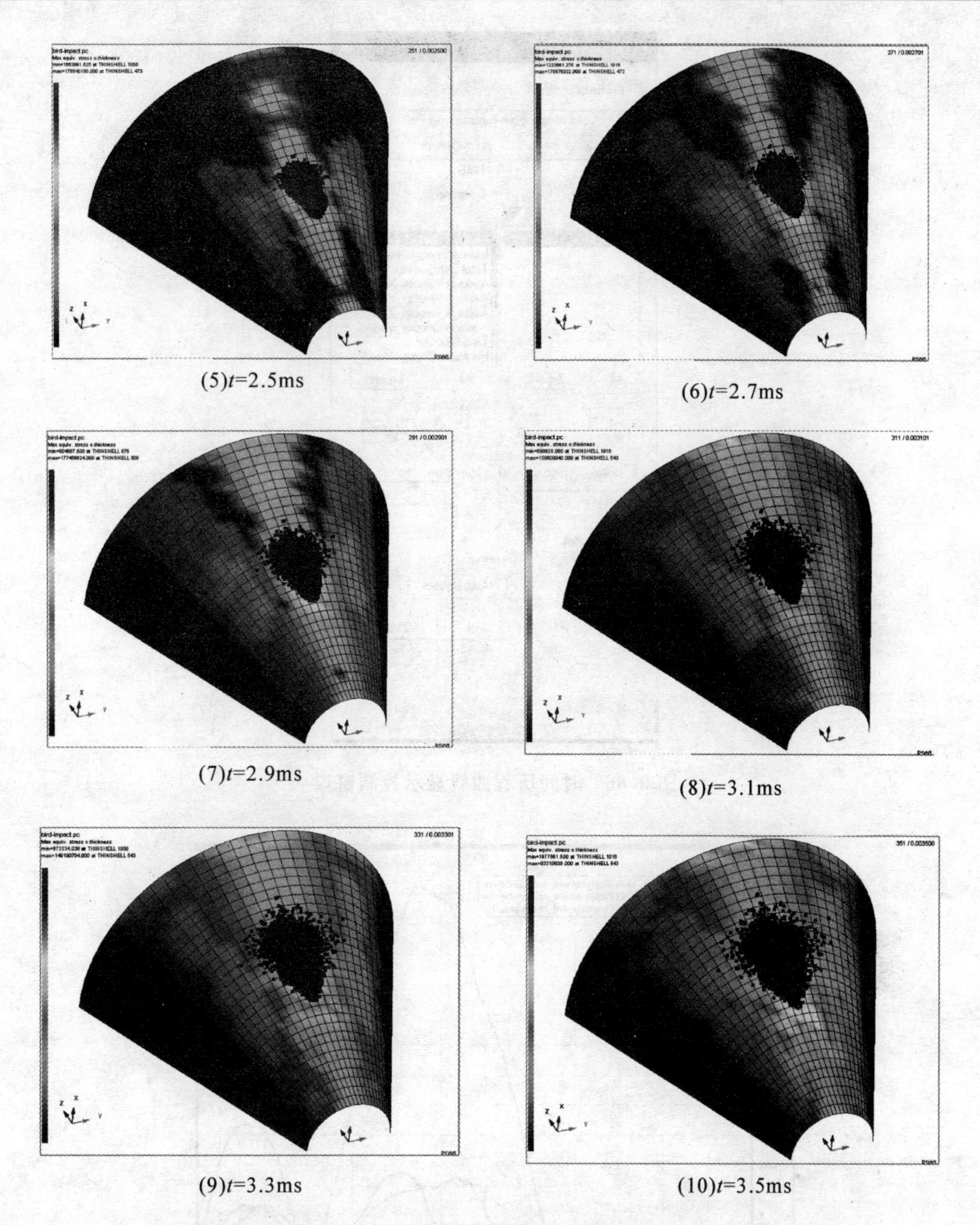

(5)t=2.5ms (6)t=2.7ms

(7)t=2.9ms (8)t=3.1ms

(9)t=3.3ms (10)t=3.5ms

图 9.65(续) 撞击过程不同时刻风挡的 Vonmises 应力云图

(4)单击主菜单上的 File 按钮,选择 Open 并单击,弹出 Open 窗口。选择 bird-impact-model. THP 文件,单击打开按钮,弹出 Import 窗口,如图 9.66 所示。

在 Entity Types 的下拉列表中选择 NODE,在 Entities 下方选择预先定义的节点,在 Components 下方选择 Displacement_magnitude,单击 Plot 按钮,则可以得到预先定义的节点在撞击过程中的位移时间曲线,如图 9.67 所示。

在 Components 下方选择 Velocity_magnitude,单击 Plot 按钮,则可以得到预先定义的节点在撞击过程中的速度时间曲线,如图 9.68 所示。

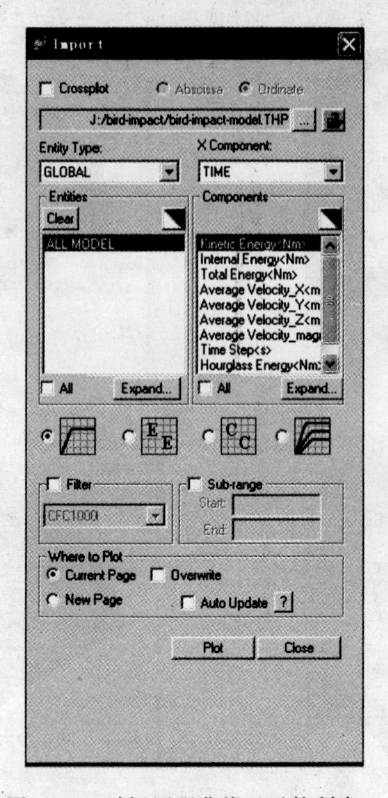

图 9.66　时间历程曲线显示控制窗口

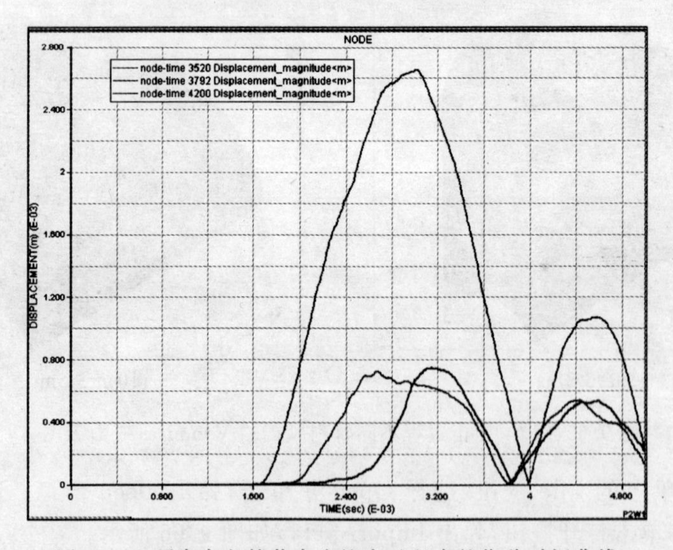

图 9.67　预先定义的节点在撞击过程中的位移时间曲线

在 Entity Types 的下拉列表中选择 SHELL，在 Entities 下方选择预先定义的单元，在 Components 下方选择 Lower S strain_XX，Lower S strain_YY，Lower S strain_XY，单击 Plot 按钮，则可以得到预先定义的单元在撞击过程中的应变时间曲线。在 Components 下方选择 Lower S stress_XX，Lower S stress_YY，Lower S stress_XY，单击 Plot 按钮，则可以得到预先定义的单元在撞击过程中的应力时间曲线，如图 9.69 所示。

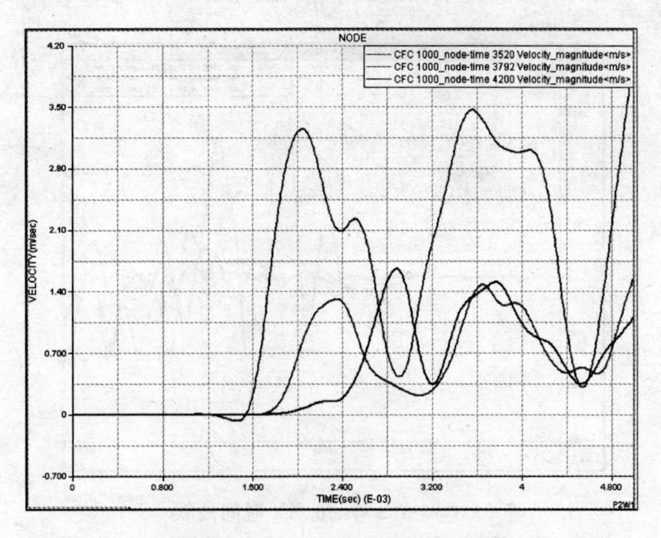

图 9.68　预先定义的节点在撞击过程中的速度时间曲线

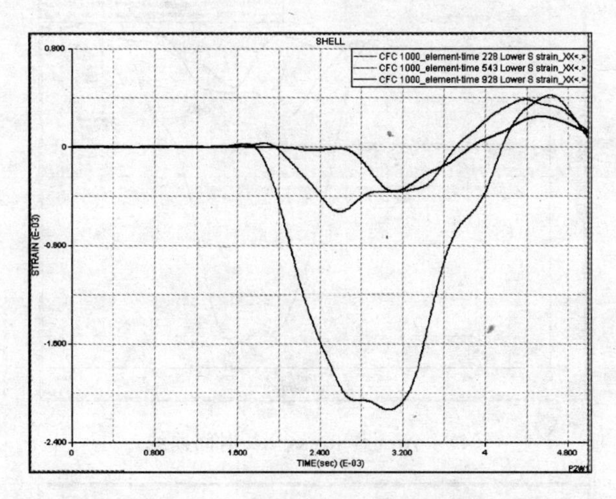

(1) Lower S strain_XX 时间曲线

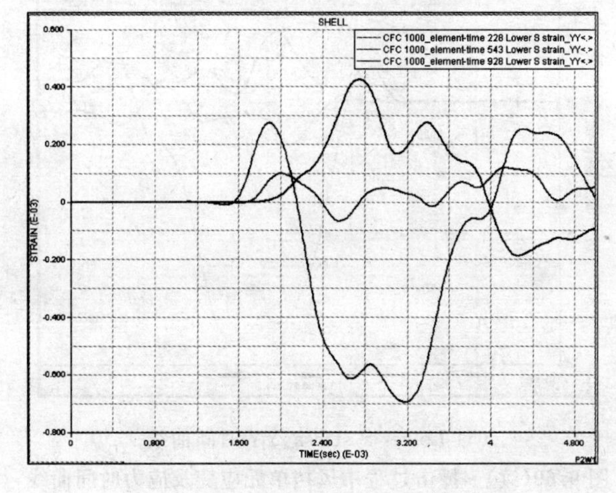

(2) Lower S strain_YY 时间曲线

图 9.69　撞击过程中风挡单元应变及应力时间曲线

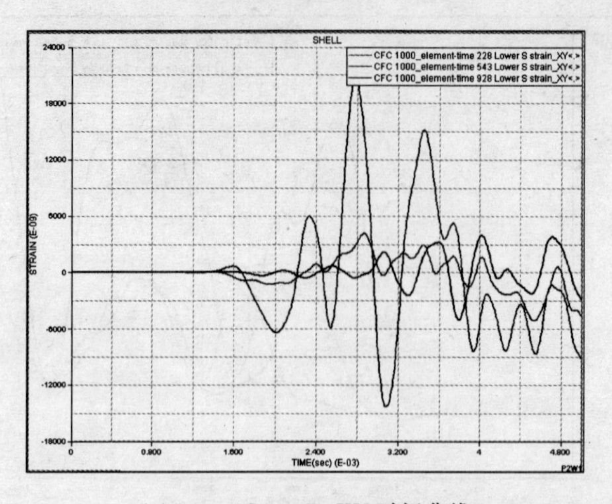

(3)Lower S strain_XY 时间曲线

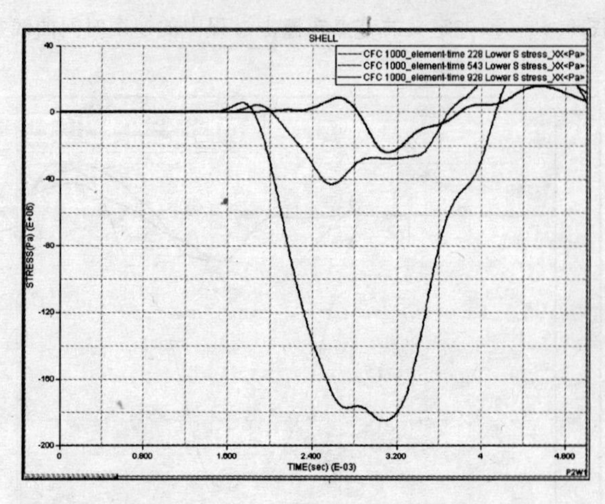

(4) Lower S stress_XX 时间曲线

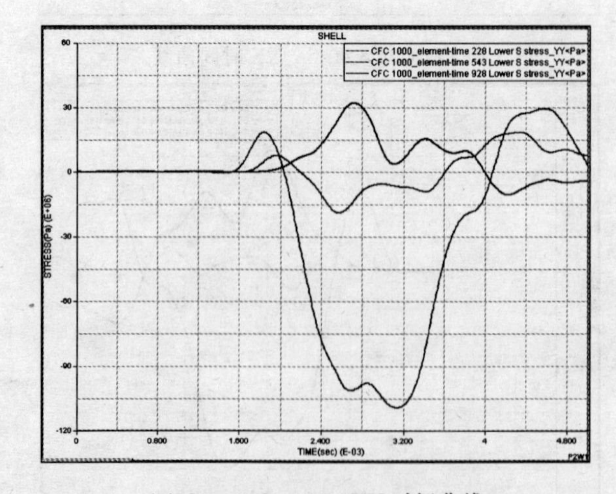

(5) Lower S stress_YY 时间曲线

图 9.69(续)　撞击过程中风挡单元应变及应力时间曲线

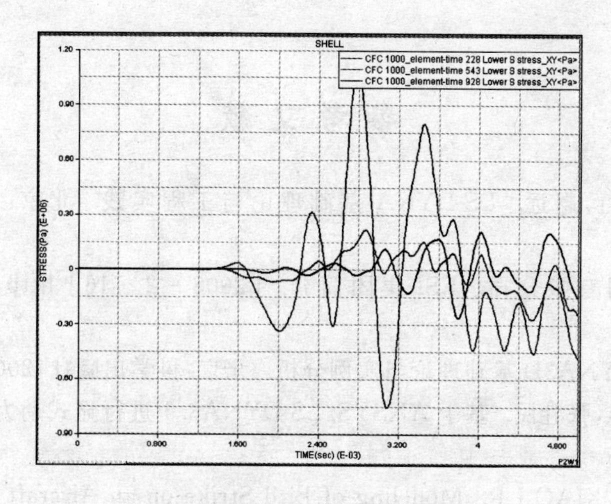

(6) Lower S stress_XY 时间曲线

图 9.69(续)　撞击过程中风挡单元应变及应力时间曲线

在 Entity Types 的下拉列表中选择 CONTACT，在 Components 下方选择 Contact_Force_magnitude，单击 Plot 按钮，则可以得到撞击过程中的撞击力时间曲线，如图 9.70 所示。

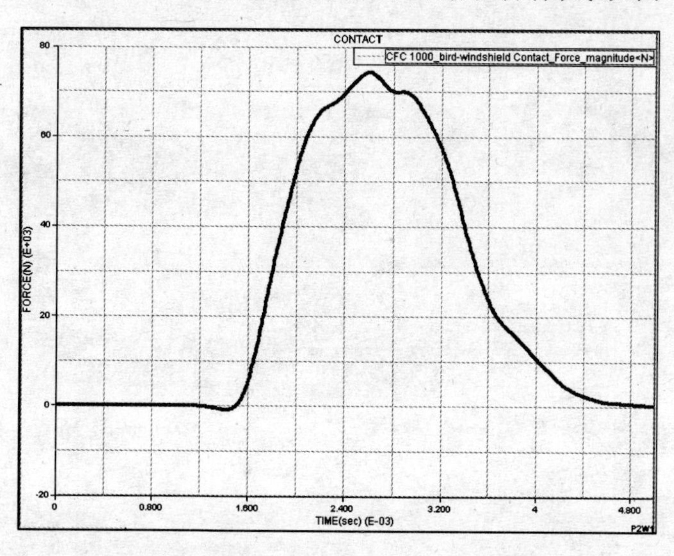

图 9.70　撞击力时间曲线

参考文献

[1] 李裕春,时党勇,赵远. LS-DYNA 基础理论与工程实践. 北京:中国水利水电出版社,2006.

[2] ESI 集团中国有限公司. ESI 集团简介. [2008 - 2 - 16] http://www. esi-group. com. cn.

[3] 白金泽. LS-DYNA3D 基础理论与实例分析. 北京:科学出版社,2005.

[4] 时党勇,李裕春,张胜民. 基于 ANSYS/LS-DYNA8. 1 进行显式动力分析. 北京:清华大学出版社,2005.

[5] McCarty M A,XIAO J R. Modeling of Bird Strike on an Aircraft Wing Leading Edge Made from Fiber Metal Laminate [J]. Applied Composite Materials, 2004 (11): 317 -340.

[6] ESI Group. PAM-CRASH 2006 Solver Reference Manual. [s. l.]:ESI Group,2006.